浙江饮食文化遗产研究

金晓阳　周鸿承　著

上海交通大学出版社

内容提要

本书从国内外饮食类非物质文化遗产传承、保护和利用的实践出发，首次系统阐述了浙江饮食文化遗产的基本内容和实践方法。本书分9章，内容包括浙江食材类，浙江技艺类，浙江器具类，浙江民俗类，浙江文献类饮食文化遗产的内容、数量与分布，浙江饮食文化博物馆平台建设，浙江非遗美食文化的传播与实践情况等。本书可作为高等院校人文通识课程的教学用书，也可作为文化遗产管理、历史文化学领域的研究性参考图书。

图书在版编目(CIP)数据

浙江饮食文化遗产研究/金晓阳，周鸿承著. —上海：上海交通大学出版社，2021.8

ISBN 978-7-313-25303-3

Ⅰ.①浙… Ⅱ.①金…②周… Ⅲ.①饮食—文化遗产—研究—浙江 Ⅳ.①TS971.202.55

中国版本图书馆 CIP 数据核字(2021)第171244号

浙江饮食文化遗产研究
ZHEJIANG YINSHI WENHUA YICHAN YANJIU

著　　者：金晓阳　周鸿承
出版发行：上海交通大学出版社　　地　　址：上海市番禺路951号
邮政编码：200030　　电　　话：021-64071208
印　　制：上海景条印刷有限公司　　经　　销：全国新华书店
开　　本：710mm×1000mm　1/16　　印　　张：15.5
字　　数：261千字
版　　次：2021年8月第1版　　印　　次：2021年8月第1次印刷
书　　号：ISBN 978-7-313-25303-3
定　　价：68.00元

本书系浙江省社科联社科普及课题成果(22KPD21YB)

前言

伴随着法国传统美食、地中海饮食、墨西哥饮食、土耳其小米粥、日本和食、韩国越冬泡菜等相继成为或被列为世界非物质文化遗产代表性项目，中国烹饪界对于选择哪一种“中国饮食文化”去申报世界非遗项目，尚在不断的争论之中——总的趋势是，人们十分期待中国美食能够早日在世界非遗项目中实现“零的突破”。这样一种非遗美食申报热潮，国外的研究者认为是一种中国人对于申请世界美食非遗的“烹饪焦虑”(Culinary Tensions)。[①] 国内研究界也越来越关注“中国饮食文化遗产”的相关研究。本书聚焦浙江省 11 个地级市的饮食文化遗产传承保护利用情况，根据饮食文化遗产的实际传承情况以及饮食文化所具有的多样性、交叉性、区域性等特征，从食材类、技艺类、器具类、民俗类、文献类五大类型出发，对浙江范围内的饮食文化遗产内容进行专题性研究。这样的理论研究探讨，对传统非遗“十大类”的分类方法是一种突破；对我国饮食文化遗产研究来说，在理论方法和研究范围上都是一种重建。

中国饮食文化遗产传承历史悠久，内容丰富多样，南北地域与气候环境差异大。菜系流派或饮食风格既具有差异性又有强烈的相似性，交叉与重叠的情况十分常见。在这种情况下，国内传统的非遗“十大类”分类办法，往往将饮食相关的“烹饪制作技艺”归入技艺类，相对而言，比较忽视食材本身的遗产性以及饮食器具、文献等物化对象背后的非物质文化遗产特质。科学分类是提升科学认知的前提，我们针对中国饮食文化遗产的基本特征，从食材类、技艺类、器具类、民俗类、文献类五大类型出发，重新认识非遗大省浙江的饮食文化遗产传承保护利用实践现状，具有重要的研究意义与现实意义。

同时，本书还探讨了浙江传承和保护饮食文化遗产的重要平台和载体，尤

---

① Philipp Demgenski. Chinese Cuisine's Rocky Road toward International Intangible Cultural Heritage Status. *Asian Ethnology*, 2020(79): 115 - 135.

其是饮食文化博物馆。还有以浙江非物质文化遗产保护中心为代表的非遗传播和推广机构，他们通过创办"非遗美食"研修培训班、举办浙江传统饮食展评展演活动等创新性保护利用手段，为全国推广和宣传非遗美食遗产提供了良好的参考经验与工作范式。

本书的相关章节得到饮食文化研究界、餐饮烹饪界诸多师友的帮助。叶俊士老师撰写了第五章有关浙江器具类饮食文化遗产的相关内容。俞为洁研究员、徐吉军研究员、邵万宽教授、林正秋教授的相关研究成果，皆是本书的重要参考资料。在此，向他们表示真诚的谢意。当然，由于开展该课题的时间仓促，更由于笔者水平有限，书中存在的错误疏漏之处，恳请各位同道与读者批评指正。

金晓阳　周鸿承

2021 年 6 月

目　录

第一章

浙江饮食文化的过去、现在与未来

一方水土养育一方人。浙江是鱼米之乡，饭稻羹鱼的饮食传统传承千年。舌尖上的味觉遗香，让浙江的每座城市都积淀出自己独特的城市气质和味蕾记忆。浙江饮食文化的发展变迁折射出中国江南饮食生活方式的传承方式与演变特征。闻香下马，知味停车；知味观的小笼包，强调馅料多样，包容天下。悬壶济世，妙手回春；方回春堂的药膳，强调食医合一，顺时养生。

浙里食尚，食在浙江。杭嘉湖平原地区"好吃又便宜"的杭帮菜旋风曾经流行北上广；绍兴的越菜，嘉兴、湖州的湖鲜风味，齿颊留香。温台甬沿海地区的甬菜、瓯菜及岛屿海鲜菜，是"靠海吃海"传统的历史印证。餐桌上的蛤蜊与螃蟹，让我们忘不了大海的恩赐。衢金丽内陆地区的三头一掌、金华火腿、缙云烧饼等，让我们浙江人的美好生活追求总是充满了人间烟火气。

美食之都，绿色崛起；小康菜谱，还看浙里。浙江非遗的传承保护工作，重视历史上人们对每一种食物行走路径的探索。我们感恩大自然的馈赠，希冀将非遗美食的历史凝固成一个个可以触摸的具象图景，从而将江南文脉融合在一起，展开一幅讲述浙江非遗美食前世今生的精美画卷。

祖先餐桌上的记忆，客观而忠实地记录着浙江人文气质的岁月辗转。"食之味"就是老百姓饮食文明进步最直观、最活态的见证者，记录和传承着一个个城市饮食文明的遗香。深入研究浙江饮食文化历史渊源，有助于我们更好地开展浙江饮食类非物质文化遗产项目的挖掘、保护、传承和利用，进而达到在发掘中保护，在利用中传承的目的。

第一节　历史渊源与变迁

浙江地处中国东南沿海长江三角洲南翼，东临东海，南接福建，西与安徽、江西相连，北与上海、江苏接壤。浙江境内沿海地区渔场密布，海产丰富；北部水网密布，素有“鱼米之乡”美誉；西南丘陵起伏，山珍多样。杭嘉湖地区所在的太湖水系和浙江境内最大的钱塘江水系孕育了浙菜的饮食文明体系。伴随着浙江境内的苕溪、钱塘江、曹娥江、甬江、灵江、瓯江、飞云江、鳌江主要水系，浙江地产所出的谷米、鱼虾、干菜、酱醋、美酒、香茶等饮食原料，滋养着因河而生、沿河而荣的浙江水运城镇。正是在浙江山川与河流资源的孕育下，形成了杭嘉湖平原饮食文化（以杭帮菜、绍兴越菜和嘉兴、湖州湖鲜文化为主）、甬台温海洋饮食文化（以甬菜、瓯菜及沿海岛屿海鲜文化为主）和衢金丽山地饮食文化（以衢帮菜及金华和丽水等地的山珍食材文化为主）三大特色饮食区。它们是浙江饮食文化的三大核心区域。

浙江先民对大运河嘉兴段、大运河湖州段、大运河杭州段和大运河宁波段不断开发，使得沟通自然水系的人工运河成为浙江省内重要的商贸与物资流通的重要通道。浙江饮食文化既是基于江河湖海的自然馈赠，也具浙江人民的智慧结晶。

浙江是河姆渡文化、良渚文化、吴越文化、江南文化的发源地，是中国古代文明的发祥地之一。浙江饮食文化的开端可以追溯到距今七千年的河姆渡文化、距今六千年浙北的马家浜文化、距今五千年的良渚文化和距今四千年的钱山漾文化等遗存。从杭州近郊的良渚和浙东的余姚河姆渡两处人类活动的古遗址中，研究者发现许多原始稻谷、小葫芦、菱角、酸枣、苋菜等植物果籽，大量猪、牛、羊、鸡、鸭等骨骸以及各种石杵、陶杵、木杵、陶釜等用于饮食生活及农业生产的陶器、木器、骨器等各种器具。这些考古发现例证了浙江饮食文明体系的历史悠久，印证了浙江饮食文明对中华饮食文明做出过重大贡献。

考古证据以外，历史上留下的文献资料使得后人可以一窥不同历史时期精彩的浙江饮食文化与故事。春秋时期的越国是浙江境内最早出现的国家。据《越绝书》记载，越国粮食以水稻为主，此外还有大豆、大麦、赤豆、稷等农作物。《越绝书》载：“甲货之户曰‘粢’，为上物，贾七十。乙货之户曰‘黍’，为中物，石六十。丙货之户曰‘赤豆’，为下物，石五十。丁货之户曰‘稻粟’，令为上种，石四十。戊货之户曰‘麦’，为中物，石三十。己货之户曰‘大豆’，为下物，石二十。庚货之户曰‘穬’，比疏食，故无贾。辛货之户曰‘菓’，比疏食，无贾。壬、癸无货。”①《史记·货殖列传》载：“楚越之地，地广人

① [东汉]袁康、吴平：《越绝书》（卷四）《越绝计倪内经第五》，浙江古籍出版社2013年版，第31页。

稀，饭稻羹鱼，或火耕而水耨，果隋蠃蛤，不待贾而足，地埶饶食，无饥馑之患，以故呰窳偷生，无积聚而多贫。是故江淮以南，无冻饿之人，亦无千金之家”[①]的描述，准确地记录了浙江饮食文化是以稻米和鱼类为主要食材的饮食特征。吴越时期的历史文献中，还记载了当地的蔬食主要有葵、水芹、荠菜、白菜、葫芦、莲藕、笋等十余种。[②] 从秦汉到魏晋，从魏晋到隋唐，浙江“饭稻羹鱼”的饮食结构特征基本保持不变，足见区域性饮食习惯与传统的稳定性与传承性。

魏晋以后，我国经济与文化重心由黄河流域逐渐南移。东晋贵族和精英阶层纷纷定居浙江。北方的农业生产经验和饮食生活习惯不断地与南方融合。东晋南朝统治者曾三令五申地要求引进麦种。东晋初，在余杭大辟山的隐士郭文就以区种菽麦以谋生。东晋南朝时，会稽（包括今绍兴、宁波）、吴兴（包括今嘉兴、湖州）已成为当时重要的稻米产区。

隋唐时期，我国经济重心进一步南移。南方成了中国粮食的主产区，主产水稻。李翰《苏州嘉兴屯田纪绩颂并序》即称：“嘉禾在全吴之壤最腴，故嘉禾一穰，江淮为之康，嘉禾一歉，江淮为之俭。”[③]吕温《故太子少保赠尚书左仆射京兆韦府君神道碑》称：“天宝之后，中原释耒，辇越而衣，漕吴而食。”[④]浙江江河湖泊多，故而淡水水产亦丰盛。崔融《断屠议》即称：“江南诸州，乃以鱼为命；河西诸国，以肉为斋。”[⑤]隋炀帝开大运河，使浙江段大运河对江南运河以及浙东运河上的贸易都起到了重大作用。江南粮食多通过隋唐大运河运到长安等北方都城，而海外来浙的海船多在明州（今宁波）登岸，然后换船走浙东运河到杭州，进而将货物贩卖至全国各地。《西溪丛语》即云：“今观浙江之口，起自纂风亭，北望嘉兴大山，水阔二百余里，故海商舶船，畏避沙潬，不由大江，惟泛余姚小江，易舟而浮运河，达于杭越矣”。[⑥]

公元978年，吴越国王钱俶（原名钱弘俶）上表宋太宗，“纳土”归宋。吴越国占据浙江，共存续72年。钱氏一族对杭州地区的农业灌溉和种植业多有贡献，钱氏统治期间经济进一步发展，人民生活相对富裕。《十国春秋》卷

---

① [汉]司马迁：《史记》（卷一二九）《货殖列传》，中华书局1959年版，第3270页。

② 林正秋：《浙江美食文化》，杭州出版社1988年版，第4页。

③ [清]董诰等编：《全唐文》，中华书局1983年版，第4375页。

④ [清]董诰等编：《全唐文》，中华书局1983年版，第6357页。

⑤ [清]董诰等编：《全唐文》，中华书局1983年版，第235页。

⑥ [宋]姚宽：《西溪丛语》，中华书局1993年版，第25页。

一一五《拾遗·吴越》载："吴越孙承佑豪侈，一小饮杀命数万，取鲤鱼腮肉为臛，坐客数十皆足，圈鹿数百，庖人不暇断，惟旋割取鲜腴，一飡羹凡二十品"。[①] 吴越国功德判官毛胜就写过《水族加恩簿》以记录当时所见的水产。其中所录吴越国时期常见水产有40余种之多：江瑶、车螯、蚶菜、虾魁、蠘、蝤蛑、蟹、彭越、蛤蟆、鲈鱼、鲥鱼、鲚鱼、鼋、鳖、鲎、石首鱼、石决明、乌贼、龟、水母、真珠、玳瑁、牡蛎、螺蛳、蛙、鲢鳙、江蚝、鳜、鲤、白鱼、鳊鱼、鲟鳇、鳝、河豚、鳆鱼等。

宋朝时，江南地区粮食经济进一步崛起。江南水稻产量高，使得"苏湖熟，天下足"[②]的美誉传遍全国。江浙亦成国家"粮仓"，而在南宋时，杭州还成了京畿之地，政治经济地位进一步提升。欧阳修在《居士集》卷二《送慧勤归余杭》一诗中，就对北宋以来南方饮食生活的繁荣有所记录："南方精饮食，菌笋鄙羔羊。饭以玉粒粳，调之甘露浆。一馔费千金，百品罗成行。"[③]宋末周密所著《武林旧事》卷六《糕》章节中，记有杭城19种糕点：糖糕、蜜糕、栗糕、粟糕、麦糕、豆糕、花糕、糍糕、雪糕、小甑糕、蒸糖糕、生糖糕、蜂糖糕、线糕、闲炊糕、干糕、乳糕、社糕、重阳糕。[④] 足见南宋都城里的家庭是如何充分地利用米粉以制作各样美食，反映了当时繁荣的饮食风尚。南宋时期，酒楼、食肆、小吃店、茶店遍布临安街巷。如和乐楼、和丰楼、中和楼、春风楼、太和楼、熙春楼、三元楼、赏心楼、花月楼等，皆因京杭大运河带来的贸易经济而生意兴隆。沿运河而出现的24小时营业的餐饮服务店十分常见，是故临安号称"不夜城"。吴自牧《梦粱录》载："杭城大街，买卖昼夜不绝，夜交三四鼓，游人始稀；五鼓钟鸣，卖早市者又开店矣。"[⑤]码头上卸货运货的商贸交通不断，人流不断，自然让配套服务的各式餐饮经营不断。为满足来自全国各地的商贾口腹之偏好，临安各饮食店自然在产品上不断推陈出新，招徕顾客。

南宋以来，浙江地区已经成功驯育出湖羊，湖州和杭州等城市自此有了充足的羊肉供应。建立元朝的蒙古人把元帝国的民众分为四等，前三等为蒙古人、色目人和"汉人"，他们因传统或宗教的原因，常以牛羊肉为主要肉食，或以羊肉为肴中珍馔，所谓"无羊不成宴"；而最低等的"南人"传统上却以猪肉为主

① [清]吴任臣：《十国春秋》，中华书局1983年版，第1740－1741页。
② [宋]范成大：《吴郡志》，江苏古籍出版社1986年版，第660页。
③ [宋]欧阳修：《欧阳修集编年笺注1》，巴蜀书社2007年版，第61－62页。
④ [宋]四水潜夫辑：《武林旧事》，浙江人民出版社1984年版，第100页。
⑤ [宋]吴自牧：《梦粱录》，浙江人民出版社1980年版，第119页。

要肉食。如马可·波罗对杭州饮食业的记载："城内有许多屠宰场，宰杀家畜——如牛、小山羊和绵羊——来给富人与大官们的餐桌提供肉食。至于贫苦的人民，则不加选择地什么肉都吃。"[①]《南村辍耕录》就说当时杭州城里住着很多回族，元朝时，因嗜食牛羊肉的蒙古人、色目人和"汉人"大量定居南方，导致浙江地区牛羊肉的供给量上升。这是元代浙江饮食文化一大特色。时至今日，浙江人普遍认为牛羊肉是北方常用食材，他们并不知道浙江本地也有着悠久的食羊传统。此外，《梦粱录》《武林旧事》《都城纪胜》《西湖老人繁胜录》《夷坚志》等宋代笔记、小说、诗文、话本等文献中，多有反映南宋临安饮食社会生活的记载。

明清时期浙江地区的主要粮食依旧以水稻为主，兼有黍、麦、粟、菽。根据万历《杭州府志》记载："稻之名色甚众，大都不出粳、糯二种，但早晚不同。仁和、钱塘、海宁种多晚，余杭早晚半之，余县多早。黍有黄白二种，山县多种之。黑黍种之者少。荞麦治为面，土人忌于柏树板上切食。芦穄或称芦粟，山县种之。豌豆俗呼蚕豆，田塍蔬圃皆种之。"[②]"南人之饭，主要品为米，盖炊熟而颗粒完整者，次要则为成糜之粥。"[③]炊熟即为蒸熟之意。清代钱塘人，美食家袁枚在《随园食单》中有百果糕、糖饼等点心记载；生活在嘉庆、道光年间的施鸿保所著《乡味杂咏》中，又有清汤面、凉拌面、笋丝面、羊肉馒头、蟹馒头、松毛包子、盘面饺、水饺、青白汤团、蓑衣团、月饼、年糕、栗糕、黄条糕（枣糕）、乌饭糕等点心记载。从这些点心的原材料看得出，米粉类日常食品的制作在浙江地区十分流行。《随园食单》中收录的345种南北菜肴中，明确为浙江地区美食的就有数十种，如浙江金华的"蜜火腿"，杭州的"醋搂鱼""土步鱼"等，还有浙江各地小吃如"八珍糕""蓑衣饼""葱包桧儿"等。《随园食单》不仅大量记录了有关浙江的名菜名点，还特别详细地记载了制作方法，后世多有引用。如袁枚《随园食单》之《蜜火腿》记载："取好火腿，连皮切大方块，用蜜酒煨极烂最佳。但火腿好丑高低，判若天渊。虽出金华、兰溪、义乌三处，而有名无实者多。其不佳者，反不如腌肉矣！惟杭州忠清里王三房家四钱一斤者佳。余在尹文端公苏州公馆吃过一次，其香隔户便至，甘鲜异常。此后不能再遇此尤物矣。"[④]足见清代时期浙江饮食文化的发达。

---

① [意]马可·波罗：《马可·波罗游记》，中国文史出版社1998年版，第194页。

② [清]厉鹗：《樊榭山房集》，上海古籍出版社1992年版，第494页。

③ [清]徐珂：《清稗类钞》，中华书局1986年版，第6383页。

④ [清]袁枚：《随园食单》，北方文艺出版社2018年版，第90页。

中华人民共和国成立以来，浙江省餐饮服务业发展变迁大致有三个阶段：一是“文化大革命”以前，餐饮业网点小型分散，店、摊、担结合，遍及大街小巷，品种多样，经营灵活，风味特色俱全；二是“文化大革命”期间，由于受“左”的错误的干扰，网点拆小并大，经营品种单一，风味特色消失，一些优良的传统服务项目和服务方式被砍掉，大众化变成了简单化，服务质量和服务态度明显下降；三是党的十一届三中全会以来，通过拨乱反正，批判了“左”的错误倾向，工农业生产得到了恢复和发展，城乡经济繁荣，人民生活逐步改善，饮食服务业也得到了相应发展。特别是1980年以来，随着“对外开放、对内搞活”经济方针的贯彻与落实，由城乡集体、个体开办的饮食服务店如雨后春笋般地迅速发展，改变了供求关系紧张等状况。还出现了多家办店，多种经济成分并存的新气象，缓和了吃饭难、住店难、理发难等矛盾。①

2012年，浙江省人民政府发布了《浙江省人民政府关于振兴浙菜加快发展餐饮业的意见》，要求进一步提升浙菜品牌，弘扬浙菜文化，打造美食浙江，提高餐饮业服务质量，促进餐饮业又好又快发展，推动全省产业结构调整和经济发展方式转变，切实保障和改善民生。该文件中要求“重点建设浙菜三大特色集聚区。在杭嘉湖平原地区重点打造‘杭帮菜’创新基地及世界休闲美食之都、绍兴越菜文化之城和嘉兴、湖州湖鲜风味餐饮；在甬台温沿海地区重点打造甬菜、瓯菜及岛屿海鲜菜；在金衢丽内陆地区重点开发山珍风味和民俗餐饮文化”。还要求“加强浙菜文化研究。鼓励餐饮企业、专业院校和行业协会，成立浙菜文化研究机构，总结浙菜文化内涵，提炼浙江菜系特色，收集整理地方名菜，发掘乡村民间饮食文化和人文内涵，组织编写《浙江饮食文化史》《中国新浙菜大典》和《中国浙江乡土菜谱》，提高浙菜文化品位”。该指导文件对浙江饮食文化的区域特色有非常好的总结和归纳，也提出了要注重加强浙江饮食文化的研究。可惜的是，相关机构并没有在此振兴浙菜的重大举措之下，推出新时代的“浙江饮食文化史”以及“中国新浙菜大典”等研究成果，依旧走的是汇编浙江各地区菜肴菜谱的老路子。可见，振兴浙菜文化在具体工作落实方面，还有很大提升空间。

“诗画浙江·百县千碗”工程自2018年启动以来，得到省政府高度重视。时任省长袁家军多次作出批示予以肯定，“做实做好‘百县千碗’”被写入2019年浙江省政府工作报告，成为新时代振兴浙江美食文化和产业的一项重要品

① 鲍力军、沈署东：《发展浙江饮食服务业的探索》，《商业经济与管理》1985年第2期，第64页。

牌工程。2019年，浙江省文化和旅游厅、浙江省商务厅等联合印发《做实做好“百县千碗”工程三年行动计划（2019—2021）》的通知，推动浙江省旅游美食文化传承、创新、发展，助力文化浙江、诗画浙江建设。通知中，明确提出“传承和弘扬美食文化。挖掘‘百县千碗’美食背后的文化内涵，讲好浙江美食文化故事。形成‘百县千碗’一张美食地图、一套美食视频、一本美食图书、一首美食歌曲、一份美食榜单、一群美食达人。通过各类途径，向广大群众进行‘百县千碗’科普，传播美食文化”。从文化研究角度看，应深入开展浙江饮食历史、文化和遗产方面的研究，形成相应的理论成果，指导浙菜的产业实践，避免研究成果一直聚焦在菜谱和地方菜肴的汇编上。

第二节　研究背景及对象

2010年墨西哥美食、法国传统美食入选UNSCO发布的《人类非物质遗产名录代表作》名录；2011年土耳其小米粥入选；2013年，地中海美食、日本和食、韩国越冬泡菜文化同样入选《人类非物质遗产名录代表作》。在此背景下，国内相关烹饪协会和部门，也在积极开展中餐申遗的工作。据悉，2014年7月中国烹饪协会正式对外界宣布将于2015年向联合国教科文组织递交中国饮食申遗的报告。[①] 虽然最后结果无疾而终，但却表明了国内相关单位对于美食项目申请非物质文化遗产项目的热情，国外学者把中国人对美食申遗的这种“热情”称之为“烹饪焦虑”（Culinary Tension）。[②]

中国烹饪界普遍缺乏对饮食文化遗产概念的正确认知，他们更多将饮食类遗产理解成一种“厨艺”。故而国内烹饪界把中餐一些复杂而高超的刀工技艺作为一种代表性的烹饪文化向海外世界推广，以期待UNSCO评委专家们对中国烹饪技艺“艺高人大胆”的认同，进而认证“中国烹饪”成为世界非遗代表性项目。殊不知，世界非物质文化遗产现行定义中强调共享和全民理念，就是要去精英化。换句话说，中国美食文化及烹饪技艺应该是全体中国大众能够传承和利用的知识或技术方法，而不是某些省份大厨们炫技的表演舞台。

① 袁亚楠：《中餐申遗急不得》，《中国报道》2015年第7期，第86－87页；程小敏：《中餐申遗是否要“高大上”？（上）》，《中国食品报》2014年10月7日。

② Philipp Demgenski. Culinary Tenson: Chinese Cuisine's Rocky Road toward International Intangible Cultural Heritage Status. *Asian Ethnology*, 2020(79): 115－135.

也就是说，中国烹饪申请世界非遗就是要回归生活，回归日常百姓餐桌上的活态传承。而这一点，国内相关人员却极为忽视。2011 年，中国在中餐申请世界非遗项目的申报书上，传承主体写就是"中国厨师"，[①]而非全体中国国民。这些细节都反映出我国从事饮食类非遗申请的相关单位对非遗概念和外延认知上的欠缺。

《保护非物质文化遗产公约》(2003 年)总则中第 2 条对"非物质文化遗产"的定义是：

> 定义在本公约中，1."非物质文化遗产"指被各群体、团体、有时为个人视为其文化遗产的各种实践、表演、表现形式、知识和技能及其有关的工具、实物、工艺品和文化场所。各个群体和团体随着其所处环境、与自然界的相互关系和历史条件的变化不断使这种代代相传的非物质文化遗产得到创新，同时使他们自己具有一种认同感和历史感，从而促进了文化多样性和人类的创造力。在本公约中，只考虑符合现有的国际人权文件，各群体、团体和个人之间相互尊重的需要和顺应可持续发展的非物质文化遗产。2. 按上述第 1 段的定义，"非物质文化遗产"包括以下方面：(a)口头传说和表述，包括作为非物质文化遗产媒介的语言；(b)表演艺术；(c)社会风俗、礼仪、节庆；(d)有关自然界和宇宙的知识和实践；(e)传统的手工艺技能。[②]

中国烹饪没有入选世界非遗，部分原因也在于中国对于"饮食非物质文化遗产"的理解出现了偏差。以其他国家非遗美食项目成功获选的经验来看，国际上更加注重本国居民对美食文化的风俗传承方式与仪式的坚守。在此，食物是一定区域内人群交流沟通的载体、媒介。比如，韩国越冬泡菜获选的原因，并不是韩国泡菜的加工制作技艺有多么神秘或神奇，而是因为越冬泡菜成为韩国邻里之间的交流媒介。韩国人围绕泡菜，不断地输出和输入着乡邻的人情与友谊，持续地传承着族群的饮食生活习惯与信仰；日本和食之所以入选，是因为它突出的是人与自然环境的和谐统一关系以及人类对现代饮食健

① 程小敏：《中餐申遗是否要"高大上"？（上）》，《中国食品报》2014 年 10 月 7 日。

② 联合国教科文组织世界遗产中心、国际古迹遗址理事会、国际文物保护与修复研究中心、中国国家文物局主编：《国际文化遗产保护文件选编》，文物出版社 2007 年版，第 229 页。

康和营养理念的传承。

浙江省有 11 个地级市，分别是杭州市、宁波市、温州市、嘉兴市、湖州市、绍兴市、金华市、衢州市、舟山市、台州市、丽水市。本课题所指研究对象就是浙江范围内的饮食文化遗产。浙江省内国家级、省级、市级、县(区)级四级非物质文化遗产代表性项目名录、与饮食有关的非遗项目、浙江省内有潜力列入省内非物质文化遗产代表性项目名录的内容以及从学理上可以纳入浙江省非物质文化遗产保护范畴的饮食内容，皆是本书研究对象。

本书在不特别说明的情况下，所指“饮食文化遗产”就是狭义的“饮食类非物质文化遗产”，原则上不包括酿酒厂、盐场等遗址类物质性遗产内容。由于饮食文化内容丰富、形式多样，传统饮食非遗项目多列入我国非遗十大类之“传统技艺”和“民俗类”中。而一些饮食器具文化遗产、饮食文献文化遗产以及一些名特食材、渔猎、盐糖制品、食俗以及区域性的最佳食生产食生活实践地等，在现行的非遗保护实践中，还有所缺失。

值得注意的是，目前国内非遗美食代表作申报单位和传承主体多是国内知名餐饮店、名酒名茶厂商和知名工业食品公司。国内各地的非遗美食项目申报和评选中，一些市场需求强烈的“非遗美食”在各层级非遗代表作名录上往往榜上有名，而一些贴近老百姓日常生活的饮食文化遗产却被忽视。[①] 比如，某某酒酿造技艺、某某茶制作技艺以及各省某某餐饮老字号传统烹饪技艺，等等，这一类市场知名度高、商业价值大的非遗代表作往往榜上有名。参见《国家级非物质文化遗产名录中饮食非遗项目统计表》中所统计的各类知名非遗美食品牌。这种价值取向其实压缩了濒危饮食非遗代表作的生存空间。那么，生存空间已经相对狭小的其他弱势文化遗产，岂不更是岌岌可危？如此推论，继续按照现行的非遗项目评选、评价标准与思维方式，那么中国的非遗评审与保护工作，有可能不是在保护祖先的餐桌记忆，而是在加速它们的死亡。[②]

这提醒我们，目前中国的非遗保护管理体制机制急需进行必要更新。各层级非遗代表作名录，应该成为具有真实遗产性的饮食知识或技艺的通行证，而不是资本或企业的广告宣传单。“重商业噱头，轻保护研究”的非物质文化

---

① Hongcheng Zhou. *Why UNESCO Should Turn Its Nose Up at Chinese Food*. *Sixth Tone*, http://www.sixthtone.com/news/1813/why-unesco-should-turn-its-nose-up-at-chinese-food，检索日期：2017 年 7 月 17 日。

② 周鸿承：《论中国饮食文化遗产的保护和申遗问题》，《扬州大学烹饪学报》2012 年第 3 期，第 11 页。

遗产评价取向应予以改进(见表1-1)。

表1-1 国家级非物质文化遗产名录中饮食非遗项目统计表
(截至2020年第五批)

2006年《第一批国家级非物质文化遗产名录》中饮食非遗项目统计表			
编号	项目名称	类别	申报单位
Ⅲ—2	秧歌	民间舞蹈	河北省昌黎县;山东省商河县、胶州市、海阳市;陕西省绥德县;辽宁省抚顺市;河北省井陉县;重庆市
Ⅳ—70	秧歌戏	传统戏剧	河北省隆尧县、定州市;山西省朔州市、繁峙县
Ⅷ—47	拉萨甲米水磨坊制作技艺	传统手工技艺(本批共计有89项)	西藏自治区
Ⅷ—57	茅台酒酿制技艺	传统手工技艺	贵州省
Ⅷ—58	泸州老窖酒酿制技艺	传统手工技艺	四川省泸州市
Ⅷ—59	杏花村汾酒酿制技艺	传统手工技艺	山西省汾阳市
Ⅷ—60	绍兴黄酒酿制技艺	传统手工技艺	浙江省绍兴市
Ⅷ—61	清徐老陈醋酿制技艺	传统手工技艺	山西省清徐县
Ⅷ—62	镇江恒顺香醋酿制技艺	传统手工技艺	江苏省镇江市
Ⅷ—63	武夷岩茶(大红袍)制作技艺	传统手工技艺	福建省武夷山
Ⅷ—64	自贡井盐深钻汲制技艺	传统手工技艺	四川省自贡市、大英县
Ⅷ—85	赫哲族鱼皮制作技艺	传统手工技艺	黑龙江省
Ⅷ—89	凉茶	传统手工技艺	广东省文化厅、香港特别行政区民政事务局、澳门特别行政区文化局
2008年《第二批国家级非物质文化遗产名录》中饮食非遗项目统计表			
编号	项目名称	类别	申报地区或单位
Ⅱ—113	彝族酒歌	传统音乐	云南省武定县
Ⅱ—118	回族宴席曲	传统音乐	青海省门源回族自治县

（续表）

2008年《第二批国家级非物质文化遗产名录》中饮食非遗项目统计表			
编号	项目名称	类别	申报地区或单位
Ⅷ—144	蒸馏酒传统酿造技艺（北京二锅头酒传统酿造技艺、衡水老白干传统酿造技艺、山庄老酒传统酿造技艺、板城烧锅酒传统五甑酿造技艺、梨花春白酒传统酿造技艺、老龙口白酒传统酿造技艺、大泉源酒传统酿造技艺、宝丰酒传统酿造技艺、五粮液酒传统酿造技艺、水井坊酒传统酿造技艺、剑南春酒传统酿造技艺、古蔺郎酒传统酿造技艺以及沱牌曲酒传统酿造技艺）	传统技艺（本批共计有97项）	北京红星股份有限公司；北京顺鑫农业股份有限公司；河北省衡水市、平泉市、承德县；山西省朔州市；辽宁省沈阳市；吉林省通化县；河南省宝丰县；四川省宜宾市、成都市、绵竹市、古蔺县、射洪县
Ⅷ—145	酿造酒传统酿造技艺（封缸酒传统酿造技艺、金华酒传统酿造技艺）	传统技艺	江苏省丹阳市、常州市金坛区；浙江省金华市
Ⅷ—146	配制酒传统酿造技艺（菊花白酒传统酿造技艺）	传统技艺	北京仁和酒业有限责任公司
Ⅷ—147	花茶制作技艺（张一元茉莉花茶制作技艺）	传统技艺	北京张一元茶叶有限责任公司
Ⅷ—148	绿茶制作技艺（西湖龙井、婺州举岩、黄山毛峰、太平猴魁、六安瓜片）	传统技艺	浙江省杭州市、金华市；安徽省黄山市徽州区、黄山区；六安市裕安区
Ⅷ—149	红茶制作技艺（祁门红茶制作技艺）	传统技艺	安徽省祁门县
Ⅷ—150	乌龙茶制作技艺（铁观音制作技艺）	传统技艺	福建省安溪县
Ⅷ—151	普洱茶制作技艺（贡茶制作技艺、大益茶制作技艺）	传统技艺	云南省宁洱县、勐海县
Ⅷ—152	黑茶制作技艺（千两茶制作技艺、茯砖茶制作技艺、南路边茶制作技艺）	传统技艺	湖南省安化县、益阳市；四川省雅安市
Ⅷ—153	晒盐技艺（海盐晒制技艺、井盐晒制技艺）	传统技艺	浙江省象山县；海南省儋州市；西藏自治区芒康县

（续表）

2008年《第二批国家级非物质文化遗产名录》中饮食非遗项目统计表			
编号	项目名称	类别	申报地区或单位
Ⅷ—154	酱油酿造技艺（钱万隆酱油酿造技艺）	传统技艺	上海市浦东新区
Ⅷ—155	豆瓣传统制作技艺（郫县豆瓣传统制作技艺）	传统技艺	四川省成都市郫都区
Ⅷ—156	豆豉酿制技艺（永川豆豉酿制技艺、潼川豆豉酿制技艺）	传统技艺	重庆市；四川省三台县
Ⅷ—157	腐乳酿造技艺（王致和腐乳酿造技艺）	传统技艺	北京市海淀区
Ⅷ—158	酱菜制作技艺（六必居酱菜制作技艺）	传统技艺	北京六必居食品有限公司
Ⅷ—159	榨菜传统制作技艺（涪陵榨菜传统制作技艺）	传统技艺	重庆市涪陵区
Ⅷ—160	传统面食制作技艺（龙须拉面和刀削面制作技艺、抿尖面和猫耳朵制作技艺）	传统技艺	山西省全晋会馆、晋韵楼
Ⅷ—161	茶点制作技艺（富春茶点制作技艺）	传统技艺	江苏省扬州市
Ⅷ—162	周村烧饼制作技艺	传统技艺	山东省淄博市
Ⅷ—163	月饼传统制作技艺（郭杜林晋式月饼制作技艺、安琪广式月饼制作技艺）	传统技艺	广东省安琪食品有限公司
Ⅷ—164	素食制作技艺（功德林素食制作技艺）	传统技艺	上海功德林素食有限公司
Ⅷ—165	同盛祥牛羊肉泡馍制作技艺	传统技艺	陕西省西安市
Ⅷ—166	火腿制作技艺（金华火腿腌制技艺）	传统技艺	浙江省金华市
Ⅷ—167	烤鸭技艺（全聚德挂炉烤鸭技艺、便宜坊焖炉烤鸭技艺）	传统技艺	北京市全聚德（集团）股份有限公司；北京便宜坊
Ⅷ—168	牛羊肉烹制技艺（东来顺涮羊肉制作技艺、鸿宾楼全羊席制作技艺、月盛斋酱烧牛羊肉制作技艺、北京烤肉制作技艺、冠云平遥牛肉传统加工技艺、烤全羊技艺）	传统技艺	北京市东来顺集团有限责任公司、北京市鸿宾楼餐饮有限责任公司、北京月盛斋清真食品有限公司、北京市聚德华天控股有限公司、山西省冠云平遥牛肉集团有限公司、内蒙古自治区阿拉善盟

（续表）

2008年《第二批国家级非物质文化遗产名录》中饮食非遗项目统计表			
编号	项目名称	类别	申报地区或单位
Ⅷ—169	天福号酱肘子制作技艺	传统技艺	北京天福号食品有限公司
Ⅷ—170	六味斋酱肉传统制作技艺	传统技艺	山西省太原六味斋实业有限公司
Ⅷ—171	都一处烧卖制作技艺	传统技艺	北京便宜坊烤鸭集团有限公司
Ⅷ—172	聚春园佛跳墙制作技艺	传统技艺	福建省福州市
Ⅷ—173	真不同洛阳水席制作技艺	传统技艺	河南省洛阳市
Ⅸ—10	中医养生（药膳八珍汤、灵源万应茶、永定万应茶）	传统医药	福建省晋江市、龙岩市永定区
2011年《第三批国家级非物质文化遗产名录》中饮食非遗项目统计表			
Ⅷ—203	白茶制作技艺（福鼎白茶制作技艺）	传统技艺	福建省福鼎市
Ⅷ—204	仿膳（清廷御膳）制作技艺	传统技艺	北京市西城区
Ⅷ—205	直隶官府菜烹饪技艺	传统技艺	河北省保定市
Ⅷ—206	孔府菜烹饪技艺	传统技艺	山东省曲阜市
Ⅷ—207	五芳斋粽子制作技艺	传统技艺	浙江省嘉兴市
Ⅹ—140	径山茶宴	传统技艺	浙江省杭州市余杭区
2014年《第四批国家级非物质文化遗产名录》中饮食非遗项目统计表			
Ⅷ—226	奶制品制作技艺（察干伊德）	传统技艺	内蒙古自治区正蓝旗
Ⅷ—227	辽菜传统烹饪技艺	传统技艺	辽宁省沈阳市
Ⅷ—228	泡菜制作技艺（朝鲜族泡菜制作技艺）	传统技艺	吉林省延吉市
Ⅷ—229	老汤精配制	传统技艺	黑龙江省哈尔滨市阿城区
Ⅷ—230	上海本帮菜肴传统烹饪技艺	传统技艺	上海市黄浦区
Ⅷ—231	传统制糖技艺（义乌红糖制作技艺）	传统技艺	浙江省义乌市
Ⅷ—232	豆腐传统制作技艺	传统技艺	安徽省淮南市、寿县
Ⅷ—233	德州扒鸡制作技艺	传统技艺	山东省德州市
Ⅷ—234	龙口粉丝传统制作技艺	传统技艺	山东省招远市

（续表）

2014 年《第四批国家级非物质文化遗产名录》中饮食非遗项目统计表			
Ⅷ—235	蒙自过桥米线制作技艺	传统技艺	云南省蒙自市
Ⅹ—149	稻作习俗	民俗	江西省万年县
2020 年《第五批国家级非物质文化遗产名录》中饮食非遗项目（推荐项目）统计表			
无	严东关五加皮酿造技艺	传统技艺	浙江省杭州市建德市
无	黄茶制作技艺（君山银针茶制作技艺）	传统技艺	湖南省岳阳市君山区
无	中餐烹饪技艺与食俗	传统技艺	中国烹饪协会
无	徽菜烹饪技艺	传统技艺	安徽省
无	潮州菜烹饪技艺	传统技艺	广东省潮州市
无	传莱烹饪技艺	传统技艺	四川省
无	小磨香油制作技艺	传统技艺	河北省邯郸市大名县
无	果脯蜜饯制作技艺（北京果脯传统制作技艺、雕花蜜饯制作技艺）	传统技艺	北京市怀柔区、湖南省怀化市靖州苗族侗族自治县
无	梨膏糖制作技艺（上海梨膏糖制作技艺）	传统技艺	上海市黄浦区
无	小吃制作技艺（沙县小吃制作技艺、火宫殿臭豆腐制作技艺）	传统技艺	福建省三明市、湖南省长沙市
无	胡辣汤制作技艺	传统技艺	河南省周口市西华县
无	米粉制作技艺（沙河粉传统制作技艺、柳州螺蛳粉制作技艺、桂林米粉制作技艺）	传统技艺	广东省广州市，广西壮族自治区柳州市、桂林市
无	龟苓膏配制技艺	传统技艺	广西壮族自治区
无	凯里酸汤鱼制作技艺	传统技艺	贵州省黔东南苗族侗族自治州凯里市
无	德昂族酸茶制作技艺	传统技艺	云南省德宏傣族景颇族自治州芒市
无	土生葡人美食烹饪技艺	传统技艺	澳门特别行政区
无	徐州伏羊食俗	民俗	江苏省徐州市
无	油茶习俗（瑶族油茶习俗）	民俗	广西壮族自治区桂林市恭城瑶族自治县

在2020年《第五批国家级非物质文化遗产代表性项目推荐项目》扩展名单中，还有传统面食制作技艺（太谷饼制作技艺、李连贵熏肉大饼制作技艺、邵永丰麻饼制作技艺、缙云烧饼制作技艺、老孙家羊肉泡馍制作技艺、西安贾三灌汤包子制作技艺、兰州拉面制作技艺、中宁蒿子面制作技艺、馕制作技艺、塔塔尔族传统糕点制作技艺）、素食制作技艺（绿柳居素食烹饪技艺）、牛羊肉制作技艺（宁夏手抓羊肉制作技艺）、酱肉制作技艺（流亭猪蹄制作技艺）、蒸馏酒传统酿造技艺、酿造酒传统酿造技艺、绿茶制作技艺、红茶制作技艺、乌龙茶制作技艺、黑茶制作技艺、晒盐制作技艺（运城河东制盐技艺）入选。可见，第五批国家级非遗名录中，饮食类非遗项目攀升较快较多，入选项目名称也比较科学，为未来的牛肉羊、酱肉、小吃、面食等全国其他地域的特色非遗美食列入国家级非遗名录，预留好了空间。这样是比较科学与合理的。

此外，根据《浙江省前五批省级非遗项目中的饮食文化遗产项目统计表》（截至2016年，见表1-2），浙江省级非遗美食项目还是比较丰富的。除杭帮菜烹饪技艺这类菜系制作技艺的项目，也有各类茶酒和饮食民俗项目入选。当然，限于国内非遗分类的标准，非遗美食项目还是主要集中在技艺和民俗两个方面。

表1-2　浙江省前五批省级非遗项目中的饮食文化遗产项目统计表

批次	饮食类项目名称	饮食类所占比重（%）
2005年 首批浙江省非物质文化遗产代表性项目	无	0
2007年 第二批浙江省非物质文化遗产代表性项目	象山晒盐技艺、杭帮菜烹饪技艺、金华火腿传统制作技艺、木车牛力绞糖制作技艺、邵永丰麻饼制作技艺、婺州举岩茶传统制作技艺、西湖龙井茶采摘和制作技艺、严东关五加皮酿酒技艺、金华酒酿造技艺、绍兴黄酒酿制技艺、绍兴花雕制作技艺	4.5
2009年 第三批浙江省非物质文化遗产代表性项目	杭州知味观传统点心制作技艺、杭州楼外楼传统菜肴烹制技艺、九曲红梅茶制作技艺、萧山萝卜干制作技艺、松门白鲞传统加工技艺、径山茶宴、蒋村柿产品传统加工技艺、钱塘江板盐制作技艺、天竺筷制作技艺、普陀山佛茶茶道、柳市保嗣酒、百家宴、松阳端午茶、香菇砍花技艺、大洲厨刀制作技艺、豆制品传统制作技艺、绍兴乌干菜制作与烹饪技艺、龙游发糕制作技艺、西塘八珍糕制作技艺、慈城水磨年糕手工制作技艺、震远同茶食三珍制作技艺、丁莲芳千张包	14.2

（续表）

批次	饮食类项目名称	饮食类所占比重(%)
	子制作技艺、斜桥榨菜制作技艺、五芳斋粽子制作技艺、金华酥饼、状元楼宁波菜烹制技艺、青田传统榨油技艺、海洋鱼类传统加工制作技艺、同山烧酒传统酿造技艺、瑞安老酒汗传统酿制技艺、丹溪红曲酒传统酿制技艺、三伏老油传统酿造技艺、绍兴酱油传统酿造技艺、安吉白茶手工炒制技艺、绿茶制作技艺、富春江渔歌	
2012 年 第四批浙江省非物质文化遗产代表性项目	奎元馆宁式大面传统制作技艺、杭白菊传统加工技艺、严州府菜点制作技艺、宁波汤团制作技艺、瓯菜烹饪技艺、湖州小吃制作技艺、平湖糟蛋制作技艺、海宁三把刀制作技艺、新塍传统糕点加工技艺、姑嫂饼制作技艺、绍兴菜烹饪技艺、小京生炒制技艺、枫桥香榧采制技艺、东阳酒酿造技艺、义乌枣加工技艺、红曲传统制作技艺、齐詹记冻米糖制作技艺、台州府城传统小吃制作技艺、延绳钓捕捞技艺、遂昌白曲酒酿造技艺、桥墩月饼制作技艺、畲乡红曲酒酿制技艺、绿茶制作技艺、十六回切家宴、嘉善淡水捕捞习俗、彭祖养生文化	12.4
2016 年 第五批浙江省非物质文化遗产代表性项目	万隆腌腊食品制作技艺、三家村藕粉制作技艺、绿茶制作技艺(径山茶炒制技艺、开化御玺贡芽制作技艺)、蔬菜腌制技艺(倒笃菜制作技艺、邱隘咸齑腌制技艺)、郑家园麦麦酒酿造技艺、老恒和酿造技艺、绍兴腐乳制作技艺、衢州乌米系列食品制作技艺、德顺坊老酒酿制技艺、缙云烧饼制作技艺、南浔三道茶	11.2

为了更为科学地认识浙江区域范围内的饮食文化遗产资源，深化饮食非遗理论研究，我们认为浙江饮食文化遗产指的是以浙江地区食物原料开发利用、食品制作和饮食消费过程中的形成的技术、科学、艺术，以及以杭州饮食为基础的习俗、传统、思想和哲学等食事内容为中心的非物质文化遗产。

第三节　研究方法及意义

本课题研究方法主要分为文献考证、田野调查、深入访谈。针对浙江 11 个地级市不同的饮食非遗项目，从地区、类型等角度开展统计分析和数据比较的研究。调研中，课题组注重个案研究和普遍性研究相结合，重视重点代表性非遗美食传承人的经历、经验，开展具有代表性的个人访谈，搜集来自浙江非遗美食项目传承人、传承单位对实际非遗传承、利用和保护过程中碰到的问题和思考。

浙江饮食文化遗产研究不仅可以让我们把地方美食知识和技艺作为“活态遗产”的样本开展研究，还可以让文化遗产研究者思考中国非物质文化遗产传承保护的特殊性与复杂性，提出更加符合中国文化传统、中国非遗实践的理论研究成果和实践经验。

我们针对浙江饮食类非物质文化遗产的研究分类，实际上也参考了联合国通行的非遗分类方法和其他代表性国家的分类法。而中国非遗保护历程也告诉我们，中国不同阶段的非遗保护和分类也经历过多次变化。① 联合国教科文组织非物质文化遗产分类方法在 1989 年、1998 年以及 2003 年也有不同的表述。② 这表明文化遗产学科不断地在发展。同时也说明，文化遗产项目的分类法也是随着知识的更新而在不断发展变化，需要再概念化。

---

① 2005 年，国务院办公厅颁布的《国家级非物质文化遗产代表作申报评定暂行办法》中，非遗被分为传统的文化表现形式和文化空间两大类。传统的文化表现形式又被进一步分为口头传统（包括作为文化载体的语言）、传统表演艺术、民俗活动、礼仪、节庆、有关自然界和宇宙的民间传统知识和实践，以及传统手工艺技能七大类。2005 年 5 月，由中国艺术研究院中国民族民间文化保护工程国家中心编写而成的《中国民族民间文化保护工程普查工作手册》，将联合国教科文组织对非遗的 5 项分类扩大为 16 个大类，即民族语言、民间文学、民间美术、民间音乐、民间舞蹈、戏曲、曲艺、民间杂技、民间手工技艺、生产商贸习俗、消费习俗、人生礼俗、岁时节令、民间信仰、民间知识及游艺、传统体育与竞技等。其下又进一步划分出亚类，同时，还制定了标准规范的分类代码。在实际操作层面，2006—2010 年，国务院先后公布了三批《国家级非物质文化遗产名录》（简称《名录》），《名录》中将非遗分为 10 大类：民间文学、民间音乐、民间舞蹈、传统戏剧、曲艺、杂技与经济、民间美术、传统手工技艺、传统医药和民俗。

② 1989 年，联合国第二十五届巴黎大会上通过《保护民间创作建议案》，当时“非物质文化遗产”的称谓尚未正式提出，因此，“民间创作”就成为所有非遗的代名词。该文件将全世界范围内的民间创作分为语言、文字、音乐、舞蹈、游戏、神话、礼仪、习惯、手工艺、建筑术及其他艺术，共计 11 类。1998 年，联合国教科文组织执委会第 155 次会议宣布了《人类口头和非物质文化遗产代表作条例》，“民间创作”被改为“人类口头和非物质文化遗产”，并将其划分为“民间传统文化表现形式”和“文化空间”两大类。该文件也在一定程度上沿用了《保护民间创作建议案》的分类方法，即将《建议案》中划分的 11 个类别归入“民间传统文化表现形式”这一大类之中，成为其亚类。2003 年，联合国教科文组织第 32 届会议上通过《保护非物质文化遗产公约》中，重新对非遗进行了划分，具体分为口头传说和表述（包括非遗媒介的语言）、表演艺术、社会风俗、礼仪、节庆、有关自然界和宇宙的知识和实践，以及传统手工艺技能七大类。自此，这一分类方法成为联合国教科文组织开展非遗普查、申报、评定、管理与保护的主要依据，也成为各国制定非遗分类方案的重要蓝本。

我国现行非遗分类方法不够系统全面，分类标准较为单一，类目设置不够科学，部分类别交叉、重复。已经有许多学者在对此议题进行讨论，对现行非遗分类进行重构，并提出了建设性的解决方案。[①]

于干千教授基于当前中国饮食文化在申报世界非物质文化遗产实践中遇到的问题，对照世界申遗的“规定动作”后，他认为：“亟须对我国现有各层级非物质文化遗产名录中的饮食类项目进行系统摸底普查，并按照非遗标准圈定体系完备、类目界限清晰、史料翔实可靠的饮食类非物质文化遗产核心项目，以期破解中国饮食文化‘以何申遗’的困局。”[②]邱庞同教授也主张进一步扩大国家级非遗名录中饮食文化遗产代表作的数量。他认为以下六项具有国家级饮食文化遗产代表作资格，分别是：“中国烹饪技艺”或“中国菜制作技艺及食俗”、重要菜肴流派的技艺与食俗、少数民族饮食技法习俗、重要的烹饪技法、豆腐及豆制品制作技艺、红曲制作技艺。[③] 邱教授提及的六项内容中，重要菜肴流派的技艺与食俗、少数民族饮食技法习俗、重要的烹饪技法实际指的是某一饮食文化遗产大类，而不是具体的项目名称。当然，邱教授还是从非遗十大类中技艺类和民俗类视角来传承和保护饮食文化遗产，而非把饮食文化遗产作为具有相对独立性的活态文化遗产体系来看待。

季鸿崑教授尝试对中国饮食文化遗产进行科学分类，他的研究是对这个空白领域的积极探索。季鸿崑教授提出的中国饮食文化遗产分类体系，[④]如下所示：

1. **食品工艺**

1.1 酒

1.2 茶

1.3 发酵调料和食品（醋、酱、酱油、豆豉、腐乳等）

---

① 周耀林、王咏梅、戴旸：《论我国非物质文化遗产分类方法的重构》，《江汉大学学报（人文科学版）》2012 年第 2 期，第 31－36 页。

② 于干千、陈小敏：《中国饮食文化申报世界非物质文化遗产的标准研究》，《思想在线》2015 年第 2 期，第 123 页。

③ 邱庞同：《对中国饮食烹饪非物质文化遗产的几点看法》，《四川烹饪高等专科学校学报》2012 年第 5 期，第 15 页。

④ 季鸿崑：《谈中国烹饪的申遗问题》，引自赵荣光主编：《留住祖先餐桌的记忆：2011 杭州亚洲食学论坛学术论文集》，云南人民出版社 2011 年版，第 29－39 页；季鸿崑：《再谈中国烹饪的申遗问题》，《中国文艺报》2011 年 10 月 12 日，第 3 版。

1.4　腌渍和熏腊制品(酱菜、榨菜、火腿等)

1.5　传统中式糕点

1.6　制盐

2. 中国烹饪

2.1　中国烹饪基本技术要素

2.2　红案工艺(菜肴制作的烹调工艺)

2.3　白案工艺(面食制作的面点工艺)

2.4　非酒非菜饮品(如凉茶)

2.5　宴会设计

季教授将中国饮食文化遗产分为食品工艺和中国烹饪两大类,然后再进行进一步的细分。季教授的分类办法从宏观上说是在尝试打破目前国内非遗十大类的程式化划分办法,具有重要的参考价值。

2011年,江苏省烹饪协会受江苏省文化厅非遗处委托,提出了一份《关于传统饮食制作技艺的非遗保护认定标准》的建议报告。江苏省烹饪协会负责人介绍:这份建议报告化繁为简,不再以菜肴、面点、小吃、腌腊、宴席及作料等饮食品种来进行一一分类,而是总设一个大类"传统饮食制作技艺类"后,以下分为5个非遗代表性项目,具体为"饮食制作技艺类""习俗食品制作技艺类""区域风味饮食制作技艺类""原生调味品饮品制作技艺类"以及"传统特殊方法主辅料处理、制作技艺类"。这种针对饮食制作技艺的细化划分办法,也有一定的参考性。

在农业文化遗产研究领域,对农业非物质文化遗产的概念界定、分类标准与评价机制方面已经取得相当多的研究成果。如2002年由联合国粮农组织(FAO)提出的"全球重要农业文化遗产(GIAHS)"传承与保护机制,国内农业农村部、质检部门的国家地理标志产品名录等,都对我们针对中国饮食文化遗产的保护与研究工作提供了实践经验。

笔者认为,对区域性饮食文化遗产的分类可以根据当地的实际情况进行探索和构建,灵活处理。伴随着调查数据的丰富,研究的深入,更符合地方饮食文化遗产的分类和评价体系将会出现,这是认知深化的结果。

为便于理论研究的探讨,我们将浙江饮食文化遗产的具体类型分为浙江食材类饮食文化遗产、浙江技艺类饮食文化遗产、浙江器具类饮食文化遗产、浙江民俗类饮食文化遗产、浙江文献类饮食文化遗产五大类型。

对浙江饮食文化遗产研究对象、研究类型和研究范围的理论性研究和探索，有助于未来开展全国范围内的饮食文化遗产研究与保护工作，也是本课题研究的重要意义之所在。

第二章

国内外研究现状及其对浙菜研究的启示

有专家回顾近百年来中国饮食文化与历史研究的进程后指出：中国饮食的研究可划分为兴起阶段（1911—1949年）、缓慢发展阶段（1949—1979年）、繁荣阶段（1980—2000年）。[①] 21世纪以来，中国饮食文化的研究方法与研究理论呈现出新的特点。特别是近十年来，中国饮食文化代表性著作及研究成果不断发表。借鉴国内外有关饮食文化、菜系流派、美食文献的相关研究成果和研究范式，有助于科学地、持续性地开展浙江饮食文化遗产相关研究。

第一节　国内有关饮食文化研究的现状与新趋势

目前，国内外研究者对中国饮食文化进行学术史回顾与述评的成果有很多。其中以法国学者萨班教授《近百年中国饮食史研究综述（1911—2011）》[②]和赵荣光教授的系列评论性文章最具代表性。[③] 萨班教授是《剑桥世界食物史·中国卷》撰写者，她是海外中国饮食史研究的知名专家。此外，姚伟钧、何宏等教授撰写的述评文章，对中国饮食文化与历史研究的阶段性特征

---

① 徐吉军、姚伟钧：《二十世纪中国饮食史研究概述》，《中国史研究动态》2000年第8期，第12－18页。

② Sabban Francoise. Histoire de l'alimentationchinoise: bilanbibliographique（1911 － 2011）. *Food&History*, 2012(2): 103－129.

③ 赵荣光教授有关中国食物史的评论性文章较多，可参见：赵荣光：《中国饮食文化研究概论》，引自赵荣光：《中国饮食史论》，黑龙江科学技术出版社1990年版，第1－11页；赵荣光：《中国食文化研究述析》，引自赵荣光：《赵荣光食文化论集》，黑龙江人民出版社1995年版，第1－22页；赵荣光：《20世纪80年代以来中国大陆食学研究历》，《楚雄师范学院学报》2015年第2期，第1－5页；赵荣光：《关于中国饮食文化的传统与创新》，《南宁职业技术学院》2000年第1期，第51－56页。

与研究意义都有很好的介绍。① 其他来自历史学、人类学、社会学、城市学、地理学及旅游管理学等跨学科领域的学者从各自专业角度出发，对中国饮食文化与历史进行了专业解读。② 这些跨学科的研究成果大多数已经被相关研究者进行了综述研究。

从非物质文化遗产视角研究中国饮食文化，尚处于研究初期。彭兆荣、肖坤冰等教授已经有所研讨。③ 回顾和总结中国饮食文化各个专门领域的研究成果和研究方法，借鉴和参考非物质文化遗产的相关研究，有助于更为深刻地把握未来中国饮食文化遗产的相关研究趋势。

一、研究范式的深化：从断代史观到专门史观的认知转换

长期以来，中国饮食文化学的断代史观念根深蒂固。既往诸多研究成果也基本上也是以断代史研究方法解构中国各地区饮食文化，如张光直主编的

---

① 相关作者的代表性研究成果，可参见赵炜，何宏：《国外对中国饮食文化的研究》，《扬州大学烹饪学报》2010 年第 4 期，第 1 - 8 页；姚伟钧，罗秋雨：《二十一世纪中国饮食文化史研究的新发展》，《浙江学刊》2015 年第 1 期，第 216 - 224 页；贾岷江，王鑫：《近 30 年国内饮食文化研究述评》，《扬州大学烹饪学报》2009 年第 3 期，第 19 - 23 页；刘荣：《21 世纪中国内地食学发展现状浅析》，《楚雄师范学院学报》2015 年第 5 期，第 16 - 23 页。

② 笔者在这里将一些较有启发性的跨学科研究成果介绍如下：Cesaro Cristina M.. Consuming Identities: Food and Resistance among the Uyghur in Contemporary Xinjiang. *Inner Asia*, 2000 (2): 225 - 238; Lu Shun, Fine Gary Alan. The Presentation of Ethnic Authenticity: Chinese Food as a Social Accomplishment. *The Sociological Quarterly*, 1995(3): 535 - 553; Jing Jun. *Feeding China's Little Emperors*. Stanford University Press, 2000；景军：《喂养中国小皇帝：儿童、食品与社会变迁》，华东师范大学出版社 2017 年版；Wang Di. *The Teahouse: Small Business, Everyday Culture, and Public Politics in Chengdu, 1900 - 1950*. Stanford University Press, 2008；王笛：《茶馆：成都的公共生活的微观世界(1900—1950)》，社会科学文献出版社 2010 年版；阎云翔：《汉堡包和社会空间：北京的麦当劳消费》，引自[英]戴慧思：《中国都市的消费革命》，社会科学文献出版社 2006 年版，第 225 - 247 页。

③ 彭兆荣：《饮食人类学》，北京大学出版社版，2013 年版；彭兆荣，肖坤冰：《饮食人类学研究述评》，《世界民族》2011 年第 3 期，第 48 - 56 页；王斯：《西方人类学视域下的祭祀饮食文化研究述评》，《世界宗教研究》2014 年第 5 期，第 179 - 185 页；陈运飘，孙箫韵：《中国饮食人类学初论》，《广西民族研究》2005 年第 3 期，第 47 - 53 页；张述林，张帆，唐为亮等：《中国饮食文化地理研究综述》，《云南地理环境研究》2009 年第 2 期，第 27 - 30 页；刘慧，郑衡泌，胡晓蓉：《基于人文地理学视角的中国饮食文化研究综述》，《云南地理环境研究》2016 年第 3 期，第 44 - 49 页；陈朵灵，项怡娴：《美食旅游研究综述》，《旅游研究》2017 年第 2 期，第 77 - 87 页；Mintz Sidney W., Du Bois Christine M.. The Anthropology of Food and Eating. *Annual Review of Anthropology*, 2002, 31: 99 - 119; Uprichard Emma. Describing Description (and Keeping Causality): The Case of Academic Articles on Food and Eating. *Sociology*, 2013(2): 368 - 382.

《中国文化中的食物》(耶鲁大学出版社 1977 年版)[①]等早期发表的中国饮食文化通史著作。此外,许多研究者的早期研究也倾向于选择某个朝代进行饮食专项研究: 如陈伟明《唐宋饮食文化发展史》(学生书局 1995 年版)、黎虎《汉唐饮食文化史》(北京师范大学出版社 1998 年版)、姚淦铭《先秦饮食文化研究》(贵州人民出版社 2005 年版)、王赛时《唐代饮食》(齐鲁书社 2003 年版)、刘朴兵《唐宋饮食文化比较研究》(中国社会科学出版社 2010 年版)。

基于断代史观解构中国饮食文化的集大成者是 1999 年华夏出版社出版的多卷本《中国饮食史》。该书分 6 卷,设原始社会的饮食、夏商时期的饮食、西周时期的饮食、宋代的饮食、辽金西夏饮食、元代饮食、明代饮食、清代饮食、民国时期的饮食、少数民族饮食诸编,并从饮食资源、饮食制作、饮食消费、饮食器具、饮食礼俗、饮食方式、饮食卫生、饮食文艺、饮食思想几大类型解析各个朝代的饮食文化。[②] 断代史观指导下的饮食专门史研究容易使研究者忽视饮食文化的发展与思想的流动,这也导致相关研究在诠释中国饮食文化历史发展肌理的时候,产生完整性不足、成果碎片化的现象,进而难以构建属于中国饮食文化的学科体系与结构特点。

伴随着研究的深入,许多研究者都在试图打破中国饮食文化研究的断代史研究方法,积极探索具有中国饮食文化学科特点的结构体系与研究方法。[③] 其中,赵荣光《中华饮食文化史》(浙江教育出版社 2015 年版)一书是系统呈现中国饮食文化史研究体系的代表性成果。该书分为 3 册,第 1 册以中华民族饮食文化理论构建为中心,系统探讨了中华民族饮食文化的四大基础理论、五大特性、饮食区域性和层次性理论、饮食审美思想、传统食礼和古代饮食思想;第 2 册以饮食文化学科分类为中心,系统探讨了中华民族稻文化、麦文化、酒文化、茶文化、菽文化、饮食器物文化、味道文化;第 3 册系统探讨了中华民族的节令食俗、礼仪食俗、宴事管理与制度、少数民族饮食文化以及中外

---

① Chang K. C.. *Food in Chinese Culture*: *Anthropological and Historical Perspectives*. Yale University Press, 1977. 张光直(K. C. Chang)所编一书是有十几位美国学者按照断代史的研究方式对中华饮食文化进行考察。国内类似饮食断代史著作还有王学泰:《华夏饮食文化》,中华书局 1993 年版;林乃燊:《中国古代饮食文化》,商务印书馆 1997 年版。

② 杨虹:《中国饮食文化的巨幅长卷——评〈中国饮食史〉》,《浙江社会科学》2000 年第 3 期,第 155 页。

③ 曾纵野:《中国饮馔史》第 1 卷,中国商业出版社 1988 年版;季鸿崑:《烹饪学原理》,中国轻工业出版社 2016 年版;赵荣光:《中国饮食文化史》,上海人民出版社 2014 年版;马健鹰:《中国饮食文化史》,复旦大学出版社 2011 年版;谢定源:《中国饮食文化》,浙江大学出版社 2008 年版。

饮食文化交流。以赵荣光教授为代表的一批国内饮食文化研究者通过反复论证和研究，希望以“食学”概念来表述饮食文化及相关学科。①

中国饮食文化专题史研究的最新成果表明新时代研究者对断代史观指导下的饮食文化研究范式的扬弃。这批成果中，以上海古籍出版社出版的“中国饮食文化专题史”丛书最具代表性。该丛书项目在2011年出版了俞为洁的《中国食料史》、姚伟钧等的《中国饮食典籍史》、瞿明安等的《中国饮食娱乐史》以及张景明等的《中国饮食器具发展史》。中国轻工业出版社2013年推出的《中国饮食文化史》(10卷本)是目前最为系统呈现中国饮食文化区域特征的代表性著作。该套丛书被认为是中华民族五千年饮食文化与改革开放30多年来最新科研成果的一次大梳理、大总结。② 从区域性理论重新认知中国饮食文化，同样印证了目前国内研究者希望从更加专门而具体的视角审视中国饮食文化的历史发展。此外，洪光住教授和季鸿崑教授在中国食品科技史领域，③赵荣光教授在衍圣公府饮食以及满汉全席领域，④高启安教授在敦煌饮食文化领域，⑤王仁湘研究员在饮食图像与饮食考古领域，⑥刘云、潘吉星等教授在中国筷子文化领域，⑦詹嘉教授在中国饮食瓷器领域，⑧邵万宽教授在中国

① 季鸿崑：《中华食学研究讨论大纲》，引自赵荣光、邵田田主编：《健康与文明：第三届亚洲食学论坛(2013绍兴)论文集》，浙江古籍出版社2014年版，第33-43页。

② 吴昊：《中国饮食文化区域史丛书——再评〈中国饮食文化史(十卷本)〉》，《楚雄师范学院学报》2015年第4期，第32页。

③ 季鸿崑：《中国饮食科学技术史稿》，浙江工商大学出版社2015年版；洪光住：《中国食品科技史稿》，中国商业出版社1984年版。

④ 赵荣光：《满汉全席源流考述》，昆仑出版社2003年版；赵荣光：《〈衍圣公府档案〉食事研究》，山东画报出版社2007年版。

⑤ 高启安：《唐五代敦煌饮食文化研究》，民族出版社2004年版；高启安：《旨酒羔羊——敦煌的饮食文化》，甘肃教育出版社2007年版。

⑥ 王仁湘：《饮食考古初集》，中国商业出版社1994年版；王仁湘：《饮食与中国文化》，人民出版社1993年版。

⑦ 刘云，赵荣光：《中国箸文化史》，中华书局2006年版；潘吉星：《筷子的传播史》，《文史知识》2009年第10期，第77-82页；赵荣光：《关于箸与中华民族文化传统的思考》，引自刘云，朱碇欧：《筷子春秋》，百花文艺出版2000年版；赵荣光：《箸与中华民族饮食文化》，《农业考古》1997年第1期，第225-235页。

⑧ 詹嘉：《15—18世纪景德镇陶瓷对欧洲饮食文化的影响》，《江西社会科学》2013第1期，第118-123页；詹嘉：《中国文化对日本陶瓷绘画的影响》，《中国陶瓷》2006年第1期，第63-65页；王斯：《作为饮食器物专案的景德镇陶瓷遗产研究——詹嘉教授学术成果评介》，《南宁职业技术学院学报》2016年第6期，第13-15页。

面点史领域,[①]关剑平教授在中国茶文化领域,[②]赵建军教授在中国饮食美学领域,[③]皆是饮食文化研究专门化的阶段性代表成果。他们的研究旨趣反映着未来中国饮食文化的研究方向。

坚持史学批评视角再认识中国饮食文化研究,对于目前国内饮食文化学科体系构建具有重要现实意义。这样的研究理念有助于纠正目前研究的碎片化和凌乱化现象。当前,国内年青一代研究者逐渐崭露头角,他们的选题角度与研究方法多有新意。但是限于研究时间的阶段性,研究课题还有很大的提升空间,代表着未来新的研究趋势与倾向。另一方面,既往研究者对中国饮食思想、中国饮食器具、中国饮食图像与艺术、中国少数民族饮食、中国饮食文献等热门方向的研究虽然占得先机,但是多数研究尚不能构成完整的学术体系。其原创性和思想性也还有许多值得商榷的地方。目前,来自历史学、考古学、哲学、人类学、文化遗产学以及社会学等领域的研究者,在以下五大领域方面进行了开拓性的探讨,我们认为这是中国饮食文化研究的未来趋势。

二、国内饮食文化研究五大新趋势

其一,在中国饮食哲学思想、饮食艺术方面的研究还有待进一步提升。贡华南《味与味道》(上海人民出版社 2008 年版)、高成鸢《味即道》(三联书店 2018 年版)、白玮《中国美食哲学史》(商务印书馆 2018 年版)是有关中国饮食思想较好的讨论。但是,我国有关中国饮食思想的哲学根源、逻辑演变等领域深入的研究还很缺乏。超越果腹意义上的饮食艺术审美,是中国人生活哲学的追求之一。主流图书市场上探讨中国饮食思想的相关著作成果虽有出现,但从学术史角度评价这类既往成果的话,其研究深度尚不尽如人意。在当前中国饮食研究成果鱼龙混杂的情况下,从史学史视角批判性地认识当前中国饮食文化研究,从哲学和思想高度审视中国饮食文化发展历程,不仅具有学术史上的理论意义,同时对净化当前科研生态环境也有助益。

其二,王雪萍《〈周礼〉饮食制度研究》(广陵书社 2010 年版)、张燕《唐代宫廷饮食制度》(西北师范大学硕士论文,2008 年)、王维京《明代的"赐宴"和"赐

---

① 邵万宽:《中国面点文化》,东南大学出版社 2014 年版;邵万宽:《中国面点》,中国商业出版社 1996 年版;邵万宽:《食之道:中国人吃的真谛》,中国轻工业出版社 2018 年版。

② 关剑平:《茶与中国文》,人民出版社 2001 年版;关剑平:《文化传播视野下的茶文化研究》,中国农业出版社 2009 年版。

③ 赵建军:《中国饮食美学史》,齐鲁书社 2014 年版。

食”》(东北师范大学硕士论文,2010年)等研究从制度史角度探索中国不同时代的宫廷饮食规制,填补了既往研究的不足。如果能从中国食制与食礼的内在特征与动态流变角度,系统剖析中国不同阶层、不同区域的饮食制度历史演变,那么该领域的研究还将取得质的飞跃。甚至出现中国饮食文化研究界的“制度学派”。

其三,周鸿承《中食西传:十六至十八世纪西方人眼中的中国饮食》(浙江大学博士论文,2014年)、苏生文、赵爽《西风东渐:衣食住行的近代变迁》(中华书局2010年版)、戴杏贞《元代中外饮食文化交流》(暨南大学硕士论文,2007年)、侯波《明清时期中国与东南亚地区的饮食文化交流》(暨南大学硕士论文,2006年)等研究或探讨中外饮食文化的双向交流与影响,或专注于某一方面的传播与影响。这些前期研究为深入探索“‘一带一路’与中国饮食文化的对外传播与影响”议题,具有重要意义。

其四,通过可视化材料研究中国饮食文化是未来研究趋势。目前只有极少数研究者在这个领域做了相关研究。如王仁湘、肖爱兵《图说中国文化:饮食卷》(吉林人民出版社2015年版),韩荣《有容乃大:辽宋金元时期饮食器具研究》(江苏大学出版社2011年版),杜文玉、林兴霞《图说中国古代饮食》(世界图书出版公司2013年版)。但是,他们对饮食图像更多是从出土文物、考古发现等角度探索,还没有系统地从画像砖、绘画、插图、馆藏器物、雕刻等可视化材料中深入探讨中国饮食图像与艺术。在将来,潜在的研究者将会利用波斯拉施特《史集》以及欧洲有关中国的饮食图像资料,比较中文图像资料,深化中国饮食图像史的研究。

其五,近年来,伴随着法国传统美食及礼仪、墨西哥传统美食、地中海美食、韩国越冬泡菜、日本和食、土耳其小米粥等国家代表性饮食成功申请世界非遗代表作,国内有关饮食文化遗产的研究成为潜在的研究热点。有关中餐申遗的讨论,也是此起彼伏。彭兆荣《中国饮食:作为无形遗产的思维表述技艺》,周鸿承《一个城市的味觉遗香:杭州饮食文化遗产研究》《论中国饮食文化遗产的保护和申遗问题》,于干千、程小敏《中国饮食文化申报世界非物质文化遗产的标准研究》,余明社、谢定源《中国饮食类非物质文化遗产生产性保护探讨》等从不同角度探讨了该议题。由于目前中国饮食文化遗产的科学分类、评价标准与保护利用办法,都还在理论和实践的双重探索之中。我们认为中国饮食文化遗产在传承与保护方式,研究和利用机制等领域,都将涌现出更多新的研究成果。

第二节　欧美研究者善于从跨学科视角审视中国饮食文化

中国饮食文化史的研究正在朝着更加专门化、概念化和逻辑化的范式前进。欧美学术界跨学科、跨地域的综合性研究方法将应用在中国饮食文化专题研究之中。中国饮食文化史采用史学批判视角，有助于该学科的研究走上更加科学与思辨的发展轨道。

早期欧美的中国饮食文化研究更多侧重在欧美人士感兴趣的蒙元史领域，并借助20世纪中叶兴起的人类学研究方法，重新审视中国饮食文化的内容与特征。20世纪60年代以来，欧美蒙古史研究者已经针对蒙古饮食生活，对《饮膳正要》等文献展开了蒙元时期中国饮食文化的研究。① 这其中又以国际知名学者保罗·比尔(Paul D. Buell)②和萨班为代表。遗憾的是，国内饮食

① Jutta Rall. Zurpersischen Ubersetzung eines Mo-chueh, eines chinesischen medizinisc-henTextes. *Oriens Extremus*, 1960(2): 152-157; Jutta Rall. *Die vier grossen Medizinschulen der Mongolenzeit*(*Munehener Ostasiatische Studien*, *Bd*. 7.). *viii*. Wiesbaden: Franz Steiner Verlag, 1970; Anderson E. N.. Food and Health at the Mongol Court, edited in Kaplan Edward H., Whisenhunt Donald W., Altaica Opuscula. Essays Presented in Honor of Henry Schwarz. Bellingham, Washington: Center for East Asian Studies (Studies on East Asia, 19), 1994: 17-43; Franke Herbert. Additional Notes on non-Chinese Terms in the Yuan Imperial Dietary Compendium Yin-shancheng-yao. *Zentralasiatische Studien*, 1970(4): 8-15; Lao Yan-Shuan. Notes on Non-Chinese Terms in the Yuan Imperial Dietary Compendium Yin-shan Cheng-yao. *The Bulletin of the Institute of History and Philology*, *Academia Sinica XXXIX*, 1969: 399-416; Charles Perry. A Mongolian Dish. *Petits Propos Culinaires*, 1985(19): 53-55; Smith John Masson, Jr. Mongol Campaign Rations: Milk, Marmots and Blood, see in Oberling Pierre. *Turks*, *Hungarians and Kipchaks*, *A Festschrift in Honor of TiborHalasi-Kun*. Washington, D.C.: Institute of Turkish Studies, 1984: 223-228; Smith JM. Dietary Decadence and Dynastic Decline in the Mongol Empire. *Journal of Asian History*, 2000(1): 35-52.

② Buell Paul D.. The Yin-shan Cheng-yao, A Sino-Uighur Dietary: Synopsis: Problems, Prospect, see in Unschuld Paul. *Approaches to Traditional Chinese Medical Literature*: *Proceedings of an International Symposium on Translation Methodologies and Terminologies*. Kluwer Academic Publishers, 1989: 109-127; Buell paul D.. Pleasing the Palate of the Qan: Changing Foodways of the Imperial Mongols. *Mongolian Studies*, *XIII*, 1990: 57-81; Buell Paul D., Anderson E. N., Perry Charles. *A Soup for the Qan*: *Chinese Dietary Medicine of the Mongol Era as Seen in Hu Szuhui's Yin-shan Cheng-yao*. Kegan Paul International, 2000; Buell Paul D.. Mongol Empire and Turkicization: The Evidence of Food and Foodways, see in AmiTai-Preiss Reuven, *The Mongol Empire and Its Legacy*. E.J. Brill, 1999: 200-223.

史研究界鲜有关注到西方的这一学术传统。以萨班教授为例,她通过人类学研究方法,对中国传统烹饪方法与食谱,对蒙元时期的中国宫廷饮食,对忽思慧《饮膳正要》为代表的一批中国饮食典籍文献和现当代中国乳制品等多项议题,进行了长期而深入的研究。[①] 她的研究因主要是通过法语、意大利语和英语在欧美传播,国内知者甚少。近年来,通过亚洲食学论坛等学术交流活动,她的研究被翻译成中文,进而使得国内研究者有机会更加深入了解到她倾注了数十年心血的中国饮食文化与历史研究。

海外及中国港台地区较早对中国饮食文化进行批判性研究与史料的系统整理。他们借助文献学、考古学、人类学、社会学理论与方法,深化了中国饮食文化的学科体系构建。萨班、太田泰弘、何宏等教授对这些海外及我国港台地区的研究成果进行了评议。[②] 其代表性海外及港台地区研究者是:(日本)青木正儿、(日本)筱田统、(日本)田中静一、(日本)石毛直道、(日本)中山时子,[③](韩国)金光亿(Kwang Ok Kim)、(韩国)金天浩、(韩国)金喜燮、(韩国)金尚宝、(韩国)赵美淑;欧美国家的杰克·顾迪(Jack Goody)、文思理(Sidney Mintz)、张光直、尤金·N·安德森(E. N. Anderson)、弗里德里克·西蒙(Frederick J. Simoons)、冯珠娣(Judith Farquhar)、郑麒来(Key Ray Chong)、白馥兰(Francesca Bray)、黄兴宗(Huang Hsing-Tsung)、罗伯茨(J. A. G. Roberts)、彭尼·凯恩(Penny Kane)、萨班(Francoise Sabban)、奎

---

① Sabban Francoise. Le systeme des cuissonsdans la tradition culinairechinoise. *Annales, Economies, Societes, Civilisations*, 1983(2): 341 – 368; Sabban Francoise. Cuisine A La cour de l'empereur de Chine: les aspects culinaires du YinshanZhengyao de Hu Sihui. *Medievales*, 1983(5): 32 – 56; Sabban Francoise. Court cuisine in fourteenth-century imperial China: Some culinary aspects of husihui'sYinshanZhengyao. *Food & Foodways*, 1985(1): 161 – 196; Sabban Francoise. Ravioli cristallins et tagliatelle rouges: les pates chinoises entre xiie et xivesiècle. *Medievales*, 1989(16/17): 29 – 50; Sabban Francoise. La viande en Chine: Imaginaireet usages culinaires. *Anthropozoologica*(*Numérospécial: Les animauxdans la culture chinoise*), 1993(18): 79 – 90; Sabban Francoise. Food notes from the east. *Food & Foodways*. 1994(4): 391 – 394. 萨班教授近年在国内外期刊或学术研讨会上发表的研究成果比较多,可通过其网站信息进行检索查询:萨班简介[EB/OL]. 法国社会科学高等研究院现当代中国研究中心网站. [2017 – 05 – 08]. http://cecmc.ehess.fr/index.php?2619.

② [法]萨班:《近百年中国饮食史研究综述(1911—2011)》,引自赵荣光:《健康与文明:第三届亚洲食学论坛(2013 绍兴)论文集》,浙江古籍出版社 2014 年版,第 11 – 15 页;[日]太田泰弘:《日本中华饮食文化研究者的足迹:活跃于太平洋战争终结前的先驱者业绩》,引自赵荣光:《健康与文明:第三届亚洲食学论坛(2013 绍兴)论文集》,浙江古籍出版社 2014 年版,第 57 – 61 页;赵炜,何宏:《国外对中国饮食文化的研究》,《扬州大学烹饪学报》2010 年第 4 期,第 1 – 8 页。

③ 日本有关中国饮食文化的研究取得了很多值得借鉴的成果,我们后面专门有一节进行调查研究。

埃尔特卡(K. Cwiertka)、魏根深(Endymion Wilkinson)、马克·维斯罗基(Mark Swislocki)、[①] 康达维(David R. Knechtges)、[②] 华琛(James L. Watson)、阎云翔、何炳棣、奚如谷(Stephen H. West)、雅各布·克兰恩(Jakob Klein)、[③] 胡司德(Roel Sterckx)、[④] 毕雪梅(Michele Pirazzoli-t' Serstevens);港台地区有吴燕和、陈志明、张展鸿、谭少薇、李亦园、张珣、林淑

---

① 上述国际食物史研究者代表性研究成果,可参见:KWANG OK KIM. *Re-orienting Cuisine: East Asian Foodways in the Twenty-First Century*. Berghahn Books, 2015; JACK GOODY. *Cooking, Cuisine and Class: A Study in Comparative Sociology*. Cambridge: Cambridge University Press, 1982; SIDNEY MINTZ. *Sweetness and Power*. Viking-Penguin, 1985; SIDNEY MINTZ. *Tasting Food, Tasting Freedom: Excursions into Eating, Culture, and the Past*. Beacon Press, 1996; JUDITH FARQUHAR. *Appetites: Food and Sex in Post-Socialist China (Body, Commodity, Text*. Duke University Press Books, 2002;[美]冯姝娣.饕餮之欲:《当代中国的食与色》,郭乙瑶等译,江苏人民出版社 2009 年版;KEY RAY CHONG. *Cannibalism in China*. Wakefield, 1990;[美]郑麒来:《中国古代的食人:人吃人行为透视》,中国社会科学出版社 1993 年版;FRANCESCA BRAY. *Science and Civilisation in China. volume 6: Biology and biological Techonology, part II: Agriculture*. Cambridge University Press, 1984; HSING-TSUNG HUANG. *Fermentations and Food Sciences. Part 5 de Biology and Biological Technology, volume 6 of Science and Civilization in China* Cambridge University Press, 2000;黄兴宗:《中国科学技术史》(第 6 卷第 5 分册),《发酵与食品科学》,科学出版社 2008 年版;J. A. G. ROBERTS. *China to Chinatown: Chinese Food in the West*. Reaktion Books, 2002;[英]罗伯茨:《东食西渐:西方人眼中的中国饮食文化》,杨东平译,当代中国出版社 2008 年版;Kane Penny. *Famine in China, 1959 - 1961*. Houndmills Basingstoke, 1988; Cwiertka K.. The Shadow of ShinodaOmasu: Food Research in East Asia, see in Claflin Kyri, Scholliers Peter. *Global Food Historiography: Researchers, Writers, & the Study of Food*. Berg, 2012: 181 - 196; Sislocki Mark. *Culinary Nostalgia. Regional Food Culture and the Urban Experience in Shanghai*. Stanford University Press, 2009.

② Knechtges David R.. Tuckahoe and Sesame, Wolfberries and Chrysanthemums, Sweet-peel Orange and Pine Wines, Pork and Pasta: The "Fu" as a Source for Chinese Culinary History. *Journal of Oriental Studies*, 2012(1): 1 - 16; Knechtges David R.. *Dietary Habits: Shu Xi's "Rhapsody on Pasta, Early Medieval China*. Columbia University Press, 2014: 447 - 457; Knechtges David R.. Chinese Food Science and Culinary History: A New Study. *Journal of the American Oriental Society*, 2002(4): 767 - 772.

③ Klein Jakob. Redefining Cantonese Cuisine in Post-Mao Guangzhou. *Bulletin of the School of Oriental and African Studies*, 2007(3): 511 - 537; Latham Kevin, Thompson Stuart, Klein Jakob. *Consuming China. Approaches to cultural change in contemporary China*. Routledge, 2009.

④ Sterckx Roel. *Food and Philosophy in Early China*. Palgrave Macmillan, 2005; Sterckx Roel. *Food, Sacrifice and Sagehood in Early China*. Cambridge University Press, 2011; Sterckx Roel. *Of tripod and palate: food, politics, and religion in traditional China*. Journal of the Royal Asiatic Society, 2005(3): 213 - 216; Sterckx Roel. Alcohol and Historiography in Early China. *Global Food History*, 2015(1): 13 - 32.

蓉、王明珂、陈元朋、余舜德等人。[①]

最后，从学术史批评视角研究欧美中国饮食文化的成果，主要是来自魏根深和康达维的综述性文章。从新涌现的研究成果来看，海外中餐文化的在地化、[②]中国杂碎汤、[③]西方饮食的东传、[④]中国饮食的西传、[⑤]中餐食谱的翻译、[⑥]中国筷子、[⑦]中国饮食文献与图像[⑧]等议题是海外研究者目前的兴趣所在。

---

① 港台地区研究者的代表性研究成果，可参见：Wu David Y. H.，Tan Chee-Beng. *Changing Chinese Foodways in Asia*. HongKong Chinese University Press，2001；Wu David Y. H.，Cheung Sidney C.H.. *The Globalization of Chinese Food*. Richmond，2002；吴燕和：《港式茶餐厅——从全球化的香港饮食文化谈起》，《广西民族学院学报》（哲学社会科学版）2001 年第 7 期，第 24 - 28 页；张展鸿：《饮食人类学》，引自招子明，陈刚：《人类学》，中国人民大学出版社 2008 年版；张展鸿：《客家菜馆与社会变迁》，《广西民族学院学报（哲学社会科学版）》2001 年第 4 期，第 33 - 35 页；林淑蓉：《侗人的食物与性别意象：从日常生活到婚姻交换》，《考古人类学刊》2007 年第 6 期，第 11 - 42 页；张珣：《文化建构性别、身体与食物：以当归为例》，《考古人类学刊》2007 年第 6 期，第 71 - 116 页；余舜德：《体物入微：物与身体感的研究》，台湾清华大学出版社 2010 年版；谭少薇：《港式饮茶与香港人的身份认同》，《广西民族大学学报（哲学社会科学版）》2001 年第 4 期，第 29 - 32 页；陈元朋：《两宋的“尚医士人”与“儒医”》，台湾大学出版社 1997 年版；陈元朋：《粥的历史》，商务印书馆 2016 年版。

② Mudu P.. The people's food：the ingredients of "ethnic" hierarchies and the development of Chinese restaurants in Rome. *GeoJournal*，2007（2）：195 - 210；Cho Lily. *Eating Chinese：Culture on the Menu in Small Town Canada*. University of Toronto Press，2010：1 - 224；Yang Young-Kyun. *Well-Being Discourse and Chinese Food in Korean Society*，*Re-orienting Cuisine*. Berghahn Books，2015：203 - 220.

③ Chen Yong. *Chop Suey，USA：The Story of Chinese Food in America*. Columbia University Press，2014；Mendelson Anne. *Chow Chop Suey：Food and the Chinese American Journey*. Columbia University Press，2016.

④ Song Gang. Trying the different "Yang" taste：Western cuisine in Late-qing Shanghai and Hongkong. *Journal of Oriental Studies*，2012（1）：45 - 66；Cook Harold J.. *Creative Misunderstandings：Chinese Medicine in Seventeen-century Europe：Cultures in Motion*. Princeton University Press，2014：215 - 240；Cook Harold J.. *Conveying Chinese Medicine to Seventeenth-Century Europe*. Springer Netherlands，2011：209 - 232.

⑤ Piper Andrew. Chinese Diet and Cultural Conservatism in Nineteenth-Century Southern New Zealand. *Australian Journal of Historical Archaeology*，1988（6）：34 - 42；Forman Ross G.. *Eating out East：Representing Chinese Food in Victorian Travel Literature and Journalism*，*A Century of Travels in China*. Hong Kong University Press，2007：63 - 74；Spier Robert F. G.. Food Habits of Nineteenth-Century California Chinese. *California Historical Society Quarterly*，1958（1）：79 - 84.

⑥ Hayford Chaeles. Open recipes，openly arrived at："How to cook and eat in Chinese"（1945）and the translation of Chinese food. *Journal of Oriental Studies*，2012（1）：67 - 87.

⑦ Wang Q. Edward. *Chopsticks：A Cultural and Culinary History*. Cambridge University Press，2015//王晴佳：《筷子——饮食与文化》，三联书店 2019 年版。

⑧ Yue Isaac，Tang Siufu. *Scribes of Gastronomy：Representations of Food and Drink in* （转下页）

第三节　近现代日本有关中国饮食文化研究经验与启示

日本学者长期关注和研究中国饮食文化。“料理”“饮食史”以及“饮食生活”三大主题可以说是近百年来日本有关中国饮食文化研究的三大关键词。通过回顾日本的中国饮食文化研究历程，反思浙江乃至中国区域性饮食文化研究的未来动向，具有重要意义。

日本经验为我国的饮食文化研究提供了以下四点启示：第一，稳定的饮食人才培养是持续地收获研究成果的关键；第二，应避免一味按照断代史研究范式理解专门史，断代史观指导下的饮食专门史研究容易使研究者忽视饮食文化的历史发展与思想流动；第三，不应忽视对微观生活的考察。大众日常生活寄寓着我国饮食文化的历史传承与发展方向，饮食文化渗透在中国人生活的各个方面；第四，“海外有关中国饮食文献整理与研究”等极具全球化视野的研究议题将成为新的研究动向。此外，思辨式和开放式的研究视角、跨学科的交流互动，有助于中国饮食文化研究朝着更加专门化、系统化和逻辑化的方向前进。

20 世纪以来，日本学界对中国饮食文化持续开展研究的重要原因有三。第一，中日是一衣带水的近邻关系，中国饮食文献大量传入日本具有地理距离上的优势；第二，日本长时间以来对中国学研究的普遍关注，这对开展专门性较强的中国饮食文化研究提供了很好的前期成果；第三，明治维新以后，日本擅长将西方近代科学研究方法应用到各个领域，他们对我国饮食文化的研究也是如此，相较于中国本土学者及欧美学者，日本研究者在研究方法与研究资料上具有双重优势，因而在 20 世纪中后期，日本学者对中国饮食文化研究取得丰硕成果，[①]随后中国学者逐渐崛起。从学术史视角检视百余年来日本有关

(接上页)*Imperial Chinese Literature*. Hong Kong University Press, 2013: 1 - 172;[美]乔安娜·韦利·科恩(卫周安):《追求完美的平衡：中国的味道与美食》,引自[美]保罗·弗里德曼:《食物：味道的历史》,浙江大学出版社 2015 年版,第 65 - 100 页。

① 类似观点可参见徐吉军、姚伟钧:《二十世纪中国饮食史研究概述》,《中国史研究动态》2000 年第 8 期,第 12 - 18 页;赵炜、何宏:《国外对中国饮食文化的研究》,《扬州大学烹饪学报》2010 年(转下页)

中国饮食文化研究的发展历程与既往成果，有助于更为全面呈现中国饮食文化研究的谱系与理论脉络，促进我国该学科的发展。

需要说明的是，在日文中"饮食文化"一词很少使用，研究者们在文章中使用更多的是"食文化"一词；[①]而日文中的"食"一词主要指代"吃（たべる，eat）""食物（たべるもの、food）"之意。由此，"食文化"的考察对象也就更多地指向食物、进食方式以及与其有关的各种文化现象。茶、酒以及咖啡等饮品文化则是与之相对的其他独立研究事项。因此，必要的情况下，本文会兼顾一些代表性饮品文化研究。我们多数时候将梳理的对象聚焦在日本"食文化"议题。现今日本对"食"以及"食文化"的相关研究，已经发展成为多学科的综合性研究——旁涉人文科学、社会科学以及自然科学等众多学科。结合近现代日本国内饮食文化研究变迁历程，笔者将从"料理""饮食史"以及"饮食生活"三大主题出发，对该国不同时期以"中国饮食文化"为对象的研究进行论述与评论。

一、饮食文化研究在近现代日本的发展历程

纵观既往的日文文献资料，与饮食有关的相关记载大量出版于江户时代（1603—1867 年）。翻刻出版于 1980 年前后的"江户时代料理本集成"丛书（吉川始子编辑，临川书店出版，出版时间为 1978—1981 年）汇总了当时问世的相关文献记录。从这套丛书所收文献资料表明：当时日本人对饮食的关注还只是停留在对宴席样式与烹饪技巧的介绍与记录，此时尚未对饮食文化形成系统的论述与研究。

明治维新之后，日本开始向全面西化的方向发展。在"殖产兴业"与"文明开化"等治国理念与改革方针的推动下，传统的农林水产业与社会教育得到了极大的发展，同时民众生活水平也有了不同程度的提高。在这种社会变革的趋势下，食料生产、食品加工以及食物营养等关乎社会发展与民众生活的内容受到了更多研究者的青睐。由此，这一时期涌现出了许多农学、水产学、食品

（接上页）第 4 期，第 1－8 页；萨班：《近百年中国饮食史研究综述（1911—2011）》，引自赵荣光编：《健康与文明：第三届亚洲食学论坛（2013 绍兴）论文集》，浙江古籍出版社 2014 年版，第 1－13 页；Cwiertka K., Chen Yujen. The Shadow of Shinoda Osamu: Food Research in East Asia, See in Claflin Kyri W., Scholliers Peter eds. *Writing Food History: A Global Perspective*. Oxford: Berg Publishers, 2012: 181－196.

① CiNii 是日本国立情报学研究所经营的包括学术论文、图书、期刊等学术情报的数据库，其功能类似于中国的知网数据库。笔者在 CiNii 数据库中分别以日文的"飲食文化"与"食文化"为关键词进行论文检索，其结果前者仅有 27 个，而后者则有 4 822 个之多。

加工学以及营养生理学等自然科学领域的研究成果。日本国内此时的饮食研究呈现出了更为系统化、科学化的发展。其中，19世纪末期兴起的家政教育课程极具特点。该课程大多设立在女子高等学校之中，授课内容涵盖饮食、居住、育儿、养老以及家庭经济等几乎全部的家庭生活内容。其中的饮食课程在烹饪实践的基础上，还传授营养学以及食品科学等相关理论与知识。因这一兼具理论性与实用性的课程进一步得到普及，许多相关教学科研的图书相继问世，其中不乏一些关于饮食的研究著作。另外，这一时期的传统历史学与民俗学中也出现了与饮食有关的研究成果。樱井秀与足立勇所著《日本食物史》(雄山阁1934年版)对日本不同历史时代的食物状况进行了通史性的总结与整理，该书被评为“日本食物通史的首例历史学研究”。在民俗调查方面，以柳田国男(1875—1962年)为代表的民俗学者在1941—1942年间，走访了全日本的乡村，对当时乡村居民传统饮食礼俗进行了详细采访记录，为后世保留了当时民众日常饮食生活的风貌。[①] 不仅如此，伴随着日本对亚洲国家的殖民扩张，日本对其他国家饮食生活的相关记录和研究也逐渐丰富起来。例如，20世纪30至40年代连续出版的《粮友》(4—19卷，1931—1945年)杂志中，就大量刊载了当时亚洲其他国家饮食有关的观察随笔与研究报告。

第二次世界大战(简称二战)结束之后，伴随着日本社会在战后的复苏，因战争一度中断的饮食研究得到了全面的复兴与发展。20世纪初期既已成型的家庭教育课程，逐渐发展成为家政学学科的重要分支。该课程渐次设立于日本全国的女子大学之中。家庭的饮食生活作为该学科的重要研究对象，其授课内容在保留原有的食品加工、食物营养等知识的同时，还增加了许多历史、习俗等人文内容。作为后者的教材，60年代之后相继问世了一些与日本饮食历史、区域饮食礼俗相关的研究成果。与此同时，日本研究者对饮食史、饮食文化史的关注从早期的日本本土逐渐扩大到东亚及南亚各国，尤其是对中国饮食史的研究，最为瞩目。另一部分研究者基于照叶树林文化论[②]的观点，从农作物种类、食物加工方法、膳食构成、进食方式以及饮食礼俗等方面对该文

① 成城大学民俗学研究所编：《日本の食文化：昭和初期・全国食事習俗の記録》岩崎美术社，1990—1995年版。

② 照叶树林文化论认为：“照叶树林带”这一自然地理带存在于西自喜马拉雅山脉，经由南亚及中国南部，东至日本西部的广阔地域之中。研究者们认为尽管该地理带中居住着许多的不同民族，但是其生活文化中存在着许多共通性特征，诸如砍烧地(刀耕火种)农耕、种植黏性谷物、饮茶习惯、曲法酿酒以及大豆类发酵食品等多种特征，由此将其概称为“照叶树林文化”。中尾佐助、佐佐木高明等研究者为该理论的代表人物。

化带的共通性特征进行了总结分析与比较研究。

至70年代，饮食文化逐渐发展成为一门独立学科，研究者也开始将饮食视为一种“文化”。其关注点从农作物种类、加工、进食工具、菜品构成等物质对象逐渐转移到饮食行为背后所孕育的社会结构与文化内涵之上。而促成这一研究质化转变的，正是著名的饮食文化研究者——石毛直道博士。他运用文化人类学理论基础，从“人类是烹饪的动物”以及“人类是共餐的动物”这两个重要观点出发，深入挖掘和分析了人类饮食行为中所蕴藏的文化内涵。他指出：人类的烹饪过程实际上是对大自然的各种食材的文化附加过程。共餐是人类最为常见的、以家族为基础集团的饮食活动，而家族则是人类繁衍后代、分配食物的重要场所，等等这些都与人类所特有的文化属性密不可分。由此，石毛老师将烹饪与共餐视为饮食文化的核心内容，进行了广泛深入的拓展研究。与此同时，在跨学科的交流之下，饮食文化研究与既往的自然科学与社会科学相结合，渐次又旁涉农学、营养学与生理学、历史学、民俗学、民族学、建筑学、饮食器具论、食物摆放相关的美学、文学、社会学以及经济学等众多学科分支的、涵盖饮食活动各个方面的研究体系（见图2-1）。① 正是在这样的理论框架与跨学科交流之下，饮食文化研究被赋予了更为重要的学科地位，逐渐发展成为一门综合性的“食学研究”分支。②

由此，以饮食、饮食文化为对象的研究现已常见于日本各大高校院系。例如御茶水女子大学开设的食物营养学科，立命馆大学近年开设的美食管理学院等。另外，日本国立民族学博物馆自1977年成立以来开展了众多的共同研究与专题研讨，出版和发表了大量的研究成果与总结报告。该馆被视为日本饮食文化研究的重镇。同时，1989年设立于此馆的综合研究大学院大学（文化科学研究科）培养出了大批的优秀研究人才。其中不乏一些以饮食文化研究为主攻方向的博士毕业生[6]。在学术圈以外，日本许多社会企业与民间组织也都纷纷开设与饮食文化相关的研究中心或研究所，例如日本味之素株式会社所设立的味之素食文化研究中心。该中心不仅建有专门的饮食图书馆，还

① 该图为石毛所作，引自石毛直道：《食の文化を語る》，东京：トメス出版2009年，第14页。原图初版于1980年，此处为改订版。

② 该部分对石毛研究理论的介绍与分析，主要参考石毛直道：《石毛直道食の文化を語る》，东京：トメス出版，2009年，第13-41页；石毛直道：《日本の食文化研究》，立命馆大学社会システム研究所编：《社会システム研究》（特集号），2015年版，第9-17页；关剑平：《石毛直道博士的饮食文化研究》，《饮食文化研究》2003年第2期，第97-107页。

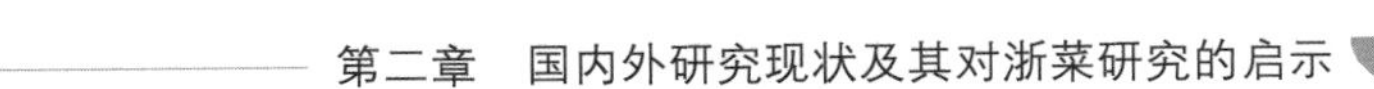

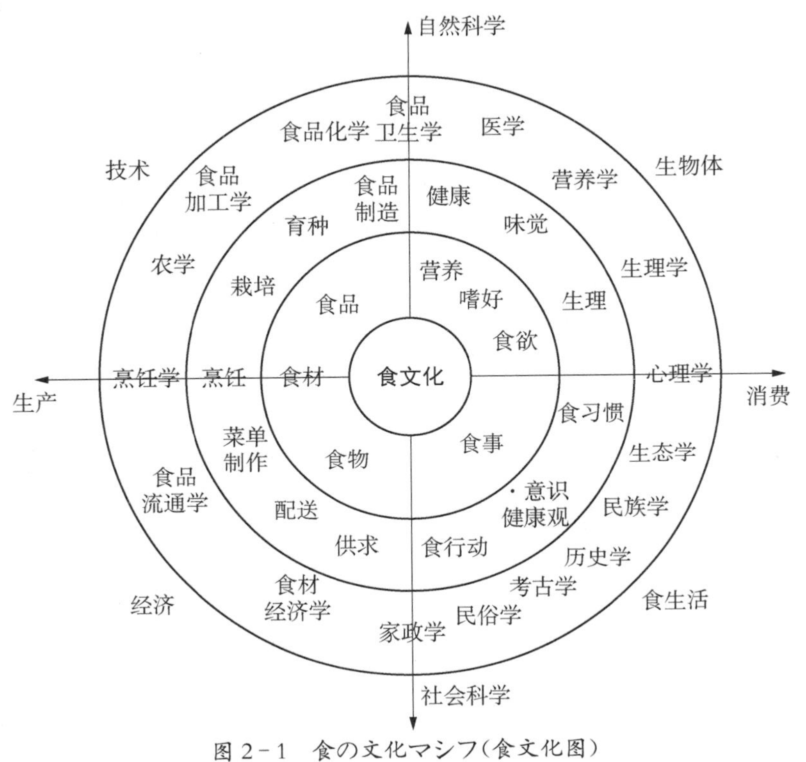

图 2-1　食の文化マシフ(食文化图)

(石毛直道绘,刘征宇博士翻译)

为饮食文化研究与学术活动提供经费支持。该中心也注重将相关成果普及至社会大众。此外キッコーマン(KIKKOMAN)国际食文化研究中心、朝日集团学术振兴财团、食生活研究会等众多研究机构与学会团体也都向研究者提供经费支持,并将相关研究成果以研讨会、公开讲座以及出版物等形式反馈于社会。正是在这样的高校学科构建与社会组织的双重推动下,日本饮食文化研究与社会产业发展形成了有效结合,促使日本饮食文化研究不断地向良性方向发展完善。

二、日本有关中国饮食文化研究的成果与特征

(一) 以“料理”为对象的研究

江户时代,中国料理经由长崎传入日本本土,并逐渐为人们所了解。在当时出版的烹饪书籍中不乏一些介绍清朝筵席模式、烹饪技巧以及菜品样式等

内容的日文记录。根据田中静一对这些日文文献的统计分析，他认为择其重要者仅有12册，分别为：《和漢精進料理抄（唐之部）》《八僊卓燕式記》《卓袱会席趣向帳》《卓子宴儀》《普茶料理抄（卓子料理仕様）》《卓子調烹方》《卓子式》《清俗纪闻》《唐山款客之式》《江戸流行料理通》《新編異国料理》以及《唐卓子料理法》。①

明治维新之后，伴随着日本对华态度的转变以及全面西化的建国方针，相较此时日本对西洋料理的关注，日本社会对中国料理与烹饪的记录并不多见。根据笔者的统计：截至20世纪40年代，介绍中国料理与烹饪的日文书籍仅有50多册。

二战结束之后，一部分热衷于中国文化、中国文学研究的日本学者对中国料理有所关注。他们相继翻译、出版了一批介绍中国料理的书籍。其中最为著名的代表人物是中山时子（1922—2016）。从事汉语教育及中国文学研究的中山时子秉持着"要了解中国文化，就必须研究中国饮食"的信念，在其他研究者的共同配合下，翻译了大量中国料理书籍。例如，《中国名菜譜》（柴田书店1972—1973年版）、《養小録》（柴田书店1982年版）。她在《中国料理大全》（小学馆1985年版）一书中，对中国料理的特点进行了系统总结与归纳。而在《中国食文化事典》（角川书店1988年版）一书中，她已经从中国料理的资料整理与翻译，延伸至专门性的食文化研究之中。该时期以中山为首的研究者们不仅提升了日本民众对中国料理的关注，还在一定程度上唤醒了日本学术界对中国饮食文化的研究热情，进而客观上推动了战后日本社会对中国饮食文化研究热潮的形成。②

此后，以"中国料理"为对象的研究逐渐深入细化。一方面，日本研究者对中国各区域的料理及其饮食文化进行了更为详细的调查与总结。例如，横田文良所著的三部著作分别对山东、北京以及天津地区的食材特产、料理特色以及区域饮食文化进行了总结介绍。③ 另一方面，研究者的关注点不再局限于中国本土，转而考察中国料理在日本本土的变化与发展。例如，南廣子、舟橋由

① ［日］田中静一：《一衣带水：中国料理伝来史》，柴田书店1987年版，第143－160页。

② ［日］木村春子：《要了解中国文化，就必须研究了解中国饮食——中山时子的信念》，《饮食文化研究》2001年第1期，第102－105页。

③ 相关内容详见［日］横田文良：《中国の食文化研究：北京編》，辻学园调理制果专门学校，2006年；［日］横田文良：《中国の食文化研究：山东編》，辻学园调理制果专门学校，2007年版；［日］横田文良：《中国の食文化研究：天津編》，辻学园调理制果专门学校，2009年版。

美著《日本の家庭における中国料理の受容》(《名古屋女子大学紀要》2004 年，第 50 期)以及東四柳祥子著《明治期における中国料理の受容》(《梅花女子大学食文化学部紀要》2015 年，第 3 号)等文章，以日本不同时期出版的中国料理图书作为文本研究对象，比较分析了料理的名称构造、制作方法等记载内容，考察了中日两国关系不断变化背景下日本社会对中国料理的接受过程、认可程度以及变化发展等相关问题。

（二）以“饮食史”为对象的研究

日本研究者对中国“饮食史”的专项研究早于中国，其研究成果对我国饮食史研究的发展起到了重要促进作用。其中，青木正儿(1887—1964 年)、篠田统(1899—1978 年)以及田中静一(1913—2003 年)等人是中国饮食史研究的代表。①

青木正儿将名物学的考据方法运用到饮食文化的研究之中，对后世相关研究者启发犹大。他对中国历史文献中所记载物品的名称与实物进行了对照考证。其所考证的题材广泛，涵盖草木食材、餐具器物、面点菜肴、茶酒饮品以及节庆食品等众多物品，相关论文收录出版于《華国風味》(弘文堂 1949 年版)以及《中華名物考》(春秋社 1959 年版)等著作中。作为青木研究的继承者，关注中国岁时节庆文化的中村乔，从自己所擅长的研究领域出发，结合名物学与历史学的研究方法对中国节庆饮食进行了通史性的考察。② 近年来，他的研究关注宋明两代。他先后对宋代以及明代的料理及食品进行了考证研究，代表性著作有《宋代の料理と食品》(朋友书店 2000 年版)以及《明代の料理と食品:“宋氏養生部”の研究》(朋友书店 2004 年版)等。

与青木正儿处于同时代的篠田统(1899—1978)，同样因为对中国文化的兴趣，开始了中国饮食史的研究。有自然科学研究背景的篠田统所涉研究主题与范围更为广泛。除了中国饮食通史的开创性研究之外，③他还与田中静一

① [日]太田泰弘、刘征宇译：《日本中华饮食文化研究者的足迹：活跃于太平洋战争终结前的先驱者业绩》，引自赵荣光编：《健康与文明：第三届亚洲食学论坛(2013 绍兴)论文集》，浙江古籍出版社 2014 年版，第 57－61 页；关剑平：《青木正児から中村喬へ—中国飲食文化史研究の専門化—》，《社会システム研究(特集号)》2017 年版，第 119－123 页；[日]石毛直道：《中国饮食文化史研究的巨人：篠田统》，《饮食文化研究》2007 年第 1 期，第 98－101 页；关剑平：《田中静一与中日饮食文化交流史研究》，《饮食文化研究》2004 年第 2 期，第 103－105 页；[日]太田泰弘：《日中食文化交流の架橋——田中静一先生(1913—2003)を想う》，《饮食文化研究》2004 年第 2 期，第 106－109 页。

② [日]中村乔：《节令食品考》，《立命館文學》1987 年第 5 期，第 865－912 页。

③ [日]篠田统：《中国食物史》，柴田书店 1974 年版。

共同编辑了《中国食経叢書：中国古今食物料理資料集成》(书籍文物流通会1972年版)丛书。与此同时，篠田统还出版了一批科学技术史相关的研究著作。[①] 例如，讨论农作物起源及其在中国传播历史的《五穀の起源》[②]以及考察从西周到汉代烹饪技术的《古代シナにおける割烹》[③]等论著。

不同于上述几位将饮食文化作为兴趣爱好而开始研究的日本学者，田中静一很早便开始了饮食文化的专项研究。20世纪40年代便出版了关于中国东北地区食用植物以及食物加工技术的相关调查报告，例如《滿洲野菜貯藏加工讀本》(國民畫報社1943年版)。二战结束后，田中致力于中日文化交流的推进事业。他将关注点聚焦在中国古代饮食文献的整理上：先后出版了《中国食経叢書》(书籍文物流通会1972年版)与《一衣带水：中国料理伝来史》(柴田书店1987年版)，同时还主持编辑了工具书《中国食物事典》(柴田书店1991年版)。

总体而言，日本学者对中国"饮食史"的研究开始于20世纪中前期。当时，大部分研究者将饮食史研究作为副业，只在余暇为之。他们在四五十年代发表的论文多以名物考据、作物起源以及烹饪技术等内容为主。至六七十年代，日本研究者对中国饮食史的研究逐渐系统化，并呈现出开拓性的发展。该时期相继问世的、具有划时代意义的中国饮食史著作最为集中。80年代以来，日本有关中国饮食史的研究从既往断代史研究范式逐渐过渡到专门史的研究范式，研究理论和方法也在不断深化，进而形成了以中国饮食史为主题的专项研究。

(三) 以民众"饮食生活"为对象的研究

近代日本对中国民众饮食生活的考察与记录并不是很多，其中最具有代表性的是1799年出版的《清俗纪闻》。该套丛书共6册13卷，由在日本长崎港负责管理外交与贸易一职的中川忠英编辑出版。他在职期间，在中文翻译的协助下，对滞留在长崎的清朝商人进行了详细的询问调查，其内容涵盖岁时节庆、居家住房、婚丧嫁娶、饮食风俗等风土人情信息。他还聘请画师为部分内容绘制了插图(例如图2-2、图2-3)。[④] 由于当时在日本经商的清朝商人

---

① 《中国食物史の研究》(八坂书房，1978)一书中汇总了篠田在1951—1970年完成的饮食文化学术论文，其中大部分曾发表于京都大学人文科学研究所中国科学技术史相关研究报告之中。

② [日]篠田统：《五穀の起源》，《自然と文化》1951年第2期，第37-70页。

③ [日]篠田统：《古代シナにおける割烹》，《東方学報》1959年第30期。

④ 图2-2与图2-3出自1799年版《清俗纪闻》卷之八婚礼与卷之九宾客。该资料引用自日本国立国会图书馆电子数据库：https://ndlonline.ndl.go.jp/#!/detail/R300000001-I000000428319-00，检索日期[2018.09.21]

多来自福建与江浙地区，所以该套丛书所记录的内容反映了乾隆年间福建、江浙等地的风土人情，为后世研究清代中日饮食文化交流留下了宝贵的文献资料。

图 2－2　“吉期　鼓乐待客”

（卷之八婚礼）

图 2－3　“宾客坐位　桌子排设”

（卷之九宾客）

20 世纪初期，伴随着日本军国主义对中国的殖民扩张，针对我国民众饮食生活的调查报告及见闻随笔也逐渐丰富起来。语言学家后藤朝太朗（1881—1945 年）曾多次到访中国并将沿途所观察的风俗文化记录成文。他于 20 世纪前期出版了大量记录当时中国风俗的专著。后藤对中国上层家庭的饮食生活以及中国农历新年的特色节庆饮食进行了着重说明与记录。类似后藤对中国民众饮食生活的记录，井川克己（1917—2001 年）编辑的《中国の風俗と食品》（华北交通社员会 1942 年版）一书不仅对不同种类（家庭、街头与饭馆）、不同民族（回族与汉族）以及不同地区（南部与北部）的中华料理进行了考察记录，他还对我国糕点种类以及代表性餐饮老字号进行了统计整理。

20 世纪 70 年代以来，伴随着日本社会对中国饮食文化关注度的增加以及人类学理论的介入，以当代中国饮食文化为考察对象的研究增多。[①] 日本研究者周达生（1931—2014 年）从民族学视角出发，在考察不同少数民族、不同地区

① 刘征宇，[日]河合洋尚：《绪论：社会主义制度下的中国饮食文化与日常生活》，引自[日]河合洋尚、刘征宇编：《社会主义制度下的中国饮食文化与日常生活》，日本国立民族学博物馆调查报告 144 号，吹田市：日本国立民族学博物馆，2018 年，第 1－15 页。

民众饮食生活的基础上，对中国饮食文化的整体特征进行了总结。[①] 石毛直道从文化与文明论视角出发，对东亚各国饮食文化的共通性特征进行了总结；[②]他还利用个人生活史的研究方法，通过对受访者生活经历的深入访谈，考察了当代中国民众饮食生活的发展变化。[③] 西泽治彦运从历史人类学视角出发，从不同时代中国宴会礼仪以及民国以来家庭饮食礼俗两个方面入手，利用断代史的研究范式分析了不同时期的饮食礼仪变迁。[④] 河合洋尚与刘征宇编集的论文集，则通过7个研究个案对中国社会主义制度下不同时期、不同地区以及不同民族的饮食实践活动进行了考察，分析了新中国成立以来社会变化对民众饮食生活的具体影响。[⑤] 其他代表性研究还有日野绿[⑥]对广州饮食文化的研究，詹姆斯·法勒(James Farrer)[⑦]对上海饮食文化的研究以及熊谷瑞惠[⑧]对新疆维吾尔族饮食文化的研究，等等。总体而言，日本学者对中国"饮食文化"的研究开始于20世纪中前期。当时，大部分研究者将饮食史研究作为科研"副业"，而在余暇为之。他们在20世纪四五十年代发表的论文多以名物考据、作物起源以及烹饪技术等内容为主；至六七十年代，日本研究者对中国饮食文化的研究逐渐系统化，并呈现出开拓性的发展。该时期相继问世的、具有划时代意义的中国饮食文化著作最为集中；20世纪80年代以来，日本有关

① 参见周达生：《中国の少数民族にみる食の文化》，引自石毛直道编：《東アジアの食の文化：食の文化シンポジウム'81》，平凡社1981年版，第188－202页；周达生：《中国の食文化》，创元社1989年版。

② [日]石毛直道：《食の文化——世界の中の東アジア》，引自石毛直道编：《東アジアの食の文化：食の文化シンポジウム'81》，平凡社1981年版，第13－40页。在该论文中，石毛直道在"主食、副食二元结构"观点的基础上，将中国、日本、韩国等东亚各国的饮食文化特征总括为一种"以米—米饭为膳食构成"的东亚饮食文明，并从"主食农作物种类""烹饪方法""调味品""进餐工具""饮食思想"以及"与饮食有关的节庆活动"等多个方面与"以小麦粉—面包为膳食构成"的欧美饮食文明进行了比较，进而强调了"以米饭为主食""使用蒸制做法""以碗、筷为餐具""使用酱油等豆类发酵调味品""'医食同源'观念"以及"以阴历为基础的节庆饮食礼俗"等东亚饮食文化的共通性特征。

③ 贾蕙萱、[日]石毛直道：《食をもって天となす：現代中国の食》，平凡社2000年版。

④ [日]西泽治彦：《中国食事文化の研究：食をめぐる家族と社会の歴史人類学》，风响社2009年版。

⑤ [日]河合洋尚、刘征宇编：《社会主义制度下的中国饮食文化与日常生活》，国立民族学博物馆调查报告144号，吹田市：国立民族学博物馆，2018年。

⑥ [日]日野绿：《香港広州菜遊記——粤のくにの胃袋気質》，凯风社2003年版。

⑦ Farrer James. Shanghai's Western Restaurants as Culinary Contact Zones in a Transnational Culinary Field, James Farrer eds., *The Globalization of Asian Cuisines: Transnational Networks and Culinary Contact Zones*, NY: Palgrave Macmillan, 2015: 103－124.

⑧ [日]熊谷瑞慧：《食と住空間にみるウイグル族の文化——中国新疆に息づく暮らしの場》，昭和堂2011年版。

中国饮食史的研究从既往断代史研究范式逐渐过渡到专门史的研究范式，研究理论和方法也在不断深化，进而形成了以中国饮食文化为主题的专门性研究。

三、日本有关中国饮食文化研究的经验与启示

（一）日本“中国饮食文化”研究的特征

综上，日本有关中国饮食文化的研究可以概括为以下四个特征。首先，研究内容纵深化。日本研究者将“饮食及进食活动”作为透镜以探讨其所折射出的社会环境、经济结构以及文化内涵。其次，研究范围扩大化。日本研究者的关注点并不局限于中国，而是将研究视野扩展至东亚、东南亚地区，考察这些地区存在着的中式主食类型、膳食构成、进食方式以及饮食思想，进而探讨海外中国饮食文化的在地化与现代化等议题。在这样的研究视阈下，中国饮食文化作为东亚饮食文明的一个典型类型出现。由此，日本有关中国饮食文化的研究呈现出了更具全球性与跨文化比较的发展趋势。

最后两个特征是研究理论交叉化和研究方法多样化。正如石毛直道所指出的，早期作为研究者“副业”的饮食文化研究逐渐专门化和系统化，进而形成了关涉众多基础学科的食文化研究体系。在这样的体系中，来自不同学科的研究者运用不同的理论与方法展开研究，通过分析“饮食”这个对象来达到自己的研究目的。与此同时，跨学科、跨门类的合作研究也成了当下的发展趋势。

（二）日本经验对我国研究的启示与展望

日本高等院校在构建饮食文化研究人才的培养机制方面，值得我们借鉴学习。日本从19世纪末兴起的家政教育课程发展到现代食文化学科体系，对日本饮食教育学科体系的丰富和完善，起到巨大的示范作用。不仅如此，20世纪90年代以来，日本一些大学相继开设了与饮食有关的专业院系，诸如“食产业学院”“和食文化学科”“饮食科学专业”以及“美食综合管理学院”等。无论是传统的家政学学科，还是新兴的“饮食”院系专业，他们都有效地为日本饮食产业、学校以及科研单位输送了兼具烹饪实操技术和饮食文化理论修养的饮食专才。高层次饮食人才的稳定培养是百余年来日本持续性地收获中国饮食研究成果的关键。以经济相对发达的浙江为例，为浙江输出“烹饪专才”的院校主要是浙江旅游职业学院厨艺系、浙江商业职业技术学院旅游烹饪学院、杭州中策职业学校、杭州第一技师学院、温州华侨职业中等专业学校、宁波技师

学院、浙江商贸农业职业技术学院等职业院校。浙江尚无一所院校开设有烹饪与营养教育或类似研究方向的本科专业，更没有家政学的本科教育专业。国内目前也仅有吉林师范大学、天津师范大学等极个别院校开设有家政学本科专业，而这些仅有的几家家政学本科院校的专业培养方案中，涉及家庭管理、家庭教育、老人养护、营养饮食、服装织物、家庭理财、消费策划、生涯企划和终身教育等过于繁杂的内容，特色不足。据 2019 年 7 月 5 日《中国新闻网》报道：教育部要求“每个省份原则上至少有一所本科高校和若干所职业院校开设家政服务相关专业”。[①] 如果能有效利用国家教育政策新形势，在我国各省家政学专业建设过程中，有关高校将饮食人才培养作为家政学专业的特色方向加以科学建设，将极大地促进我国饮食文化及相关产业的发展。

近年来，中国饮食哲学思想、饮食制度、饮食图像、饮食文化遗产以及中外饮食文化交流五大专项议题已经成为我国饮食文化研究的新热点、新趋势。[②] 结合日本对“中国饮食文化”的研究历程与经验，让我们注意到中国饮食文化专门史研究应取长补短，尤其是对传统研究范式的扬弃。

中国饮食文化采用思辨式与开放式的研究视角，有助于我国饮食文化研究走上更加科学的发展轨道。早期海外中国饮食文化研究者就善于从跨学科视角审视中国饮食文化。跨学科的研究应该应用到中国饮食文化专门史的研究中，避免一味按照断代史研究范式理解专门史。中国饮食文化的研究应朝着更加专门化、概念化和逻辑化的范式前进。我国研究者应特别关注如何将欧美学术界跨学科、跨地域、跨门类的综合性研究方法应用到中国饮食文化学科体系之中。借鉴日本及欧美国家等既往研究的成功经验，也是一种集成创新。

以世界史的视野来看待中国饮食文化的研究范围，将丰富和发展我们的研究对象和内容。国内外已有学者在开展全球化视野下的中国饮食在地化和现代化研究。我们中国研究者更应该利用自身语言的优势，借助国内外文献数据库等新的技术辅助手段，设计合理的跨学科合作研究模式，进而开展“从周边看中国饮食”“从他者看中国饮食”的国际性研究课题。

---

① 《教育部：每省份原则上至少有一所本科高校开设家政专业》，中国新闻网，http://www.chinanews.com/m/gn/2019/07-05/8885049.shtml?from=singlemessage&isappinstalled=0 检索日期[2019.07.08]

② 周鸿承：《中国饮食文化研究历程回顾与历史检视》，《美食研究》2018 年第 1 期，第 14－18 页。

第四节　新时代浙菜文化研究动向与趋势

一、浙江饮食文化研究现状

浙江饮食文化就是以杭嘉湖平原饮食、甬台温海洋饮食及金衢丽山地饮食为主要饮食风味类型，从北向南受苕溪、钱塘江、曹娥江、甬江、灵江、瓯江、飞云江、鳌江八大水系自然孕育而成，包含食物原料、烹饪加工技艺、饮食消费、饮食习惯、习俗与饮食思想哲学等诸多内容。可见，浙江饮食文化历史悠久，辐射范围大。目前，仅有《浙江饮食服务商业志》（浙江人民出版社 1991 年版）、《浙江美食文化》（杭州出版社 1998 年版）、《浙江沿海饮食文化》（湖南科学技术出版社 2017 年版）、《浦江饮食文化》（浙江人民出版社 2020 年版）等从浙江视角探讨饮食文化。浙江餐饮专家更多的是从浙菜烹饪工艺、菜谱及浙江餐饮旅游等角度探讨浙江菜肴制作和餐饮业相关问题。如戴桂宝等编《食在浙江》（浙江人民出版社 2003 年版）、《味道中国：江苏浙江美食》（中国辞书出版社 2005 年版）、《食美浙江：中国浙菜・乡土美食》（红旗出版社 2014 年版）等。《舟山传统食品》（中国文史出版社 2017 年版）、《非遗小吃：温州味道》（中国民族摄影艺术出版社 2018 年版）是舟山市非物质文化遗产保护中心和温州市非物质文化遗产保护中心组织编撰的反映当地饮食文化遗产的图书。但是，他们还是从非遗美食菜肴角度予以收录和整理，并不是研究性的理论专著。与四川的《中国川菜史》（四川文艺出版社 2019 年版）、《北京的饮食》（北京出版社 2018 年版）、广西的《广西特色饮食文化》（对外经济贸易大学出版社 2018 年版）、云南的《岁月的味道：非物质文化遗产项目名录中的云南饮食》（云南人民出版社 2018 年版）等省域视野中的饮食文化遗产研究比起来，浙江饮食文化遗产研究的理论成果还十分薄弱。

浙江在 11 个地级市的区域性饮食、民俗性饮食、名人饮食乃至针对具体浙江特色饮食名物的研究方面，还是取得了一定的进展。在浙江地域性饮食文化研究中，《温州饮食文化研究》[①]《绍兴美食文化》[②]《宁波历代饮食诗歌选

① 王一伟：《温州饮食文化研究》，浙江海洋学院硕士学位论文，2014 年。

② 周珠法：《绍兴美食文化》，浙江工商大学出版社 2014 年版。

注》[①]以及《杭州饮食史》[②]等成果较有代表性。杭州饮食文化研究成果相对浙江其他地级市来说最为丰富。浙江饮食民俗方面，《浙江嘉善县饮食禁忌习俗》[③]《从特产、食俗歌看浙江饮食文化》[④]《浙江景宁畲族饮食习俗变迁及原因探析》[⑤]等成果较有代表性。此外，俞为洁《宋代杭州食料史》以及《李渔饮食思想》《传统饮食“缙云烧饼”的文化保护及其产业化发展研究》等成果，体现了浙江饮食文化研究选题角度的丰富性和多样性。[⑥] 通过上述分析，浙江舟山、湖州、丽水、金华、衢州、台州等地饮食文化遗产的研究比较滞后，有待深入。

在饮食文化研究人才培养方面，浙江工商大学中国饮食文化研究所 2007 年开始培养专门史（饮食文化方向）的硕士研究生，随后向浙江大学、中国人民大学、云南大学、华中师范大学、日本学习院大学等国内外知名院校培养了一批饮食文化方向的博士研究生，为我国培养了一批从事饮食文化研究的专业人才。此外，浙江旅游职业学院厨艺系、浙江商业职业技术学院旅游烹饪学院、杭州职业技术学院、杭州中策职业学校、杭州第一技师学院在浙江饮食文化和浙菜烹饪工艺专业人才培养方面，素有美誉。

浙江省人民政府、浙江省文化和旅游厅、浙江省商务厅多有发布有关振兴浙菜产业的指导性文件，如 2011 年《浙江省人民政府办公厅关于提升发展农家乐休闲旅游业的意见》、2012 年《浙江省人民政府关于振兴浙菜加快发展餐饮业的意见》、2013 年《浙江省人民政府办公厅关于印发振兴浙菜加快发展餐饮业重点任务分解方案的通知》以及 2019 年浙江省政府办公厅印发《关于加快推进农家传统特色小吃产业发展的指导意见》，其明确要求各地将农家小吃产业作为实施乡村振兴战略的重要内容，被认为是全国首个农家小吃产业省级指导意见。此前，浙江省农业农村厅还出台过《浙江省农家特色小吃产业发展三年行动计划》，提出到 2020 年全省农家小吃产业从业人员要发展至 50 万

① 张如安编：《宁波历代饮食诗歌选注》，浙江大学出版社 2014 年版。

② 林正秋：《杭州饮食史》，浙江人民出版社 2011 年版。

③ 唐彩生：《浙江嘉善县饮食禁忌习俗》，《民俗研究》1992 年第 2 期，第 75－76 页。

④ 刘旭青：《从特产、食俗歌看浙江饮食文化》，《浙江工商大学学报》2009 年第 2 期，第 63－69 页。

⑤ 梅松华：《浙江景宁畲族饮食习俗变迁及原因探析》，《非物质文化遗产研究集刊》2010 年版，第 306－317 页。

⑥ 这方面的成果主要有：刘丽：《宋代饮食诗研究》，浙江大学博士学位论文，2017 年；叶俊士：《李渔饮食思想》，浙江工商大学硕士学位论文，2013 年；郑涵：《传统饮食“缙云烧饼”的文化保护及其产业化发展研究》，浙江师范大学硕士学位论文，2015 年；唐铭泽：《浙江菜系翻译报告》，云南师范大学硕士学位论文，2015 年；李伟俊：《从中国文化对外传播角度看汉语菜名英译标准的确立——以〈品味浙江〉为例》，宁波大学硕士学位论文，2013 年。

人，年销售额突破500亿元，使农家小吃产业成为振兴乡村的重要力量。

上述指导性文件中，2012年《关于振兴浙菜加快发展餐饮业的意见》最为关心浙菜文化研究，明确提出："加强浙菜文化研究。鼓励餐饮企业、专业院校和行业协会，成立浙菜文化研究机构，总结浙菜文化内涵，提炼浙江菜系特色，收集整理地方名菜，发掘乡村民间饮食文化和人文内涵，组织编写《浙江饮食文化史》《中国新浙菜大典》和《中国浙江乡土菜谱》，提高浙菜文化品位。"虽然省政府有出台上述关于加强浙菜文化研究的顶层设计，一些生活类菜谱书如《食美浙江：中国浙菜·乡土美食》（红旗出版社2014年版）得以出版，但是如《浙江饮食文化史》这类更具文化价值的代表性成果并未及时推出，实为遗憾。2013年12月，浙江省餐饮行业协会成立的浙江省浙菜文化研究会，理应在省委省政府提出的振兴浙菜文化研究领域做出建设性贡献，但实际上少有建树。

"百县千碗"工程于2019年写入省政府工作报告。浙江省商务厅2019年发布了《做实做好"百县千碗"工程三年行动计划（2019—2021年）》，明确提出要"推动浙江省旅游美食文化传承、创新、发展，助力文化浙江、诗画浙江建设；挖掘'百县千碗'美食背后的文化内涵，讲好浙江美食文化故事"。在省政府的战略指导下，浙江饮食文化的研究迎来前所未有的发展机遇。

2019年，浙江省餐饮行业协会发布成立浙江饮食文化研究院的决定。[①] 时任浙江省餐饮行业协会副会长沈坚介绍道："浙江饮食文化研究院是由我省优秀餐饮企业代表及全省饮食文化专业学者、教授、研究人员等共同发起，本着协作互助、资源共享、互利共赢原则自愿组成的非营利性文化交流组织，是我省首个以培育大国工匠为目标的省级研究交流平台。研究院以带动浙江餐饮品牌和饮食文化走向全国、走进世界为宗旨，针对浙江饮食文化开展研究、交流活动，致力于市场服务体系的研究和推广。成立浙江饮食文化研究院将对推进饮食文化、菜品标准、经营模式、品牌发展交流等方面的研究，探索浙江传统美食文化传播的新理念、新模式、新途径，提升浙江饮食文化的影响力起到重要的作用。"2020年，浙江省商务厅作为业务指导单位，浙江省之江饮食文化研究院在浙江省民政厅注册成立，民办非企业单位性质。该研究院目前正在组织开展《浙江饮食文化产业发展报告（2021）》蓝皮书研究项目，以及其他与浙江饮食文化相关的研究性课题。这样的组织平台有可能改变杭州乃

① 在浙江省民政厅最终注册的准确名称为"浙江省之江饮食文化研究院"，业内简称"浙江省饮食文化研究院"。

至浙江省餐饮行业组织“重餐饮活动，轻文化研究”的工作现状，深化浙江饮食文化传承研究。

2019年第十一届浙江·中国非遗博览会（杭州工艺周）期间，浙江非物质文化遗产中心和浙江大学旅游与休闲研究院共同发起并成立了浙江大学旅游与休闲研究院饮食文化研究中心，聘请周鸿承博士担任该中心主任。该中心成立以后，先后承担了2019年第十一届浙江·中国非遗博览会（杭州工艺周）主题策展活动“味觉遗香：非遗市集”，担任浙江首届饮食类非遗传承人群研习培训讲师，策划2020浙江传统美食展评展演活动并担任活动初选和终评评委，担任杭州市西湖区风景名胜区管委会主办的楼外楼传统烹饪技艺、杭帮菜烹饪技艺年度评委等工作。

二、杭州饮食研究成果相对丰富

杭州地区的饮食文化研究走在浙江其他地级市饮食文化研究前面。有关杭州饮食历史与文化的代表性著作成果主要来自林正秋、俞为洁、何宏诸位教授的研究。[①] 近年来，在“杭州全书”文化工程的支持下，出版了一批有关杭州饮食的相关研究，如《杭州运河土特产》（杭州出版社2013年版）、《钱塘江饮食》（杭州出版社2014年版）、《西溪的美食文化》（浙江人民出版社2016年版）、《湘湖物产》（浙江古籍出版社2016年版）、《钱塘江水产史料》（杭州出版社2017年版）、《一个城市的味觉遗香：杭州饮食文化遗产研究》（浙江古籍出版社2018年版）等。

杭州市政府、各区县市餐饮行业协会、杭州饮食服务集团、杭菜研究会等对杭帮菜烹饪技艺、名菜名点、名人名店方面多有推广和研究。但其研究成果多以“杭州菜谱”为中心，缺乏从杭帮菜历史文化源流视角的深入探讨。[②]

杭州有关饮食文化的学术性论文较多，成果也比较分散。如赵荣光《十三

---

① 代表性研究有林正秋：《杭州饮食史》，浙江人民出版社2011年版；俞为洁：《饭稻衣麻：良渚人的衣食文化》，浙江摄影出版社2007年版；俞为洁：《良渚人的饮食》，杭州出版社2013年版；何宏：《民国杭州饮食》，杭州出版社2012年版。

② 代表性成果有杭帮菜研究院编：《别说你会做杭帮菜：杭州家常菜谱5888例》，杭州出版社2019年版；杭州市饮食服务公司编：《杭州菜谱》，浙江科学技术出版社1988年版；戴宁：《杭州菜谱（修订本）》，浙江科学出版社2000年版；中国烹饪协会主编：《浙菜》，华夏出版社1997年版；杭州杭菜研究会编：《杭菜文化研究文集》，当代中国出版社2007年版；宋宪章：《杭州老字号系列丛书·美食篇》，浙江大学出版社2008年版；沈关忠，张渭林：《名人笔下的楼外楼》，中国商业出版社1999年版。

 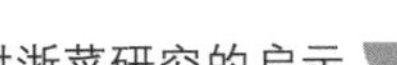

世纪以来下江地区饮食文化风格与历史演变特征述论》(《东方美食(学术版)》,2003 年第 2 期),史涛、金晓阳《老字号餐饮企业的顾客消费体验与评价研究——以杭帮菜老字号为例》(《美食研究》2015 年第 3 期),张剑光《唐五代时期杭州的饮食与娱乐活动》(《浙江学刊》2016 年第 1 期),何宏、赵炜《〈乡味杂咏〉研究》(《美食研究》2018 年第 1 期),巫仁恕《东坡肉的形成与流衍初探》(《中国饮食文化》2018 年第 1 期),钱建伟《杭帮菜国际传播现状及其媒介发展策略》(《企业经济》2014 年第 10 期)等。

由于历史上宋代都城临安的饮食业繁荣,兼具南北特点,有相当一批专家聚焦宋代饮食文化的研究,其中许多篇幅涉及南宋临安饮食文化的研究。如俞为洁《杭州宋代食料史》,陈伟明《唐宋饮食文化初探》《唐宋饮食文化发展史》,刘朴兵《唐宋饮食文化比较研究》,李华瑞《宋代酒的生产和征榷》,沈冬梅《宋代茶文化》,徐海荣主编的《中国饮食史》,①全汉昇《南宋杭州的消费与外地商品之输入》,翁敏华《论两宋的饮食习俗与戏剧演进》,庞德新《宋代两京市民生活》,钟金雁《宋代两京饮食业析论》,李春棠《从宋代酒店茶坊看商品经济的发展》,冷辑林、乐文华《论两宋都城的饮食市场》,乌克《南宋临安的饮食业》,徐吉军《南宋临安饮食业概述》,徐吉军、林莉《南宋临安馒头食品考》,朱惠英《宋朝花馔选材及烹调法与花卉象征意义之研究》等。此外,徐吉军《宋代衣食住行》,邓卓海《宋代都城的服务行业》,韩茂莉《宋代农业地理》,伊永文《宋代市民生活》以及陈国灿《宋代江南城市研究》等专著中,相关章节多有探讨南宋时期临安饮食业情况。《品味南宋饮食文化》《杭州南宋菜谱》《宋宴》则有关于宋代名菜名点的复原研究成果。

有关杭州饮食文化遗产的相关研究中,周鸿承《一个城市的味觉遗香:杭州饮食文化遗产研究》(浙江古籍出版社 2018 版)将杭州饮食文化遗产从非物质文化遗产角度进行了类型的划分。具体分为:食材类饮食文化遗产、技艺类饮食文化遗产、器具类饮食文化遗产、民俗类饮食文化遗产和文献类饮食文化遗产五大类型。史涛《非物质文化遗产与烹饪教育课程资源体系融合研究——以"杭帮菜"非物质文化遗产传承为例》(《教育与教学研究》2014 年第 9 期)一文提出"'杭帮菜'非物质文化遗产融入烹饪课程体系面临的困境为:'非遗'资源向课程要素转化之困,烹饪教师对'非遗'资源的接纳之困,由'师徒相授'到职业教育转变之困。'非遗'进入烹饪课程资源的研究路径为:研究'非

① 徐海荣主编的《中国饮食史》共六卷十九编,其中第九编为《宋代饮食史》。

遗'资源的申报,熟悉'非遗'资源的研究成果;做好'非遗'资源进入烹饪课程资源的筛选工作,建立'非遗'资源库;做好'非遗'资源库利用与课程教学领域的对接工作。"他提出的"(杭帮菜)非遗资源与课程目标、课程内容联系示例表"对于杭帮菜非遗培训有启发性,值得关注,见表2-1。①

表2-1　杭帮菜非遗资源与课程目标、课程内容联系示例表

"非遗"传承的烹饪课程领域目标	"非遗"传承的烹饪课程内容	"非遗"资源蕴含的课程资源要素
通过"欣赏与评述"学习领域活动学习和了解"杭帮菜"的特点,并与其他菜系进行比较	欣赏"杭帮菜"的制作和文化;比较"杭帮菜"与其他菜系的菜品特点	菜品制作的图片和影音资料;揭示"杭帮菜"发展沿革的文史和文献资料
通过"造型与烹饪"学习领域活动学习和了解"杭帮菜",对一些烹饪烹调的基本手法进行实际训练	以"杭帮菜"的代表菜式,配合烹饪技法,对经典的"杭帮菜"进行实例教学	烹调技术知识资源中的技术要点示例、烹饪造型示例
通过"加工与设计"学习领域活动学习,对菜肴烹饪的加工和配伍方面内容进行实际训练	以"杭帮菜"的审美要求和原料特点为导向,进行刀工训练和设计配伍菜肴	烹饪加工与原料搭配技术知识资源的典型原料手法示例
通过"综合与探索"学习领域活动学习,能够对菜肴创新、宴会设计等方面进行研究	创新"杭帮菜"的示例与制作,带有杭州地方风味特色的风味宴席和主题筵席	饮食民俗、烹饪文化元素的引入烹调技法加工配伍技法示例

不过,上述研究对"杭帮菜"非遗内容的认识还不够完善,故而在"杭帮菜"教育课程资源中没有考虑到有关杭州饮食器具类非遗、文献类非遗资源对于"杭帮菜"烹饪教育体系构建的重要性。后续有研究者如叶方舟专门对杭州饮食类非物质文化遗产进行研究,值得借鉴参考。② 此外,在杭帮菜推广研究方面,一些研究者注意到杭帮菜菜肴英译及杭州餐饮国际化战略的问题,并提出一些建设性意见。陈洁《中国菜菜名英译中的文化信息传递——以杭州菜菜

① 史涛:《非物质文化遗产与烹饪教育课程资源体系融合研究——以"杭帮菜"非物质文化遗产传承为例》,《教育与教学研究》2014年第9期,第110页。

② 叶方舟:《杭州饮食类非物质文化遗产的现状、保护及传承研究》,浙江工商大学硕士学位论文,2016年;周鸿承:《一个城市的味觉遗香:杭州饮食文化遗产研究》,浙江古籍出版社2018年版。

名英译为例》，[①]沈桑爽、王淑琼《传统杭帮菜名称英译的归化与异化翻译策略研究》[②]等。

2019 年 5 月，亚洲文明对话大会在北京举行，在中宣部指导、中共浙江省委宣传部的具体策划下，杭州同步举办"知味杭州"亚洲美食节。趁此机遇，原中共浙江省委常委、杭州市委书记、杭州市人大常委会主任王国平同志主持成立了杭帮菜研究院，负责开展杭帮菜研发、推广和培训工作。聘任周鸿承博士担任杭帮菜研究院执行副院长、叶方舟先生为杭帮菜研究院培训中心主任。随后，杭帮菜研究院分别组织编写了《别说你会做杭帮菜：杭州家常菜谱 5 888 例》（见图 2 - 4）《漫画杭帮菜》，这是收录菜品最多，资料最翔实的杭州地方菜系菜谱。阿里巴巴集团董事局主席马云先生和中国当代著名艺术大师韩美林先生专门为该书题词。漫画书《漫画杭帮菜》则邀请知名漫画家、新杭州人蔡志忠先生编绘，该图书随后荣获"2019 世界美食家图书大奖"。

图 2 - 4　《别说你会做杭帮菜：杭州家常菜谱 5 888 例》

王国平同志一直致力于推进杭州饮食文化历史的挖掘、整理和研究。他组织力量，正在筹备编撰"杭帮菜全书"，即包括杭帮菜文献集成、杭帮菜丛书、杭帮菜研究报告、杭帮菜通史和杭帮菜辞典的"5 + 1"研究体系。此举必将极大地提升和丰富浙江饮食文化内涵。

① 陈洁：《中国菜菜名英译中的文化信息传递——以杭州菜菜名英译为例》，《长江大学学报（社会科学版）》2010 年第 2 期，第 140 - 141 页。

② 沈桑爽、王淑琼：《传统杭帮菜名称英译的归化与异化翻译策略研究》，《安徽文学》2017 年第 8 期，第 104 页。

第三章

浙江食材类饮食文化遗产

据不完全统计，浙江各地级市对食材类饮食文化遗产代表性项目已经开展了各种传承保护工作。2008 年，第二批宁波市级非物质文化遗产代表性项目中，宁波市慈溪市申报的“横河杨梅加工技艺”和宁波市奉化区申报的“奉化水蜜桃栽培技艺”入选。2008 年，衢州市第二批非物质文化遗产代表作名录中，衢州市常山县申报的“常山胡柚栽培技艺”入选。2008 年，丽水第二批非物质文化遗产名录中，丽水市景林申报的“黑木耳栽培”入选。2010 年，第四批台州市非物质文化遗产名录中，台州市天台县申报的“山笋传统制作技艺”入选。2012 年湖州市第五批非物质文化遗产代表性名录中，湖州市长兴县吕山乡申报的“胥仓雪藕的种植技艺”入选。2014 年杭州市临安区人民政府公布的第五批非物质文化遗产代表性项目名录中，山核桃加工技艺入选。2014 年，第七批温州市非物质文化遗产名录中，温州乐清市申报的“乐清海涂养殖技术（泥蚶）”入选。2018 年，第五批宁波市级非物质文化遗产代表性项目中，宁波市奉化区萧王庙街道肖桥头村村民委员会群体传承的“奉化芋艿头栽培技艺”入选。[①] 2020 年，台州市第七批非物质文化遗产代表性项目名单中，台州市天台县申报的“黄精传统加工技艺”入选。

浙江地域辽阔，山地、平原等地形地貌皆有，这为各种动植物的生长、繁衍提供了良好的自然环境，也为我们提供了众多的食材。这些能够进入市场食品流通领域的食物原料有很多。但是哪些是可以作为食材类饮食文化遗产进行传承保护利用呢？而哪些食材又可以通过适度的加工工艺，改变其“原来风

① 该项目 2010 年入选第三批宁波市非物质文化遗产代表性项目名录，申报单位为宁波市奉化区莼湖镇文化站，传承人为林财法。因管理不达标，该项目于 2015 年被宁波市人民政府取消称号。后又于 2018 年被宁波市奉化区萧王庙街道肖桥头村村民委员会重新申报，并入选第五批宁波市级非物质文化遗产代表性项目名录。

貌”，产生独特的地方风味与饮食习俗呢？在我国，家庭烹饪与餐饮市场上经常食用的食材有3 000种左右。而这些食材面广、量大，牵涉的内容较多、它们在自然界的存在关系极为复杂。

因此，我们有必要在了解食材基本分类方法以及食材储存的基础知识上，从制作技艺与意识风俗两大非遗视角，重点探究历史上浙江的食材开发史和利用史，尤其是重点关注浙江动物性食材和植物性食材的食用传统与传承情况。

第一节　食材分类与储存

一、食材的分类方法

食材的分类，就是按照一定的标准，对种类繁多的食材分门别类，排列成等级序列。由于目前对食材分类的标准和依据很不一致，因此食材的分类方法也比较多，主要有下列几种。

（一）按来源属性分类

（1）植物性食材：包括粮食、蔬菜、果品等。

（2）动物性食材：包括家畜、家禽、鱼类、贝类、蛋奶、虾蟹等。

（3）矿物性食材：包括食盐、碱、硝、明矾、石膏等。

（4）人工合成食材：包括人工合成色素、人工合成香精等。

该分类方法以食材的性质为分类标准，突出了食材的本质属性。但该分类方法不能包含所有的食材，如酿造类食材、混合食材和强化添加食材等。

（二）按加工与否分类

（1）鲜活食材：包括蔬菜、水果、鲜鱼、鲜肉等。

（2）干货食材：包括干菜、干果、鱼翅、鱿鱼干等。

（3）复制品食材：包括糖桂花、香肠、五香粉等。

该分类方法以食材是否经过加工处理为分类标准，突出了食材的加工性能，对食材的初加工比较有用。但该分类方法同样不能包含所有的食材，而且分类过于简单化，通常应用不多。

（三）按烹饪运用分类

（1）主配料：指一道菜点的主要食材及配伍食材，是构成菜点的主体，也是人们食用的主要对象。

（2）调味料：指在烹调或者食用过程中用来调配菜点口味的食材。

（3）辅助料：指在烹制菜点过程中使用的帮助菜点成熟、成型、着色的食材，如水、油脂等。

该分类方法以食材在烹调过程中的地位和作用为分类标准，突出了食材的烹饪运用。但该分类方法比较笼统，特别是主料和配料的界限不太清楚。如有些食材在某些菜点中是主料，但在另外一个莱点中却是配料，有些还可以作调料。

（四）按商品种类分类

（1）粮食；包括大米、面粉、大豆、玉米等。

（2）蔬菜：包括萝卜、青菜、番茄、食用菌、海藻等。

（3）果品：包括各种水果、干果、蜜饯等。

（4）肉类及肉制品：包括畜肉、禽肉、蛋奶、火腿、板鸭等。

（5）水产品：包括鱼类、虾蟹、贝类、海蜇等。

（6）干货制品：包括鱼翅、海参、干贝、虾米、干菜等。

（7）调味品：包括盐、糖、酱油、味精、醋、香料等。

该分类方法以食材的商品属性为分类标准，突出了食材在商品流通过程中的性质和特点，与人们的日常生活联系较紧，便于采购和销售。但该分类法缺乏严密的科学性，食材自身的性质突出不够，有时候有交叉、重复的现象。

（五）按营养成分分类

（1）热量素食品（又称黄色食品，主要含碳水化合物）：包括粮食、瓜果、块根、块茎等。

（2）构成素食品（又称红色食品，主要含蛋白质）：包括畜肉、禽肉、鱼类、蛋奶、豆制品等。

（3）保全素食品（又称绿色食品，主要含维生素和叶绿素）：包括蔬菜、水果等。

该分类方法以食材中所含有的主要营养素为分类标准，突出了食材的营养价值，此分类法目前在日本、美国应用较多。但它和烹饪联系不够紧密，不易被厨师和家庭主妇理解。

通过上述分析，结合非物质文化遗产在饮食领域的保护实践情况，我们主要从动物性食材和植物性食材视角，探析浙江省范围内饮食类非物质文化遗产的挖掘整理和传承保护利用情况。

二、食材的储存

食材的储存是指根据食材品质变化的规律，采用适当的方法延缓食材品质的变化，以创造出新的风味食品。人们日常餐桌上的味觉记忆，绝大部分来自动植物。新鲜的动植物原料在收获、运输、储存、加工等过程中，仍在进行新陈代谢，从而影响到食材的品质。科学地了解食材自身新陈代谢引起变化的规律，有助于我们更好理解为何浙江地域范围内，各种食物性原料应用于人们的饮食生活之中，产生丰富的饮食文化与习俗。

（一）食材变化背后的科学规律

鲜活的食材时刻在进行着新陈代谢和各种各样的生理生化反应，这些反应是在酶的催化下进行的，而这些反应的结果，最终会造成食材品质的改变。首先如呼吸作用，是指生鲜蔬菜和水果在储存过程中发生的一种生理活动。植物收获后光合作用基本停止，呼吸作用就成为采后生命活动的主导过程。植物在田间生长期间，一般总是光合作用合成的有机物质比呼吸作用消耗的有机物质多，因而能不断地积累干物质，不断生长。收获后干物质不但不能再增加，而且会不断被消耗。从这个角度看，浙江人喜欢食新鲜食材，也就是在干物质不断被消耗完成之前，尽早使用采摘后的食物原料，道理就在这里。其次是后熟作用。植物学上的后熟作用是指许多植物的种子脱离母体后，在一定的外界条件下经过一定时间达到生理上成熟的过程。食材学上的后熟作用常指果品采收后继续成熟的过程。生长在树上的果实，常常因为受气候条件的限制，或是由于其本身成熟过程中的生物学特性，或是为了调节市场及运输中的安全等原因，在果实长到应有大小，但还未充分成熟时便采收。这时的果实糖酸比值小，味淡，果肉比较坚硬，涩味浓，口感差，有的甚至不能食用，需要放置一段时间进行自然成熟后才能加工或食用，这就是果实的后熟作用。这种后熟作用对于食材的选择和储存具有重要的指导意义。

影响食材变化的科学过程还有很多。从食品制作技艺以及阐释不同食俗习惯的角度上来说，我们还有必要提及因为微生物引起食材的质量变化现象。微生物是所有形体微小的单细胞、甚至没有细胞结构的低等生物或个体结构较为简单的多细胞低等生物的通称。这类生物绝大多数不能进行光合作用，必须从其他生物体内获取养分来维持自身的新陈代谢。所以，当微生物污染食材后，即在食材内部或表面生长繁殖，消耗食材内的营养物质，使食材发生腐败、霉变或发酵等变化，从而降低食材的品质，甚至使食材失去食用价值。

（二）食材存储加工常见方法

当然，如果对微生物作用食材的工艺进行人为把控，通过霉变、发酵等方式就会产生浙江地区独特的臭食文化。如肉类、蛋类、鱼类、豆制品等富含蛋白质的食材，这些食材中的蛋白质经微生物的分解，产生大量的胺类及硫化氢等，出现胺臭味，我们也把这种现象称为“腐败”。此外，还有霉变。该情况多发生在含糖量较高的食材中，如粮食、水果、淀粉制品、蔬菜等。这些食材在霉菌的污染下发霉的现象称为霉变，这是霉菌在食材中繁殖的结果。霉菌易在有氧、水分少的干燥环境中生长发育，在富含淀粉和糖的食材中也容易滋生霉菌（如浙江地区流行的霉豆腐、臭豆腐等）。由于霉菌能分泌大量的糖酶，故能分解食材中的糖类。此外还有发酵。发酵是微生物在无氧的情况下，利用酶分解食材中单糖的过程。其分解的产物中有酒精和乳酸等。引起食材发酵的主要是厌氧微生物，如酵母菌、厌氧细菌等。酵母菌在含碳水化合物较多的食材中容易生长发育，而在含蛋白质丰富的食材中一般不生长，在 pH 值为 5.0 左右的微酸性环境中生长发育良好。正是如此，浙江传统的酸渍储存法就是利用这样的发酵或霉变技术。酸渍储存法是利用提高食材储存环境中的氢离子浓度，从而抑制微生物生长繁殖，以达到储存食材的目的。酸渍储存法又分为两种：一是在食材中加入一定量的醋，利用其中的醋酸降低 pH 值，如醋黄瓜、醋蒜等；二是利用乳酸菌的发酵而生成乳酸来降低 pH 值，如泡菜等。

此外还有利用食盐和食糖对食材进行加工后储存食材的方法——腌渍储存法。此法适用于大部分动、植物性食材的储存。其利用食盐或食糖溶液渗入食材组织内，可以提高食材渗透压和降低水分活度，并使微生物细胞的原生质脱水而发生质壁分离，有选择性地抑制有害微生物活动，促进有益微生物的活动，从而达到储存食材的目的。此外还有烟熏储存法。该方法是在腌制的基础上，利用木柴不完全燃烧时所产生的烟气来熏制食材的方法，其主要适用于动物性食材的加工（如香肠、腊肉等）。由于烟熏时加热减少了食材内部的水分，同时温度升高也能有效地杀死细菌，降低微生物的数量，而且烟熏时的烟气中含有酚类、醇类、有机酸类、碳基化合物和烃类等具有防腐作用的化学物质，故烟熏具有较好的储存食材的效果，且有因燃烧木柴带来的别样风味。

第二节　动物性食材

食材类饮食文化遗产指的是长期在浙江地区农业生产实践中培育而成的，并且传承至今的传统禽畜（动物性食材）和传统作物（植物性食材）原料。动物性食材包括提供肉、蛋、乳品的各种驯养的禽畜、鱼、蜂及软体动物等。植物性食材包括提供淀粉的种子、块根、块茎等可食性粮食原料、蔬菜、鲜干果、香料植物。植物性食材多数是经过人工栽培的作物。

浙江江河湖泊众多、水网密布，故而渔猎一直是早期杭州地区先民获取动物性食材的主要途径。在跨湖桥遗址当中，除了上文提及的鱼、鳄之外，还包括老虎、野猪、麋鹿、鹿、牛等。此外，在萧山湘湖下孙遗址中出土了大量的海产品，诸如青蟹、牡蛎等，这说明当时人们已获取了捕获海产食材的技术。《吴越春秋》亦有“上栖会稽，下守海滨，唯鱼鳖见矣”[①]的叙述，说明当时越人喜欢吃水产，并且有“于越纳，姑妹珍。且瓯文蜃，共人玄贝”[②]的表述。所以，西晋的张华在其《博物志・五方人民》提及“东南之人食水产，西北之人食陆畜。食水产者，龟蛤螺蚌以为珍味，不觉其腥臊也”。[③] 从而说明了这一地区的主要食材。有学者指出，秦汉至南北朝，鱼虾类成为江南水乡地区的辅助食物，大都处于钱塘江下游的钱唐、富春等地。[④] 故而，《吴郡记》中有“富春东三十里有渔浦”[⑤]以及《吴兴记》中有“东溪出美鱼”[⑥]的记载，这说明杭州地处钱塘江下游，东接杭州湾，故水产丰富。

鲈鱼（见图 3-1），早在汉代已成为吴淞江与钱塘江流域的名菜，至隋唐末代未衰。目前见到较早的具体记载鲈鱼脍的是北宋初年名臣李昉等编撰的类书《太平广记》：“作鲈鱼鲙，须八九月霜下之时。收鲈鱼三尺以下者作乾鲙，浸渍讫，布裹沥水令尽，散置盘内。取香柔花叶，相隔细切，和鲙拨令调匀。霜后鲈鱼，肉白如雪，不腥。所谓‘金玉鲙’，东南之佳味也。紫花碧叶，间以素鲙，

① ［汉］赵晔：《吴越春秋》卷五《夫差内传第五》，岳麓书社 2006 年版，第 111 页。
② 《逸周书》卷七《王会解第五十九》，袁宏点校，齐鲁书社 2010 年版，第 82 页。
③ ［晋］张华：《博物志新译》，上海大学出版社 2010 年版，第 30 页。
④ 林正秋：《杭州饮食史》，杭州出版社 2011 年版，第 18 页。
⑤ 刘纬毅：《汉唐方志辑佚》，北京图书馆出版社 1997 年版，第 99 页。
⑥ 刘纬毅：《汉唐方志辑佚》，北京图书馆出版社 1997 年版，第 188 页。

图 3-1　鲈鱼

亦鲜洁可观。"①

浙江人对水产等食材原料的偏好，也见于大量的诗文之中。郑谷《登杭州城》诗就提到渔人，"沙鸟晴飞远，渔人夜唱闲"。② 项斯《杭州江亭留题登眺》诗提到渔翁，"渔翁闲鼓棹，沙鸟戏迎潮"，③以及白居易的"鱼盐聚为市，烟火起成村"，④一派乡村市貌集聚的热闹场景跃然纸上。李郢《友人适越路过桐庐寄题江驿》诗云"鲈鱼鲜美称莼羹"，⑤韦庄《桐庐县作》诗云"绿蓑人钓季鹰鱼"。⑥ 这里的季鹰鱼即鲈鱼。许浑《九日登樟亭驿楼》诗云"鲈鲙与莼羹，西风片席轻。"⑦，诸如这样描绘水产类饮食的诗文篇章还有很多。而关于食蟹的诗文更是繁多，表明了江南地区，尤其是浙江地区人们喜食水产海鲜的区位传统，这又跟浙江水网密集，而且温台甬海洋饮食习俗悠久的历史有关系。比如白居易《重题别东楼》就有"春雨星攒寻蟹火，秋风霞飐弄涛旗"的描述。文中还提及"余杭风俗，每寒食雨后夜凉，家家持烛寻蟹，动盈万人"。⑧ 其中"持烛

① ［宋］李昉等：《太平广记》，中华书局 1961 年版，第 1791－1792 页。
② ［清］彭定求编：《全唐诗》，中华书局 1992 年版，第 1695 页。
③ ［清］彭定求编：《全唐诗》，中华书局 1992 年版，第 1417 页。
④ ［清］彭定求编：《全唐诗》，中华书局 1992 年版，第 1107 页。
⑤ ［清］彭定求编：《全唐诗》，中华书局 1992 年版，第 1506 页。
⑥ ［清］彭定求编：《全唐诗》，中华书局 1992 年版，第 1762 页。
⑦ ［清］彭定求编：《全唐诗》，中华书局 1992 年版，第 1340 页。
⑧ ［清］彭定求编：《全唐诗》，中华书局 1992 年版，第 1119 页。

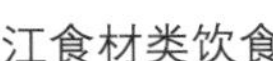

寻蟹”就体现出了当时捕捉蟹的方式与场景（见图 3－2）。

图 3－2　青蟹

吴越国时期，政府专设蟹户，负责捕蟹，史载“钱氏间置鱼户、蟹户，专掌捕鱼蟹”。[①] 这说明捕蟹成为一种政府鼓励甚至是保护的行业。另外，史载显德五年（958 年），后周皇帝周世宗（柴荣）派陶穀以翰林学士的身份出使吴越国，忠懿王钱俶设宴款待，“因食蝤蛑，询其族类。忠懿自蝤蛑至螃蜞，凡十余种以进，穀曰：‘真所谓一蟹不如一蟹也。’”[②]因为蝤蛑形体最大，螃蜞最小，借以讽刺吴越国从钱镠开国之后，三代五王，一个不如一个。至于蝤蛑和螃蜞的大小对比，北宋傅肱也曾论及。他说：“小者谓之螃蜞，中者谓之蟹匡，长而锐者谓之簺，甚大者谓之蝤蛑。”[③]这则“一蟹不如一蟹”的故事说明当时蟹已经成为招待上国来使的重要食材，说明其食用传统在当地已经非常有名气，而且较为普遍。

宋元时期，浙江地区对猪的饲养和食用十分普遍。[宋]浦江吴氏《吴氏中馈录》记载：“肉生法。用精肉切细薄片子，酱油洗净，入火烧红锅、爆炒，去血水、微白，即好。取出，切成丝，再加酱瓜、糟萝卜、大蒜、砂仁、草果、花椒、桔丝、香油拌炒。肉丝临食加醋和匀，食之甚美。”《武林旧事》中就记载了宋高宗

① [宋]傅肱：《蟹谱》卷下下篇《蟹户》，甘肃人民出版社 2008 年版，第 136 页。
② [明]田汝成：《西湖游览志余》，陈志明校，东方出版社 2012 年版，第 450 页。
③ [宋]傅肱：《蟹谱》卷上《总论》，甘肃人民出版社 2008 年版，第 124 页。

巡幸张俊府邸的时候，菜单上就有“熟猪肉三千斤”[①]的记载。同样《武林旧事》中还记载了杭州有食用水晶脍，并且在张俊为宋高宗准备的“御宴”上还有鹌子水晶脍和红生水晶脍，[②]这说明当时以猪肉为主料的肴品烹制水平十分高超。另外，《西湖老人繁胜录》中亦有“内有起店数家，大店每日使猪十口，只不用头蹄血脏。遇晚烧晃灯拨刀，饶皮骨，壮汉只吃得三十八钱，起吃不了皮骨，饶荷叶裹归，缘物贱之故”[③]的记载。

除猪肉外，还有羊肉、鸡肉、鹅肉等皆是宋代杭州人经常食用的肉食食材，《梦粱录》中记载了宋高宗寿宴的时候，有“若向者高宗朝，有外国贺生辰使副，朝贺赴筵，于殿上坐使副，余三节人在殿庑坐。看盘如用猪、羊、鸡、鹅、边骨熟内，并葱、韭、蒜、醋各一碟，三五人共浆水饭一桶而已”。[④] 贺寿共要喝九盏御酒，其中进第四盏御酒时下酒菜食有“炙子骨头、索粉、白肉、胡饼”，第五盏有“群仙炙、天仙饼、太平毕罗、干饭、缕肉羹、莲花肉饼”，第七盏有“排炊羊、胡饼、炙金肠”[⑤]这样的描述，这就说明肉食品种较为丰富。

这里除了之前分析的猪肉之外，羊肉的地位也非常高(见图 3 - 3)。羊肉之所以会有如此的地位，除却宋皇室南渡带来的饮食习惯之外，也与当时浙江地区已经培育较好品种的优质肉羊有关。根据《嘉泰吴兴志》记载：“旧编云，安吉、长兴接近江东，多畜白羊。……今乡土间有无角斑黑而高大者曰胡羊。”[⑥]文献中的胡羊就是现今我们所称的湖羊。不过因为成本较高，其数量相对比较少，所以就有诗写道：“平江九百一斤羊，俸薄如何敢买尝？只把鱼虾充两膳，肚皮今作小池塘。”[⑦]显然说明羊肉的食用不是普通百姓能够消费的，更多的是供应皇室或是政府官员，这从文献当中亦可窥探一二，除了之前提及的《武林旧事》中有关张俊接待宋高宗宴席中出现了大量与羊有关的菜肴，比如羊舌签、片羊头、烧羊、烧羊头、羊舌托胎羹等。另外，在陆游的《老学庵笔记》中有“建炎以来，尚苏氏文章，学者翕然从之，而蜀士尤盛，亦有语曰：‘苏文熟，

---

① [宋]四水潜夫：《武林旧事》卷九《高宗幸张府节次略》，浙江人民出版社 1984 年版，第 150 页。

② [宋]四水潜夫：《武林旧事》卷二《元夕》第 32 页，卷六《市食》第 97 页，卷七《乾淳奉亲》第 119 页，卷九《高宗幸张府节次略》第 141、143 页。

③ [宋]西湖老人：《西湖老人繁胜录》，浙江人民出版社 1983 年版，第 113 页。

④ [宋]吴自牧：《梦粱录》，浙江人民出版社 1980 年版，第 17 页。

⑤ [宋]吴自牧：《梦粱录》，浙江人民出版社 1980 年版，第 18 - 19 页。

⑥ [宋]谈钥纂修：《嘉泰吴兴志》第 704 册卷二〇《物产・羊》，上海古籍出版社，第 249 页。

⑦ [宋]洪迈：《夷坚志》之《夷坚丁志》卷一七《三鸦镇》，中华书局 1981 年版，第 682 - 683 页。

吃羊肉；苏文生，吃菜羹'"[①]的描写，描述了只有熟读文章才能吃到羊肉，说明羊肉食用存在于上层社会当中。陆游的《仲秋书事》诗云："赐食敢思烹细项。"自注："昔为仪曹郎并兼领膳部，每蒙赐食，于王公略等。食品中有羊细项，甚珍。"[②]也说明皇帝会将羊肉赏赐给臣下，以示恩宠。

图 3-3　红烧羊肉

鸡、鸭、鹅禽类是宋元时期人们比较日常的副食品，只要从这个时期用这三种禽类作为原料的肴馔的数量上可见一斑。《梦粱录》所记家禽有鸡、鸭、鹅，并讲到"鸡有数种，山鸡、家鸡、朝鸡"[③]。当时杭州人养鸡鸭鹅是比较多，比如林逋《杂兴四首》有"石上琴尊苔野净，篱阴鸡犬竹丛疏"；[④]姜夔《出北关》有"蒲叶浸鹅项，杨枝蘸马头"；[⑤]张镃《漫兴》有："茅舍丝瓜弱蔓堆，漫坡鹎鸭去仍回"。[⑥] 这些诗文都说明鸡鸭鹅是当时杭州人除了猪、羊、水产之外最主要的肉食来源。《武林旧事》所记"作坊"中有爊炕鹅鸭，所记"市食"中有八䭔鹅鸭、炙鸡鸭、煎鸭子，所记"䶑鲊"中有鹅鲊。[⑦]《梦粱录》中有鸡丝签、鸡元鱼、鸡脆丝、

① [宋]陆游：《陆放翁全集》之《老学庵笔记》，中国书店 1986 年版，第 49 页。
② [宋]陆游：《陆放翁全集》之《剑南诗稿》，中国书店 1986 年版，第 22 页、1066 页。
③ [宋]吴自牧：《梦粱录》，浙江人民出版社 1980 年版，第 170 页。
④ 北京大学古文献研究所编：《全宋诗》，北京大学出版社 1991 年版，第 1212 页。
⑤ 北京大学古文献研究所编：《全宋诗》，北京大学出版社 1998 年版，第 32043 页。
⑥ [宋]张镃：《南湖集》卷六，当代中国出版社 2014 年版，第 174 页、第 250 页。
⑦ [宋]四水潜夫：《武林旧事》，浙江人民出版社 1984 年版，第 96 页、97 页、99 页。

笋鸡鹅、柰香新法鸡、酒蒸鸡、炒鸡蕈、五味焙鸡、鹅粉签、鸡夺真、五味杏酪鹅、绣吹鹅、间笋蒸鹅、鹅排吹羊大骨、麻饮小鸡头、汁小鸡、小鸡元鱼羹、小鸡二色莲子羹、小鸡假花红清羹、撺小鸡、燠小鸡、五味炙小鸡、小鸡假炙鸭、红熬小鸡、脯小鸡、假熬鸭、野味鸭盘兔糊、冻鸡、炙鸡、八焙鸡、红熬鸡、脯鸡、熬鸭、八糙鹅鸭、白炸春鹅、炙鹅、糟鹅事件、鲜鹅鲊和灌熬鸡粉羹等家禽菜。① 这些都说明了当时鸡鸭的饲养盛行。

明清时期，鸡鸭一直为杭州地区主要的肉食食料。［明］田艺蘅《留青日札》卷三十一《汤火鸭》载："广东汤煏鸭卵出雏，浙江火焙鸭卵出雏，皆异。"②当时一般人家还是有养鸭的，这是讲述浙江地区如何制作鸭肉的情况。《鸡鹅妖》载："又，家长老言：正德间余族人家生一鸡，四足，不食而死。"③可见，食用鸡鸭等食俗已经进入到一些文学故事的构建之中，成为文学生活的一部分，映照了当时的饮食生活现实情况。清代朱彭《晓次塘栖，柬同学诸子》："淡烟浦溆沉鱼网，初日坡塘散鸭船。"④清代时期，杭州地区的鸭子主要是以"麻鸭"为主，全身麻灰色，体型中小，利用附近隋唐以及田庄的遗穗来进行养殖，一般春秋孵化。时至今日，浙江绍兴麻鸭、浙江缙云麻鸭皆是我国重要的遗产品质资源。

明清时期杭州地区的水产则更为丰富。以鲥鱼为例，鲥鱼在明代时期被列入贡品之列。正是因为上有所需，下有所效。宦官到江南等地采办鲥鱼，多有发生搜括榨取的现象。［明］韩邦奇《富阳民谣》中有记载："富阳江之鱼，富阳山之茶，鱼肥卖我子，茶香破我家。采茶妇，捕鱼夫，官府拷掠无完肤。昊天胡不仁，此地亦何辜。鱼胡不生别县，茶胡不生别都？富阳山，何日摧？富阳江，何日枯？山摧茶亦死，江枯鱼始无。山难摧，江难枯，我民不可苏！"⑤百姓苦不堪言。另外，明代时期的鱼市较之宋代有了明显发展，［明］张岱《西湖梦寻》卷二《岣嵝山房》载："邻人以山房为市，蓏果、羽族日致之，而独无鱼。乃潴溪为壑，系巨鱼数十头。有客至，辄取鱼给鲜。"⑥另外，还有一种名为石首鱼的品种，产于东海，四五月中，杭人载冰出洋，贩至省城进行贩卖，可见鱼市的兴

① ［宋］吴自牧：《梦粱录》卷一六，浙江人民出版社 1980 年版，第 143、144、145 页。
② ［明］田艺蘅：《留青日札》，朱碧莲点校，上海古籍出版社 1992 年版，第 583 页。
③ ［明］田艺蘅：《留青日札》，朱碧莲点校，上海古籍出版社 1992 年版，第 595 页。
④ ［清］丁丙辑：《北郭丛钞》，吴晶、周膺点校，当代中国出版社 2014 年版，第 54 页。
⑤ 蒋增福，夏家鼐编注：《历代诗人咏富阳》，延边大学出版社 1999 年版，第 87 页。
⑥ ［明］张岱：《陶庵梦忆西湖梦寻》，夏咸淳、程维荣校注，上海古籍出版社 2001 年版，第 196－197 页。

盛。不过，值得注意的是，明代时期已出现竭泽而渔的现象。明薛章宪《塘栖观捕鱼》就讲到："塘栖倚棹观取鱼，渔师矫捷如猎师。插竹编箔为周阹，意在竭泽无遗余。"[①]捕的时候是"戟钩弩括纷腾挐，木拥枪累如储胥。狙公以智笼群狙，白龙鱼服困豫且。淘河鹈鹕杂舂锄，搅触清审成黄淤"，[②]作者感叹："结绳代罟思古初，庖牺燧人如畋渔。网目四寸恢而疏，鱼不满尺市不鬻。仰首于邑为长吁！"[③]由此可见，当时水产还是杭州城一项重要的食料来源。到了清代时期，鲥鱼依然在被列为贡品，并且清乾隆时诗人谢墉就把富春江的鲥鱼比作鱼中西施，其诗文有"网得西施国色真，诗云南国有佳人"的描述。另外，陆以湉《冷庐杂识》记载："杭州鲥初出时，豪贵争以饷遗，价甚贵，寒窭不得食也"[④]，可见，鲥鱼是当时杭州的贵族们争相食用的水产。水产的丰富和渔业的兴盛带动了以水产为原料的食用方法。清代袁枚《随园食单·水族有鳞单》有载："土步鱼：杭州以土步鱼为上品，而金陵人贱之，目为虎头蛇，可发一笑。肉最松嫩，煎之煮之蒸之俱可。加腌芥作汤作羹尤鲜。"[⑤]土步鱼亦称塘鳢鱼、土婆鱼、蒲鱼、虎头鲨，多产于苏、浙、皖等地湖泊、内河、小溪中。

《随园食单·水族有鳞单》还载："醋搂鱼：用活青鱼，切大块，油灼之，加酱、醋、酒喷之。汤多为妙。俟熟即速起锅。此物杭州西湖上五柳居最有名，而今则酱臭而鱼败矣。甚矣宋嫂鱼羹，徒存虚名，《梦粱录》不足信也。鱼不可大，大则味不入；不可小，小则刺多。"[⑥]醋搂鱼是京帮传统名菜，现为醋溜鱼（见图 3－4）。五柳居是宋朝由北方人前往开设的一家菜馆。宋嫂鱼羹指宋五嫂制作的"鱼羹"，原名为"赛蟹羹"，是用桂鱼制作，后称宋嫂鱼羹。《随园食单·水族有鳞单》又有记载："连鱼豆腐：用大连鱼煎熟，加豆腐，喷酱水，葱、酒滚之，俟汤色半红起锅。其头味尤美。此杭州菜也。用酱多少，须相鱼而行。"[⑦]今杭州传统名菜"鱼头豆腐"即此菜。《随园食单·水族无鳞单》还有"酱炒甲鱼：将甲鱼煮半熟去骨，起油锅炮炒，加酱水、葱椒收汤成卤，然后起锅。此杭州法也。"的说法。[⑧] 另外，清张履祥《补农书》卷下："临平多畜鳝鱼，鳝鱼

---

① [清]张之鼐：《栖里景物略》，浙江摄影出版社 2006 年版，第 183 页。
② [清]张之鼐：《栖里景物略》，浙江摄影出版社 2006 年版，第 183 页。
③ [清]张之鼐：《栖里景物略》补遗卷，周膺、吴晶点校，当代中国出版社 2014 年版，第 226－227 页。
④ [清]陆以湉：《冷庐杂识》，崔凡芝点校，中华书局 1984 年版，第 244 页。
⑤ [清]袁枚：《随园食单》，周三金注释，中国商业出版社 1984 年版，第 85 页。
⑥ [清]袁枚：《随园食单》，周三金注释，中国商业出版社 1984 年版，第 87 页。
⑦ [清]袁枚：《随园食单》，周三金注释，中国商业出版社 1984 年版，第 86－87 页。
⑧ [清]袁枚：《随园食单》，周三金注释，中国商业出版社 1984 年版，第 92 页。

食圭，名曰荡鰦，并不必捞草。池小则畜鰦鱼，亦一道也。鰦鱼种临平买。草鱼、白鲢、螺青诸种，本地可买。湖州畜鱼秧过池名曰花子，其利更厚。”这说明鰦鱼的产地在临平。

图 3-4　西湖醋鱼

除了水产之外，蟹的食用也在杭州十分兴盛。李渔论食，钟情于蟹，认为“旋剥旋食则有味”，故云：“凡食蟹者，只合全其故体，蒸而熟之，贮以冰盘，列之几上，听客自取自食。剖一筐，食一筐，断一螯，食一螯，则气与味纤毫不漏。出于蟹之躯壳者，即入于人之口腹，饮食之三昧，再有深入于此者哉？凡治他具，皆可人任其劳，我享其逸，独蟹与瓜子、菱角三种，必须自任其劳。旋剥旋食则有味，人剥而我食之，不特味同嚼蜡，且似不成其为蟹与瓜子、菱角，而别是一物者。”[①]可见，蟹的食用已经十分成熟。

第三节　植物性食材

先秦时期，今日浙江地域在越国疆域范围。《国语》记载有“（越国）载稻与脂于舟以行，国之孺子之游者，无不餔也，无不歠也，必问其名。非其身之所种则不食，非其夫人之所织则不衣，十年不收于国，民俱有三年之食”[②]说明越国以稻米为主粮；《吴越春秋》有“拣择精粟而蒸，还于吴”，[③]“士有疾病，不能随军从兵者，吾予其医药，给其糜粥，与之同食”[④]的记载。这里的“粟”应指稻米，古

---

① ［清］李渔：《李渔全集》第 3 卷，浙江古籍出版社 1992 年版，第 256 页。
② ［春秋］左丘明：《国语》，鲍思陶点校，齐鲁书社 2005 年版，第 310 页。
③ ［东汉］赵晔：《吴越春秋校注》，岳麓书社 2006 年版，第 239－240 页。
④ ［东汉］赵晔：《吴越春秋校注》，岳麓书社 2006 年版，第 266 页。

代同物异名的情况很多。吴越同风同俗，可证越人蒸食或煮食稻米的饮食传统悠久。

宋元时期浙江食用稻米的方式方法更多，产生的稻米类食品名目亦多。《梦粱录》中就记有粳有早占城、红莲、礌泥乌、雪里盆、赤稻和黄籼米，糯有杜糯、光头糯和蛮糯等多个品种。[①] 另《梦粱录》中还记载了当时杭州米店出售有早米、晚米、新破砻、冬舂、上色白米、中色白米、红莲子、黄芒、上稗、粳米、糯米、箭子米、黄籼米、蒸米、红米、黄米、陈米等不同品种，当然这些米类并非全来自杭州本地。多数是通过运河从周边省市运过来，以补充京畿之地城市居民的生活所需和漕政之需。《武林旧事》记有糖糕、蜜糕、栗糕、粟糕、麦糕、豆糕、花糕、糍糕、雪糕、小甑糕、蒸糖糕、生糖糕、蜂糖糕、线糕、闲炊糕、干糕、乳糕、社糕、重阳糕多种糕点。[②]《梦粱录》记有丰糖糕、乳糕、镜面糕、重阳糕、枣糕、拍花糕、糖蜜糕等糕点。这些糕点的原料主要是稻米制成的米粉。这说明宋代以来，浙江特色小吃与点心的制作技艺已经十分成熟。通过劳动人民的伟大创造，各式中式传统米糕食品制作技艺产生了。

明代浙江各地主粮还是以水稻为主，兼有黍、麦、粟、菽。根据万历《杭州府志》记载："谷属凡六，一曰稻，为粳、为糯；二曰黍，为黄、为白、为黑；三曰稷，惟一种；四曰麦，为麰为秫为穬为荞；五曰菽，为黄豆，为白豆，为赤豆，为青豆，为斑豆，为褐豆，为豌豆，为豇豆，为绿豆，为寒豆，为刀豆，为羊眼豆，六曰麻，为芝麻，为胡麻。稻之名色甚众，大都不出粳、糯二种，但早晚不同。仁和、钱塘、海宁种多晚，余杭早晚半之，余县多早。黍有黄白二种，山县多种之。黑黍种之者少。荞麦治为面，土人忌于柏树板上切食。芦穄或称芦粟，山县种之。豌豆俗呼蚕豆，田塍蔬圃皆种之。"

清代时期，浙江主要地区人们日常主食依然以米饭为主。所谓"南人之饭，主要品为米，盖炊熟而颗粒完整者，次要则为成糜之粥"。[③] 由此可见，水稻依然占据主要地位的。根据《乾隆杭州府志》记载了当时有诸多水稻品种，文献中记载："粳稻、占城稻早熟，曰'红莲'；中熟曰'礌泥乌''雪里盆'；晚熟曰'赤稻'、曰'黄籼稻'。"这其中占城稻是宋代传入杭州地区的，其稻粒稍细，相对其他水稻品种来说比较耐旱。杭嘉湖平原基本上都有种植这些稻种。

---

① [宋]吴自牧：《梦粱录》，浙江人民出版社 1980 年版，第 162 页。

② [宋]四水潜夫：《武林旧事》，浙江人民出版社 1984 年版，第 100 页。

③ [清]徐珂：《清稗类钞》，中华书局 1986 年版，第 6383 页。

清代饮食文献中有关浙江地区利用米粉、面粉制作的各类小吃点心的记录，数量繁多。袁枚《随园食单》中有百果糕、糖饼等点心记载；生活在嘉庆、道光年间的施鸿保在《乡味杂咏》中，又有清汤面、凉拌面、笋丝面、羊肉馒头、蟹馒头、松毛包子、盘面饺、水饺、青白汤团、蓑衣团、月饼、年糕、栗糕、黄条糕（枣糕）、乌饭糕等点心记载，从这些点心的原材料看出，除却利用水稻制成米粉烹调的米糕之类，还有利用麦类制作的面粉，进而烹调的各类面食。如袁枚的《随园食单》中记载了诸多以小麦为原料的食物举例如下：

鳝面：熬鳝成卤，加面再滚。此杭州法。①

糖饼：糖水溲面，起油锅令热，用箸夹入，其作成饼形者，号"软锅饼"。杭州法也。②

百果糕：杭州北关外卖者最佳，以粉糯、多松仁、胡桃，而不放橙丁者为妙。其甜处，非蜜非糖，可暂可久，家中不能得其法。③

金团：杭州金团，凿木为桃、杏、元宝之状，和粉搦成入木印中便成，其馅不拘荤素。④

风枵：以白粉浸透制小件，入猪油灼之。起锅，加糖糁之。色白如霜，上口而化。杭人号曰"风枵"。⑤

主粮以外，浙江地区广泛食用各类果蔬。秦汉魏晋南北朝时期浙江地区常见的蔬菜主要有竹笋、莼、姜、瓜、韭、山药、芜菁、芹、葵等 10 多种。以竹笋为例，《永嘉记》曰："含蓊竹笋，六月生，迄九月，味与箭竹笋相似。凡诸竹笋，十一月掘土取皆得，长七八寸。长泽民家，尽养黄苦竹。永宁南汉，更年上笋——大者一围五六寸：明年应上今年十一月笋，土中已生，但未出，须掘土取；可至明年正月出土讫。五月方过，六月便有含蓊笋。含蓊笋迄七月、八月。九月已有箭竹笋，迄后年四月，竟年常有笋不绝也。"⑥这是浙江永嘉之地所产竹笋的文献记载。《齐民要术》在谈到江南作物时，有"永嘉美瓜，八月熟；至十

① [清]袁枚：《随园食单》，周三金注释，中国商业出版社 1984 年版，第 125 页。
② [清]袁枚：《随园食单》，周三金注释，中国商业出版社 1984 年版，第 127 页。
③ [清]袁枚：《随园食单》，周三金注释，中国商业出版社 1984 年版，第 130 页。
④ [清]袁枚：《随园食单》，周三金注释，中国商业出版社 1984 年版，第 132 页。
⑤ [清]袁枚：《随园食单》，周三金注释，中国商业出版社 1984 年版，第 136 页。
⑥ [后魏]贾思勰：《齐民要术校释》，缪启愉校释，中国农业出版社 1998 年版，第 361 页。

一月，肉青瓤赤，香甜清快，众瓜之胜”[①]的记载。这也印证了浙江有着悠久的甜瓜种植历史。

莼菜是江南地区特有的蔬菜。据《晋书·张翰传》载，齐王冏辟张翰为大司马东曹椽，在洛阳。张翰因见秋风起，乃思吴中菰菜、莼羹、鲈鱼脍，说：“人生贵得适志：何能羁官数千里以要名爵乎？”遂命驾而归。后人常用“莼羹鲈脍”作为辞官归乡的典故。又据《世语新说·言语》：王武子问陆机江南有什么东西可以与北方羊酪相比，陆机答复，“有千里莼羹，但未下盐豉耳。”当时人誉为名对。许浑《九日登樟亭驿楼》诗云：“鲈鲙与莼羹，西风片席轻。”[②]李郢《友人适越路过桐庐寄题江驿》诗文：“麦陇虚凉当水店，鲈鱼鲜美称莼羹。”[③]这都是浙江食莼菜以及以莼菜寄托乡思闲愁的文献记录。

宋元时期，人们善于食用各类蔬菜并且利用蔬菜制作各种菜肴。《梦粱录》记载了浙江发达地区大量食用蔬菜的名目：“东菜西水，南柴北米”，杭之日用是也。薹心矮菜、矮黄、大白头、小白头、夏菘。黄芽，冬至取巨菜，覆以草，即久而去腐叶，以黄白纤莹者，故名之。芥菜、生菜、菠菜、莴苣、苦荬、葱、薤、韭、大蒜、小蒜、紫茄、水茄、梢瓜、黄瓜、葫芦（又名蒲芦）、冬瓜、瓠子、芋、山药、牛蒡、茭白、蕨菜、萝卜、甘露子、水芹、芦笋、鸡头菜、藕条菜、姜、姜芽、新姜、老姜。菌，多生山谷，名“黄耳蕈”，东坡诗云：“老楮忽生黄耳簟，故人兼致白牙姜。”盖大者净白，名“玉簟”，黄者名“茅簟”，赤者名“竹菇”，若食须姜煮。”从文献中可以看到这个时期蔬菜品种丰富，为菜肴制作提供了大量的基础性食材。

明代浙江著名养生家高濂在其《遵生八笺》“家蔬类”中，将浙江蔬菜具体品种一一罗列。文献记载到：“皆余手制，曾经知味者笺入，非漫录也。或传有不同，悉听制度。”所收家蔬类原材料涉及瓜、茄、牛奶茄、青梅、黄瓜、冬瓜、蒜苗、芥菜、芥菜籽、绿豆、绿豆芽、梨、香橼、笋、萝卜，菘菜、白菜、水芹、胡萝卜、萝卜、莴苣、芝麻、茭白、韭、姜、春不老菜薹、黄芽菜，调料、配料涉及橘皮、紫苏、薄荷、生姜、杏仁、桂花、甘草、黄豆、大椒、花椒、胡椒、莳萝、茴香、砂仁、麸皮、蒜、葱、糟、酱、盐、糖、醋、酒、芥花。”[④]这些罗列的蔬菜名录，完全就是一份珍贵的浙江植物性饮食文化遗产代表性项目的潜在名录。

① ［后魏］贾思勰：《齐民要术校释》，缪启愉校释，中国农业出版社 1998 年版，第 152 页。

② 《全唐诗》第八函第八册卷五二九，上海古籍出版社 1986 年版，第 1340 页。

③ 《全唐诗》第九函第七册卷五九〇，上海古籍出版社 1986 年版，第 1506 页

④ ［明］高濂：《遵生八笺·饮馔服食笺·中卷》，王大淳等整理，人民卫生出版社 2007 年版，第 362－372 页。

蔬菜的广泛食用，使得蔬菜类型的肴馔也层出不穷。《吴氏中馈录》记载："茭白鲊：鲜茭切作片子，焯过，控干。以细葱丝、莳萝、茴香、花椒、红麴研烂，并盐拌匀，同腌一时，食。藕梢鲊同此造法。""糖醋茄：取新嫩茄切三角块，沸汤漉过，布包榨干，盐腌一宿。晒干，用姜丝、紫苏拌匀，煎滚糖醋泼浸，收入瓷器内。瓜同此法。"还有蒜冬瓜、造榖菜、黄芽菜、倒菹菜、脆琅玕等蔬菜肴馔的制作方法。元代蔬菜肴馔也不少。《居家必用事类全集》记载："食香萝卜切作骰子块。盐腌一宿。日中晒干。切姜丝橘丝莳萝茴香拌匀。煎滚常醋泼。用磁器盛日中曝干。收贮。……蒜茄儿，深秋摘小茄儿擘去蒂揩净。用常醋一椀。水一椀。合和煎微沸。将茄儿焯过控干。捣碎蒜并盐和冷定。酸水拌匀。纳磁坛中为度。……蒜黄瓜深秋摘小黄瓜。醋水焯用蒜如前法。"还有腌韭花、胡萝卜菜、蒲笋鲊、藕稍鲊等。

此外，明清以来浙江人食白菜、食笋和食莼菜的传统值得一提。白菜是浙江人广泛开发利用的家常蔬菜之一，流传至今的冬腌菜、泡白菜、霉干菜，其食用史就非常之悠久。《乾隆杭州府志》转引《万历杭州府志》记载："杭人呼长梗，白冬月之菜，惟此宜久藏。"另，清代赵学敏《本草纲目拾遗》卷八记载："干冬菜(陈冬菜卤、陈芥菜卤、粪金子)：冬菜乃白菜。杭俗小雪前后，居人率市白菜，以盐腌之作虀，藏为御冬及春时所食，名曰冬菜。颇利膈下气，其卤汁煮豆及豆腐食，能清火益肺，诚食中佳品也。至春分后，天渐暖，菜亦渐变黑色，味苦不堪食，以之晒作干，饭锅上蒸黑，再晒再蒸，如此数次，乃曝之极燥，贮缶器中，可久藏不坏，名曰霉干菜，即干冬菜也。年久者，出之颇香烈开胃，噤口痢及产褥，以之下粥，大有补益。……近日笕桥人所市者，乃萝卜英所干，与芥菜干蒸晒成者，皆不入药。须人家冬白菜腌作，蒸晒年久者为佳。《群芳谱》有造黑腌虀法：用白菜如法腌透，取出，挂于桁上，晒极干，上甑蒸熟，再晒干收之，极耐久藏，夏月以此虀和肉炒，可以久留不臭，即今干冬菜也。"①此文献中记载说明，杭州地区白菜在小雪之后开始进行腌制。作为过冬的蔬菜，腌制后的白菜味道鲜美，且可以长时间储存，延长可食时段。这是人们的生存智慧。

竹笋一直以来都是浙江山地和平原地区经常食用的植物性食材之一。[明]朱长春《养疴慧因寺秋雨歌》："四山鑫烟雨转急，高风拉拉破寺壁。秋山乍冷不措意，僮仆无衣昼眠席。香积火死饥未餐，僧人淅米客行汲。荒凉且作一饱余，山鹊下厨窥户虚。岩明竹笋卧泥沔，瓜畦豆架随秋渠。深山此物赖供

① [清]赵学敏：《本草纲目拾遗》，闫志安、肖培新校注，中国中医药出版社 2007 年版，第 326 页。

给，客游虽暂良堪歔，人生不得常安居。"[①]可见，竹笋常为人们所食用。［明］张岱《西湖梦寻》卷二《岣嵝山房》也有"岣嵝山房，逼山、逼溪、逼韬光路，故无径不梁，无屋不阁。……寺僧刳竹引泉，桥下交交牙牙，皆为竹节。天启甲子，余键户其中者七阅月，耳饱溪声，目饱清樾。山上下多西栗、边笋，甘芳无比"的记载。［清］薛宝辰《素食说略》卷四云："天目笋汤：每篓约一斤有余，味咸，色微青。每用两许，多用亦可。以开水浸之，其浸软之笋，拣去老不食者去之。余则或划丝，或切片，或与豆腐干、豆腐皮同煨，或与别菜同煨，均佳。浸笋之水，则素蔬中之好汤，不可弃也。"[②]这条资料说明了天目笋的制作过程，并且指出浸泡过笋的清水，亦是做汤的好基料。另，《随园食单·杂素菜单》曰："煨三笋：将天目笋、冬笋、问政笋煨入鸡汤，号'三笋羹'。"[③]天目笋，系杭州天目山所产，它取嫩笋尖腌制而成，俗称"扁尖"。《随园食单》载："天目笋多在苏州发卖，其篓中盖面者最佳，下二寸便搀入老根硬节矣。须出重价专卖其盖面者数十条，如集狐成腋之义。"[④]这些都说明笋的流行（见图3-5）。

图3-5 天目笋

① ［明］李翥：《慧因寺志》卷十，徐吉军、曹中孚标点，引自《杭州文献集成》第一册，杭州出版社2014年版，第683页。

② ［清］薛宝辰撰：《素食说略》，王子辉注释，中国商业出版社1984年版，第54页。

③ ［清］袁枚：《随园食单》，周三金注释，中国商业出版社1984年版，第110页。

④ ［清］袁枚：《随园食单》，周三金注释，中国商业出版社1984年版，第113页。

莼菜的食用史前已提及，而在明清以来，这一传统没有断过。《西湖游览志余》载："杭州莼菜，来自萧山，惟湘湖为第一。四月初生者，嫩而无叶，名雉尾莼，叶舒长，名丝莼，至秋则无人采矣。刘士亨《寄魏文靖公》诗有云：'当代推公独擅场，李唐诗句汉文章。湘湖春晚多风味，莼菜樱桃次第尝。'宋时，沈文通《送施密学守钱唐》诗有云：'湖山满目旧游在，何日从公醉紫莼？'疑其时莼或亦自越中来也。闻之渔人云：'西湖第三桥近出莼菜，不下湘湖者。'"①明中叶，浙江人沈明臣有"西湖莼菜胜东吴，三月春波绿满湖，新样越罗裁窄袖，著来人设似罗敷"，"花满苏堤柳满烟，采莼时值艳阳天"的描述。十月小阳春，正是采摘西湖莼菜的季节。时至今日，西湖莼菜已然是杭州的西湖名菜（见图3-6）。

图3-6　采摘莼菜

宋元时期的瓜果品种也是十分丰富。从文献记载中可以看出，瓜果经常成为重大节日必不可少之物。《东京梦华录》载："唯州南清风楼最宜夏饮，初尝青杏，乍荐樱桃……时果则樱桃、李子、金杏、林檎之类。"又载："是时螯蟹新出，石榴、榅勃、梨、枣、栗、葡萄、弄色枨桔，皆新上市。"杭州市面上可以见到的瓜果品种，为数不少。《梦粱录·果之品》载："果之品橘，富阳王洲者佳。橙，有脆绵木。梅，有消便糖透黄。桃，有金银、水蜜、红穰、细叶、红饼子。李，有

① ［明］田汝成：《西湖游览志余》卷二四，陈志明校，东方出版社2012年版，第449页。

透红、蜜明、紫色。杏,金麻。柿,方顶、牛心、红柿、柿、牛奶、水柿、火珠、步檐、面柿。梨,雪糜、玉消、陈公莲蓬梨、赏花霄、砂烂。枣,盐官者最佳。莲,湖中生者名'绣莲',尤佳。瓜,青白黄等色,有名金皮、沙皮、密瓮、筒、银瓜。藕,西湖下湖、仁和护安村旧名范堰产扁眼者味佳。菱,初生嫩者名沙角,硬者名馄饨,湖中有如栗子样,古塘大红菱。林檎,邬氏园名'花红'。郭府园未熟时以纸剪花样贴上,熟如花木瓜,尝进奉,其味蜜甜。枇杷,无核者名椒子,东坡诗云:'绿暗初迎夏,红残不及春。魏花非老伴,卢橘是乡人。'木瓜,青色而小,土人剪片爆熟,入香药货之,或糖煎,名木瓜。樱桃,有数名称之,淡黄者甜。石榴子,颗大而白,名'玉榴';红者次之。杨梅,亦有数种,紫者甜而颇佳。葡萄,黄而莹白者名'珠子',又名'水晶',最甜。紫而玛瑙色者稍晚。鸡头,古名'芡',又名'鸡壅',钱塘梁诸、头,仁和藕湖、临平湖俱产,独西湖生者佳,却产不多,可筛为粉。银杏。栗子。甘蔗,临平小林产,以土窖藏至春夏,味犹不变,小如芦者,名荻蔗,亦甜。"①从文献中表明瓜果品种丰富多样,味道也得到了人们的普遍认可,并有以果入馔,或对鲜果进行腌制加工的技艺出现。瓜果肴馔在宋元时期更加精致,用料十分讲究,且具有养生内涵。《山家清供》记载:"山栗、橄榄,薄切同拌,加盐少许同食,有梅花风韵,名梅花脯。"《吴氏中馈录》记载:"蒜梅:青硬梅子二斤,大蒜一斤,或囊剥净,炒盐三两,酌量水煎汤,停冷,浸之。候五十日后,卤水将变色,倾出,再煎其水,停冷,浸之入瓶。至七月后,食,梅无酸味,蒜无荤气也。"②

明代时期,杭州地区的水果品种不胜枚举。张岱《陶庵梦忆》卷四《方物》中讲到杭州物产有西瓜、鸡豆子、花下藕、韭芽、玄笋、糖栖蜜橘。明代钱塘人卢之颐所撰《本草乘雅》记载:"武林栖水出蜜橘,凡数十品,名金钱穿心者,虽秀色可观,又不如佛肚脐,形小皮癞,甘美可口,霜降采取,气足味足,密藏至春,剖皮抽脉,破囊吮汁,亦可振醒精神,为得名破疑之助。"③又"橘饼"条曰:"浙制者及衢橘所作,圆径不及三寸,且皮色黯黑而肉薄,味亦苦劣。出塘栖者为蜜橘饼味差胜,然亦不及闽中者。"④另外,[明]卢振明《愿圃饷橘》载:"霜冷江村入五湖,焰如火齐裂珊瑚。小窗劈后怜吟社,远寺携来赠酒徒。土物□微

① [南宋]吴自牧:《梦粱录》,傅林祥注,山东友谊出版社2001年版,第253页。

② [宋]浦江吴氏:《吴氏中馈录》,引自张宇光编:《中华饮食文献汇编》,中国国际广播出版社2009年版,第139页。

③ [明]卢之颐:《本草乘雅半偈》,冷方南、王齐南校点,人民卫生出版社1986年版,第141页。

④ [清]赵学敏:《本草纲目拾遗》,闫志安、肖培新校注,中国中医药出版社2007年版,第256、257页。

藏客肆，乡悉路远□官厨。鸳鸯水涸芙蓉老，莫倚传家有木奴。”[①]由此可见，橘子在杭州的盛行。杨梅在明代时期开始为杭人所食用。高濂《遵生八笺·四时调摄笺·春卷》：“杭州俗，酿趁梨花时熟，号曰梨花春。”[②]郑文灏《杨梅》诗称：“向说杨家果，盛称皋亭山。檀园著咏后，阒绝百岁间。土性既相宜，风物当更还。分曹赋方产，此题未可删。”，另外，[明]陈耀文《天中记》记载：“杨梅坞在南山烟霞岭近瑞峰石，坞内有金姆家甚盛，俗称杨梅坞”。是故，明代西湖周边种植的杨梅，在诗人们看来，别具一番风情。

明代时期，杭州枇杷、樱桃、栗子在江浙都十分有名。有关文献记载，也开始大量出现。[明]丁养浩《问枇杷》云：“与子交何深？见子多黄金。黄金有时尽，愿言诚君心。”《枇杷答》中曰：“黄金何足奇？黄金有尽时。愿言托松柏，岁寒逞幽姿。”由此可见，枇杷当时在杭人心目中的地位非常高。以明代杭州府来说，萧山盛产的樱桃，是地方每年都要按时进贡的贡品。栗子在明代时期亦开始盛行食用。张岱《西湖梦寻》卷二《冷泉亭》：“亭后西栗十余株，大皆合抱，冷飔暗樾，遍体清凉。秋初栗熟，大若樱桃，破苞食之，色如蜜珀，香若莲房。”[③]《万历杭州府志·风俗志》：“（八月）蒸栗糕，押五色纸旗于上，供神及祖先。”可见，栗子是可以被用来做成糕点食用的。

清代时期，浙江地区的果品十分丰富，不过大都承继了明代时期的情况。清代何琪《唐栖志略》卷上有“小丁山……其外村落多枇杷、橙、橘、梅、杏、桃、李之树”的描述，[④]就十分准确地描写了当地常见果品之丰饶。

第四节　传承保护利用现状

1992 年，中国签署并加入了《生物多样性公约》。1994 年，中国发布《中国生物多样性保护行动计划》。1995 年开始，我国启动了畜禽种质资源保护项目，根据“重点、濒危、特定性状”保护原则，保护传统畜禽品种。2006 年，我国施行《畜牧法》以及《畜禽遗传资源保种场保护区和基因库管理办法》等 10 个

---

① [清]丁丙：《武林坊巷志（第 7 册）》，浙江人民出版社 1990 年版第 685 页。

② [明]高濂：《遵生八笺·四时调摄笺·春卷》，王大淳等整理，人民卫生出版社 2007 年版，第 86 页。

③ [明]张岱：《陶庵梦忆西湖梦寻》，夏咸淳、程维荣校注，上海古籍出版社 2001 年版，第 186 页。

④ [清]何琪辑：《唐栖志略》卷上，顾志兴标点，载《杭州文献集成》第一册，杭州出版社 2014 年版，第 768 页。

配套法规。

2012年6月，浙江省人民政府通过了《浙江省种畜禽管理办法》。2013年，为加强种畜禽生产经营和畜禽遗传资源管理，维护种畜禽生产经营秩序，促进畜禽遗传资源保护与开发，根据《中华人民共和国畜牧法》《浙江省种畜禽管理办法》（浙政令〔2012〕298号），浙江省农业厅重新修订了《浙江省种畜禽场和畜禽遗传资源保种场管理规范》。在《浙江省畜禽遗传资源保护名录》中，已经对具有浙江区域特性的猪、鸡、鸭、鹅、牛、羊、蜂进行了种质遗传保护。具体名单如下。

猪：金华猪、嘉兴黑猪、淳安花猪、碧湖猪、江山乌猪、岔路猪、嵊县花猪、仙居花猪、龙游乌猪、兰溪花猪。

鸡：仙居鸡、江山乌骨鸡、白耳黄鸡、灵昆鸡、萧山鸡、龙游麻鸡、丝羽乌骨鸡。

鸭：绍兴麻鸭、缙云麻鸭、媒头鸭。

鹅：浙东白鹅、永康灰鹅、太湖鹅、江山白鹅。

牛：温州水牛、舟山黄牛、温岭高峰牛、天台黄牛、北沙牛。

羊：湖羊、长江三角洲白山羊。

蜂：浙江中蜂、浙江浆蜂。

而浙江入选"国家地理标志保护产品"中，亦有很多通过科学养殖的水产，成为浙江人餐桌上的肴馔。如宁波岱衢族大黄鱼、南麂列岛大黄鱼、千岛湖鱼（见图3－7）、三门青蟹、余姚甲鱼、青田田鱼、开化清水鱼、慈溪泥螺、长街蛏

图3－7　千岛湖鱼

子、嵊泗贻贝等。入选"国家地理标志保护产品"的浙江畜禽名品及其制品有：缙云麻鸭、湖州太湖鹅、金华两头乌猪、湖州湖羊、仙居鸡、永康灰鹅、安吉竹林鸡、龙游麻鸡、象山白鹅、金华火腿、余姚咸蛋、余姚皮蛋。可以说，浙江山珍海味，可食者众多。浙江十分贴切地体现了"靠山吃山，靠海吃海"的老话。而在这些动物性食材，尤其是对水产的食用历史，让浙江先民创造出许多独特的饮食加工制作技艺和渔猎传统习俗，使其成为重要的饮食文化遗产。

2000年，我国农业农村部启动了农作物种质资源保护和利用项目。但是，由于种质资源保护重视程度不够，缺乏专业保护机构，发掘利用相对滞后，鉴定和利用配套设施不完善，日常维护经费不足，有效交流与共享不够，[①]导致浙江省实施的重大育种专项未能制订明确的种质资源共享惠益机制，且尚未建立科学公正的知识产权界定和利益分享机制，育种人的权益难以得到有效保护。[②] 随着我国《种子法》的修订，浙江省可以从做好顶层设计，分类开展保护；坚持保护和利用相结合；加强种质资源库(圃)建设；加强种质资源引进与交换等方面多管齐下，提升种质资源管理水平。[③]

1999年，原国家治理技术监督局发布了《原产地域产品保护规定》。2005年，国家市场监督管理总局制定并发布了《地理标志产品保护规定》。2008年，农业农村部颁布实施了《农产品国家地理标志管理办法》，对来源于特定地域，产品品质和相关特征主要取决于自然生态环境和历史人文因素的农业的初级产品，以地域名称冠名实施地理标志农产品等级。自国家层面到各省市，这些地理标志管理办法或规定，在一定程度和范围保护了特定的代表性禽畜或植物作物。

浙江入选"国家地理标志保护产品"植物性食材数量繁多，以果蔬为主。举例如下：鄞州雪菜、慈溪葡萄、秀洲槜李、桐乡槜李、同康竹笋、建德草莓、路桥枇杷、舟山晚稻杨梅、温岭高橙、象山红柑橘、慈溪杨梅、义乌红糖、浦江葡萄、临海西兰花、缙云米仁、里叶白莲、金华佛手、兰溪小萝卜、常山猴头菇、永康方山柿、云和雪梨、塘栖枇杷(见图3-8)、兰溪杨梅、黄岩红糖、永康五指岩生姜、泰顺猕猴桃、兰溪枇杷、诸暨短柄樱桃、溪口雷笋、凤桥水蜜桃、黄岩东魁

① 阮晓亮、石建尧：《浙江省农作物种质资源现状与保护利用对策的探讨》，《浙江农业科学》2008年第1期，第3页。

② 徐振萍：《浙江省农作物种质资源保护利用水平的若干思考》，《中国种业》2016年第12期，第25页。

③ 徐振萍：《浙江省农作物种质资源保护利用水平的若干思考》，《中国种业》2016年第12期，第25-26页。

图 3-8 塘栖枇杷

杨梅、金塘李、慈溪蜜梨、永康舜芋、建德西红花、淳安覆盆子、嵊州香榧、玉环文旦、黄岩蜜橘、杨庙雪菜、青田杨梅、枫桥香榧、宁海白枇杷、余姚榨菜、慈溪麦冬、余姚杨梅、庆元甜橘柚、常山胡柚、岱山沙洋晒生、缙云茭白、董家茭白、天目笋干、萧山萝卜干、胥仓雪藕、丽水枇杷、二都杨梅、仙居杨梅、嵊州桃形李、处州白莲、缙云黄花菜、婺州蜜梨、桐琴蜜梨、江山猕猴桃、临海蜜橘、登步黄金瓜、海盐葡萄、姚庄黄桃、浦江桃形李、鸬鸟蜜梨、丁宅水蜜桃、文成杨梅、黄岩茭白、安吉竹笋、七里茄子、庆元香菇、开化黑木耳。这些食材的背后，都有人们传承下来的加工制作技术以及与相关食材密切关联的饮食传统与习俗。

而在浙江，西湖莼菜、鸬鸟蜜梨、萧山杨梅、萧山白对虾、余杭黄湖白壳哺鸡笋、杭州清蒸鲥鱼、千岛湖枇杷、千岛湖水蜜桃、桐庐番薯干、富阳芦笋、钟山蜜梨、临安猕猴桃、临安白果、临安山核桃（见图 3-9）、新登半山桃子、三都柑橘、大洋螃蟹、三围村蔬菜、三家村藕粉等农产品皆是市级以上的“地理标志保护产品”。它们中的多数依然是现在老百姓一年四季餐桌上的首选。但是例如鲥鱼，因养殖难度大，生存环境要求高，产量少，逐渐淡出浙江人家常菜谱之中。

另外，由于全球重要农业文化遗产（GIAHS）概念自 2002 年由联合国粮农

图 3-9　临安山核桃

组织(FAO)提出后,中国政府和社会各界开始更加深刻与紧迫地认识到保护我国生物多样性的重要性。中国自 2005 年开始参与全球重要农业文化遗产项目的立项和申报工作,目前有 11 个项目入选,如浙江青田“传统稻鱼共生农业系统”,对江南的“饭稻羹鱼”文化遗产进行了传承、保护。虽然 GIAHS 与我国饮食文化遗产保护对象、方式、评价机制有较大区别。但是这样的农业遗产保护经验与模式对我们开展浙江食材类饮食文化遗产保护和利用工作具有极好的启示意义。

以上分析说明浙江省在农作物和禽畜资源保护和管理方面开展了一些工作,但是取得的成绩相对还是比较少。入选《国家级畜禽遗传资源保护名录》的浙江畜禽还是比较少,这与浙江省作为资源大省的身份不符。因此对浙江动物性和植物性食材资源的收集、整理、鉴定、登记、保存、交流、共享和利用等各项工作需要进行规范和管理,相关的规范和管理标准也需要产学研和政府联动起来,共同探讨。

第四章

浙江技艺类饮食文化遗产

浙江乃至国内其他省市的绝大多数非遗美食项目归入了“非遗十大类”的“技艺类”之中。少数非遗美食项目或较多涉及“饮食”内容的项目是在民俗类、民间音乐类、民间文学类和美术类之中。2011 年，江苏省烹饪协会提出了一份关于《关于传统饮食制作技艺的非遗保护认定标准》的建议报告。江苏省烹饪协会负责人介绍道：这份建议报告化繁为简，不再以菜肴、面点、小吃、腌腊、宴席及作料等饮食品种来进行一一分类，而是总设 1 个大类“传统饮食制作技艺类”后，以下分为 5 个非遗代表性项目，具体为：“饮食制作技艺类”“习俗食品制作技艺类”“区域风味饮食制作技艺类”“原生调味品饮品制作技艺类”“传统特殊方法主辅料处理、制作技艺类”。这份报告虽然对传统饮食制作技艺的非遗保护认定标准有所细化，尤其是强化了非遗美食的“制作技艺”属性。但是该报告却忽视了食材、食俗、饮食文献以及饮食器具文化等非物质文化遗产项目的自身特性，缺憾不可谓不大。技艺类饮食非遗项目只是我国各地非遗美食项目的重要组成部分。为了在全社会推广非物质文化遗产的传承保护和利用，针对技艺类饮食文化遗产，如果按照食品的行业类型进行划分，则会更加便于大众理解。故而，我们将浙江技艺类饮食文化遗产代表性项目划分为传统菜肴烹饪技艺、饮品类制作技艺、面点小吃类制作技艺、调味品及腌制类制作技艺和其他非遗美食技艺五大具体项目类型。由于我国采用传统特殊方法加工和制作食品的技艺方法很多，上述 5 大非遗美食技艺类型依然无法完全覆盖全部的非遗美食技艺，但是从理论研究和社会推广、实践操作层面来说，已经有了很大进步。

第一节　传统菜肴类烹饪技艺

为了更好地认识浙江各个地区的饮食类非物质文化遗产代表性项目基本情况，我们依据浙江省11个地级市发布的历年非物质文化遗产代表性项目名录，统计和分析其中的饮食类非遗项目。这11个地级市分别是杭州市、宁波市、温州市、嘉兴市、湖州市、绍兴市、金华市、衢州市、舟山市、台州市、丽水市。

截至2020年8月，第六批浙江省非物质文化遗产代表性项目名录尚未发布。前五批浙江省省级传统宴席、菜肴类烹饪技艺项目有衢州市申报的衢州乌米系列食品制作技艺(2016第五批省级)、建德市申报的严州府菜点制作技艺(2012第四批省级)、温州市鹿城区申报的瓯菜烹饪技艺(2012第四批省级)、绍兴市申报的绍兴菜烹饪技艺(2012第四批省级)、十六回切家宴(2012第四批省级)、杭州市西湖风景名胜区申报的杭州楼外楼传统菜肴烹制技艺(2009第三批省级)、台州市温岭市申报的松门白鲞传统加工技艺(2009第三批省级)、杭州市余杭区申报的径山茶宴(2009第三批省级)、泰顺县申报的百家宴(2009第三批省级)、绍兴市申报的绍兴乌干菜制作与烹饪技艺(2009第三批省级)、宁波市申报的状元楼宁波菜烹制技艺(2009第三批省级)、杭帮菜烹饪技艺(2007第二批省级)。前五批浙江省非物质文化遗产代表性名录中，共计有12项省级传统菜肴类烹饪技艺项目。

截至2020年，浙江11个地级市市级非遗名录发布的批次数量，差异比较大。如温州市已经发布了11批次的温州市级非物质文化遗产代表性名录，发布的批次数量最多。其他省内各地绝大多数发布的批次在七批左右。从“浙江市级传统菜肴类烹饪技艺项目统计表”中，我们可以较为清晰地看到浙江市级以上传统菜肴类烹饪技艺项目的具体名称、申报地区或单位、申报时间和批次。需要说明的是：以“宴席”为名申报的非遗项目，均是由具体的菜肴组成。故而诸如“径山茶宴”“围千宴”“伯温家宴”等非物质文化遗产项目，我们皆归入浙江菜肴类烹饪技艺项目名录之中。此外，我们把一些海鲜制品、豆制品、药膳食品也作为“菜肴”的一种表现形式，归入到其中(见表4-1)。

表 4-1 浙江市级传统菜肴类烹饪技艺项目统计表

项目名称	申报地区或单位	申报时间和批次
桂花食品制作技艺	杭州市西湖风景名胜区	2012 年第四批
严州府菜点制作技艺	杭州市建德市	2009 年第三批
杭帮菜烹饪技艺	杭州市非物质文化遗产保护工作委员会办公室①	2006 年第一批
径山茶宴	杭州市余杭区	2006 年第一批
围千宴	宁波市余姚市余姚酒楼	2018 年第五批
宁波菜烹饪技艺(东福园宁波菜烹饪技艺)	宁波东福园餐饮管理有限公司	2015 年第四批扩展项目
甬菜制作	宁波市鄞州区	2008 年第二批
苍南炊虾技艺	温州市苍南县	2015 年第九批
泽雅豆腐鲞制作技艺	温州市瓯海区	2014 年第八批
怀溪番鸭烧制技艺	温州市平阳县	2014 年第八批
畲族乌米饭烧制技艺	温州市平阳县、泰顺县	2014 年第八批
伯温家宴	温州市文成县	2014 年第七批
永高鱼饼制作技艺	温州市瓯海区	2014 年第七批
“豆腐娘”制作技艺	温州市泰顺县	2014 年第七批
瓯菜烹饪技艺	温州市鹿城区	2008 年第二批
泰顺百家宴	温州市泰顺县	2008 年第二批
蒲岐鲨鱼加工技艺	温州市乐清市	2008 年第二批
海鲜药膳	温州市洞头区	2008 年第二批
嘉兴粽子制作技艺(真真老老粽子制作技艺、德荣恒粽子制作技艺)	嘉兴市	2019 年第六批
嘉兴传统豆浆饭糍制作技艺	嘉兴市南湖区	2019 年第六批
糟鲤板制作技艺	嘉兴市平湖市	2019 年第六批
澉浦红烧羊肉制作技艺	嘉兴市海盐县	2019 年第六批

① 杭帮菜烹饪技艺项目的申报主体和传承单位已经变更为杭帮菜博物馆。

（续表）

项目名称	申报地区或单位	申报时间和批次
新塍羊肉烧制技艺	嘉兴市秀洲区新塍镇	2015 年第五批
长安宴球制作技艺	嘉兴市海宁市	2010 年第四批
海宁缸肉制作技艺	嘉兴市海宁市	2009 年第二批增补
嘉兴五芳斋粽子制作工艺	嘉兴市浙江五芳斋集团	2008 年第二批
平湖糟蛋制作工艺	嘉兴市平湖市	2008 年第二批
练市柴火羊肉制作技艺	湖州市南浔区练市镇湖羊产业协会	2019 年第七批
洪桥千张制作技艺	湖州市长兴县洪桥镇	2015 年第六批
梁山宝菜	湖州市安吉香榧湾酒家	2015 年第六批
荻港陈家菜烹饪技艺	湖州荻港徐缘生态旅游开发有限公司	2012 年第五批
毛腌太监鸡制作技艺	湖州市南浔区善琏镇	2008 年第二批
张一品酱羊肉烹制技艺	湖州市德清县新市镇	2008 年第二批
道墟蒸羊肉技艺	绍兴市上虞区	2015 年第六批
绍兴乌干菜制作与烹饪技艺	绍兴市	2013 年扩展项目
绍兴菜烹饪技艺	绍兴市	2010 年第四批
绍兴鱼干制作技艺	绍兴市	2009 年第三批
乌干菜制作技艺	绍兴市	2008 年第二批
转轮岩风肉制作技艺	金华市兰溪市	2013 年第五批
白石素鸡制作技艺	衢州市常山县	2018 年第六批
开化青蛳烹饪技艺	衢州市开化县	2018 年第六批
清水鱼养殖技艺	衢州市开化县	2018 年第六批
桐村三层楼烹饪技艺	衢州市开化县	2018 年第六批
乌烛饭	衢州市	2015 年第五批
柴叶豆腐制作技艺	衢州市常山县	2012 年第四批
开化苏庄炊粉①	衢州市开化县	2008 年第二批

① 炊粉是粉蒸菜的当地称谓，属于菜肴制作技艺，被归入了民俗类。

（续表）

项目名称	申报地区或单位	申报时间和批次
舟山海鲜系列传统加工技艺（长白泥螺腌制技艺、嵊山螺浆腌制技艺、枸杞海蜓加工技艺、花鸟石花菜产品加工技艺）	舟山市定海区、嵊泗县	2010年第二批扩展项目
舟山海鲜系列传统加工技艺	舟山市定海区、普陀区、岱山县、嵊泗县	2008年第二批
仙居神仙豆腐制作技艺	台州市天台县	2017年第六批
松门白鲞制作技艺	台州市温岭市	2008年第二批
畲族医药	丽水市畲族医药研究会	2006年第一批

2020年4月10日，杭州市上城区人民政府关于公布第七批上城区非物质文化遗产代表性项目名录中，杭州皇饭儿王润兴酒楼有限公司申报的“王润兴烹饪技艺”入选。2019年5月20日，杭州市拱墅区文化和广电旅游体育局发布了第七批拱墅区非物质文化遗产代表性项目名录推荐项目名单。其中，杭州茶素膳药水梁文化创意有限公司和杭州市传统文化促进会申报的“运河船点制作技艺”，浙江省子衿文化创意有限公司申报的“杭州传统银茶酒器制作技艺”，杭州香积寺申报的“香积寺祭灶习俗”入选。2019年1月9日，杭州市萧山区人民政府公布的第七批萧山区非物质文化遗产代表性项目名录中，萧山区临浦镇横一村村民委员会申报的“梅里炝柿子”、萧山区义桥镇罗幕村村民委员会和萧山区义桥镇富春村村民委员会联合申报的“三江口捕鱼技艺”、杭州建长湾农业有限公司申报的“吉山麻糍制作技艺”、杭州淼旺农产品有限公司申报的“传统番薯粉丝刨制技艺”入选。此外，2014年杭州市临安区第六批非物质文化遗产名录中，浙西马啸流水宴、索面制作技艺、竹盐制作技艺入选。

虽然第七批杭州市级非物质文化遗产代表性项目名录尚未发布，但是通过上述杭州各县（区）申报的饮食类非遗项目来说，杭州对非遗美食项目还是非常注重和关心的。从类型上来说，浙江省内县（区）级还有很多的传统宴席、菜肴类烹饪技艺有待进一步挖掘（见图4－1）。

图 4－1　杭帮菜烹饪专家胡忠英先生在杭帮菜博物馆展示传统烹饪技艺

第二节　饮品类制作技艺

以茶酒为代表的非物质文化遗产代表性项目是我国各地非遗项目中数量较多的项目类型。浙江作为绿茶、黄酒等饮品的主要产地，较为注重饮品类非物质文化遗产的传承和保护。2020 年 4 月 27 日，杭州市西湖区人民政府发布的第六批西湖区非物质文化遗产代表性项目名录推荐名单中，桂花龙井制作技艺、小麻花传统制作技艺、豆制品传统制作技艺入选。虽然龙井绿茶制作技艺早就是国家级非遗项目，但是杭州西湖区文广旅游体育局等主管机构，还在不断地挖掘类似“桂花龙井制作技艺”的项目。此外，2016 年第七批桐庐县非物质文化遗产名录候选项目名单中，旧县街道申报的“母岭桂花酒酿制技艺”、富春江镇申报的“芦茨红茶制作技艺”在列。通过“浙江市级饮品类制作技艺项目统计表”，我们可以比较直观了解到浙江范围内的饮品类非遗项目。饮品品种中，主要以浙江各地特色的绿茶、红茶、黄酒、烧酒、米酒为主（见表 4－2）。

表 4-2　浙江市级饮品类制作技艺项目统计表

项目名称	申报地区或单位	申报时间和批次
天尊贡芽制作技艺	杭州市桐庐县	2016 年第六批
下沙大麦烧酿制技艺	杭州市下沙经济开发区	2014 年第五批
梅花泉酒酿造技艺	杭州市西湖区	2009 年第三批
红曲酒酿造技艺	杭州市余杭区	2009 年第三批
绿茶制作技艺(雪水云绿茶制作技艺、顺溪大方茶制作技艺)	杭州市临安区、桐庐县	2009 年第三批
严东关致中和酿酒技艺	杭州市建德市	2006 年第一批
西湖龙井茶采摘和制作技艺	杭州市西湖区	2006 年第一批
九曲红梅茶制作技艺	杭州市西湖区	2006 年第一批
绿茶制作技艺(北仑绿茶制作技艺)	宁波市北仑孟君茶叶有限公司	2015 年第四批
朗霞豆浆制作技艺	宁波市余姚市朗霞干大林豆浆店	2010 年第三批
瀑布茶制作技艺	宁波市余姚市	2008 年第二批
传统米酒酿造技艺(黄酒酿造技艺、蜜沉沉酒酿造技艺、天关山白酒酿造技艺)	温州市瑞安市、泰顺县	2019 年第十一批
林秀阁鲍氏凉茶制作技艺	温州市永嘉县	2019 年第十一批
五肾茶制作技艺	温州市苍南县	2019 年第十一批
茶山黄叶茶制作技艺	温州市瓯海区	2015 年第九批
仙桂月子酒	温州市永嘉县	2015 年第九批
仙堂白酒酿造技艺	温州市苍南县	2015 年第九批
温州老酒汗制作技艺	温州市鹿城区	2014 年第八批
泽雅乌豆酒酿造技艺	温州市瓯海区	2014 年第八批
文成竹窨制茶技艺	温州市文成县	2014 年第八批
传统红酒酿制技艺	温州市文成县、泰顺县	2014 年第八批
南塘人家烧	温州市鹿城区	2014 年第七批
郑家园麦麦酒酿造技艺	温州市龙湾区	2014 年第七批

（续表）

项目名称	申报地区或单位	申报时间和批次
永嘉白酒烧制技艺	温州市永嘉县	2014 年第七批
瑞安糟烧制作技艺	温州市瑞安市	2012 年第六批
红蜜烧酿造技艺	温州市文成县	2012 年第六批
黄汤茶制作技艺	温州市平阳县、泰顺县	2012 年第六批
风药酒制作技艺	温州市泰顺县	2012 年第六批
乌衣红粬酿制技艺	温州市苍南县	2012 年第六批
米醴琼酒酿造技艺	温州市瓯海区	2011 年第五批
乐清铁皮枫斗传统加工技艺	温州市乐清市	2011 年第五批
乌衣红粬酿制技艺	温州市文成县	2011 年第一、第二、第三、第四批扩展名录
乌衣红粬酿制技艺	温州市泰顺县	2009 年第四批
温州绿茶制作技艺（乐清雁荡毛峰、永嘉乌牛早、泰顺三杯香）	温州市乐清市、永嘉县、泰顺县	2008 年第二批
温州蒸馏酒传统酿造技艺（瑞安老酒汗）	温州市瑞安市	2008 年第二批
黄酒酿制技艺（平湖黄酒制作技艺、沈荡黄酒酿制技艺）	嘉兴市平湖市、海盐县沈荡镇	2015 年第五批
蒸馏酒传统酿造技艺（乌镇三白酒酿造技艺）	嘉兴市乌镇旅游股份有限公司	2010 年第四批
杭白菊传统加工技艺	嘉兴市桐乡市	2010 年第四批
“章园茗茶”制作技艺	嘉兴市经济开发区塘汇街道	2009 年第三批
乌程白酒酿造技艺	湖州市浙江乌程酒业有限公司	2019 年第七批
畲族山哈酒制作技艺	湖州市安吉县章村镇	2015 年第六批
乾昌黄酒轮缸酿制技艺	湖州乾昌酒业有限责任公司	2012 年第五批
莫干黄芽制作技艺	湖州市德清县莫干山镇	2010 年第四批
箬下春酒制作技艺	湖州市长兴县雉城镇	2010 年第四批
温山御荈茶制作技艺	湖州市太湖度假区白雀乡	2008 年第二批

（续表）

项目名称	申报地区或单位	申报时间和批次
紫笋茶制作技艺	湖州市长兴县水口乡	2008 年第二批
白茶制作技艺	湖州市安吉县天荒坪镇、溪龙乡	2008 年第二批
梓坊雀舌茶制作技艺	湖州市安吉县昆铜乡	2008 年第二批
绿茶制作技艺（平水日铸茶制作技艺、天姥禅茶制作技艺）	绍兴市柯桥区、新昌县	2020 年第七批扩展项目
越红工夫茶制作技艺	绍兴市诸暨市	2020 年第七批
蒸馏酒传统酿造技艺（袁氏高粱烧酿制技艺）	绍兴市嵊州市	2020 年第七批扩展项目
绿茶制作技艺（“前冈煇白”制作技艺）	绍兴市嵊州市	2015 年扩展项目
绿茶制作技艺（仙家岗芽茶制作技艺）	绍兴市嵊州市	2013 年扩展项目
蒸馏酒传统酿造技艺（梅渚糟烧酿造技艺）	绍兴市新昌县	2013 年扩展项目
嵊州珠茶制作技艺	绍兴市嵊州市	2010 年第四批
同山烧酿制技艺	绍兴市诸暨市	2008 年第二批
绍兴黄酒酿制技艺	绍兴市	2006 年第一批
婺州方茶制作技艺	金华市	2018 年第七批
瀔溪春酿酒技艺	金华市兰溪市	2018 年第七批
东白山茶炒制技艺	金华市东阳市	2018 年第七批
道人峰茶加工技艺	金华市义乌市	2018 年第七批
云峰茶制作技艺	金华市磐安县	2018 年第七批
金樱子酒酿造技艺	金华市磐安县	2018 年第七批
官酱园老酒酿造技艺	金华市兰溪市	2015 年第六批
毛峰茶制作技艺	金华市兰溪市	2015 年第六批
青柴棍酒酿造技艺	金华市义乌市	2015 年第六批
梅江烧酿造技艺	金华市兰溪市	2013 年第五批

（续表）

项目名称	申报地区或单位	申报时间和批次
武义绿茶（武阳春雨）传统制作技艺	金华市武义县	2013 年第五批
义乌红曲传统制作技艺	金华市义乌市	2010 年第四批
金华酒酿制技艺（东阳酒制作技艺、武义红曲酒制作技艺）	金华市东阳市、武义县	2010 年扩展项目
泼露清酒制作技艺	金华市浦江县	2009 年第三批
绿茶制作技艺（“浦江春毫”制作工艺）	金华市浦江县	2009 年第三批
武义大曲制作技艺	金华市武义县	2008 年第二批
金华酒制作技艺（兰溪缸米黄酒、丹溪红曲酒、金华寿生酒）	金华市	2008 年 扩展项目
金华酒	金华市	2006 年第一批
义乌红曲酿酒	金华市义乌市	2006 年第一批
婺州举岩茶	金华市	2006 年第一批
江山糯米酒制作技艺	衢州市江山市	2015 年第五批
开化御玺贡芽制作技艺	衢州市开化县	2015 年第五批
方山茶制作技艺	衢州市龙游县	2012 年第四批
米酒制作技艺	衢州市龙游县	2012 年第四批
葛粉制作技艺	衢州市开化县	2009 年第三批
开化龙顶茶手工制作技艺	衢州市开化县	2008 年第二批
观音莲花茶制作技艺	舟山市普陀区	2018 年第六批
石艾茶制作技艺	舟山市嵊泗县	2018 年第六批
烧酒杨梅制作工艺	舟山市定海区	2010 年第四批
德仁坊老酒酿制技艺	舟山市普陀区	2008 年第二批
普陀山佛茶制作工艺	舟山市普陀山管委会	2008 年第二批
胡本草堂补元茶制作技艺	台州市临海市	2020 年第七批
玉环火山茶制作技艺	台州市玉环市	2020 年第七批

（续表）

项目名称	申报地区或单位	申报时间和批次
宁溪传统糟烧酿制技艺	舟山市黄岩区	2014 年第五批
天台红曲酒传统酿造技艺	舟山市天台县	2014 年第五批
龙乾春茶制作技艺	台州市黄岩区	2009 年第三批
同康酱酒酿造技艺	台州市椒江区	2009 年第三批
羊岩勾青茶制作技艺	台州市临海市	2008 年第二批
天台山云雾茶制作技艺	舟山市天台县	2008 年第二批
山哈酒酿造技艺	丽水市景宁畲族自治县	2016 年第六批
红曲米传统制作工艺	红曲米传统制作工艺	2012 年第五批
遂昌白曲酒酿造技艺	丽水市遂昌县	2009 年第三批
端午茶	丽水市松阳县	2008 年第二批
惠明茶手工制作技艺	丽水市景宁县	2006 年第一批

2009 年，杭州市建德市第三批非物质文化遗产名录项目名单中，建德市大慈岩镇、大洋镇申报的“建德土酒系列酿制技艺（红曲、大曲、水酒、蜜酒、甜酒等）”入选。水酒、蜜酒、甜酒等一些新式饮料逐渐走进非遗名录之中。浙江省内各地特色的茶饮、酒饮以及其他酿造类饮品项目还需进一步挖掘。

第三节　面点小吃类制作技艺

浙江地区的面点小吃非遗项目众多（见表 4－3）。这里所指的面点主要是通过米、麦、豆或杂粮制成的粉状粮食原料，配以肉类、蛋、乳、蔬菜、果品、鱼虾等食材，将其调制成坯及馅，成形后，通过油炸、蒸制等烹调方法而制成的方便食品。如浙江地区的长面、索面、面饼、米粉等。

小吃主要是指主食以外的间歇性、点缀性食品。小吃的制作原料一般采取就地取材的原则，能够非常突出地反映当地的物质文化及社会生活风貌，是一个地区不可或缺的重要特色食品。如各式糕点、臭豆腐、冻米糖、鱼丸等。

与其他非遗美食项目比起来，浙江面点小吃类制作技艺项目最多。面点小吃也是最受大众百姓喜欢的美食内容，是邻里间情感交流的一部分。

表4-3 浙江市级面点小吃类非遗项目统计表

项目名称	地区	申报时间和批次
桐庐山村小吃制作技艺	杭州市桐庐县	2016年第六批
芹川麻酥糖制作技艺	杭州市淳安县	2016年第六批
传统茶食制作技艺	杭州市余杭区	2014年第五批
杭州豆腐制作技艺(横畈豆腐干制作技艺、钟山豆腐干制作技艺)	杭州市临安区、桐庐县	2012年第四批
蜜饯制作技艺	杭州市余杭区	2012年第四批
奎元馆传统面食制作技艺	杭州市上城区	2009年第三批
杭州豆腐制作技艺(永昌臭豆腐制作技艺)	杭州市富阳区	2009年第三批 扩展项目
牛肉干面制作技艺	宁波市奉化区玉祥泰食品有限公司	2018年第五批
米豆腐制作技艺	宁波市奉化区莼湖镇街西村村民委员会	2018年第五批
三北豆酥糖制作技艺	宁波市慈溪市同心食品厂	2018年第五批
麻糍制作技艺	宁波市宁海县胡陈乡西翁村	2018年第五批
宁式糕点制作技艺	宁波市梅龙镇酒家有限公司 宁波赵大有食品有限公司	2015年第四批
楼茂记香干制作技艺	宁波市楼茂记食品有限公司	2010年第三批
长面制作技艺	宁波市鄞州区高桥镇芦港村村民委员会	2010年第三批 扩展项目
水碓年糕制作技艺	宁波市余姚市陆埠文化站	2010年第三批 扩展项目
庄式长面制作技艺	宁波市镇海宁波帮故里旅游开发投资有限公司	2010年第三批 扩展项目
糕点制作技艺(龙凤金团、溪口千层饼、象山米馒头、陆埠豆酥糖、梁弄大糕)	宁波市鄞州区、奉化区、象山县、余姚市	2008年第二批
西乡箸面制作技艺	宁波市宁海县	2008年第二批
年糕制作技艺	宁波市江北区	2008年第二批
糕饼制作技艺	温州市苍南县	2019年第十一批

（续表）

项目名称	地区	申报时间和批次
索面制作技艺	温州市瑞安市	2019 年第二批扩展项目
米粉干制作技艺	温州市泰顺县	2019 年第二批
温州小吃(高阳馄饨制作技艺、瓦头锦制作技艺、烧饼制作技艺、敲鱼燕制作技艺)	温州市乐清市、瑞安市、苍南县	2019 年第一批扩展项目
肉燕制作技艺	温州市苍南县	2016 年第十批
县前头汤圆	温州市鹿城区	2015 年第九批
温州鱼丸(阿红鱼丸)	温州市鹿城区	2015 年第九批
南塘豆腐	温州市鹿城区	2015 年第九批
水潭岩衣冻制作技艺	温州市龙湾区	2015 年第九批
纱面制作技艺	温州市龙湾区、苍南县	2015 年第九批
传统苦槠豆腐制作技艺	温州市瑞安市	2015 年第九批
蓬溪糕干制作技艺	温州市永嘉县	2015 年第九批
泰顺酥糖制作技艺	温州市泰顺县	2015 年第九批
九层糕制作技艺	温州市苍南县	2015 年第九批
年糕制作技艺	温州市龙湾区	2014 年第八批
泽雅手工粉干制作技艺	温州市瓯海区	2014 年第八批
番薯类小吃制作技艺	温州市乐清市、洞头区	2014 年第八批
平阳番薯刨制作技艺	温州市平阳县	2014 年第八批
温州小吃(黄华“鳐鱼”烧制技艺、麦头梳制作技艺、米豆腐制作技艺;高长发“茯苓糕”制作技艺;发格糕制作技艺、千层糕制作技艺;平阳炒粉干、腾蛟五香干制作技艺、平阳九层糕制作技艺、钱仓糕点制作技艺;泰顺棉曲糍制作技艺)	温州市乐清市、瑞安市、永嘉县、平阳县、泰顺县	2014 年第八批
三粉	温州市苍南县	2014 年第七批
九层糕制作技艺	温州市龙湾区	2014 年第七批

（续表）

项目名称	地区	申报时间和批次
温州胶冻制作技艺（前街岩衣胶冻制作技艺）	温州市龙湾区	2014 年第七批
乐清传统小吃制作技艺（灯盏糕、清江三鲜面）	温州市乐清市	2014 年第七批
永嘉麦饼制作技艺	温州市永嘉县	2014 年第七批
顺溪黄年糕制作技艺	温州市平阳县	2014 年第七批
继光饼制作技艺	温州市苍南县	2014 年第七批
泰顺小吃	温州市泰顺县	2014 年第七批
温州素面手工制作技艺（龙川索面制作技艺）	温州市文成县	2012 年第六批
温州粉干（丝）手工制作技艺（什锦粉丝制作技艺）	温州市文成县	2012 年第六批
莘塍五香干传统加工技艺	温州市瑞安市	2011 年第五批
五十丈粉干制作技艺	温州市平阳县	2011 年第一、第二、第三、第四批扩展名录
温州小吃（芙蓉麦饼、东乡锡饼、东乡麻糍，墨鱼饼，钱记馄饨，桥墩月饼、泰顺婆饼）	温州市乐清市、洞头区、平阳县、苍南县、泰顺县	2009 年第一批、第二批扩展项目
温州素面手工制作技艺（垟岙素面、朝阳素面）	温州市乐清市	2009 年第一批、第二批扩展项目
温州粉干手工制作技艺（沙岙粉干）	温州市乐清市	2009 年第一批、第二批扩展项目
温州小吃（龙湾寺前街学林馄饨）	温州市龙湾区	2008 年第二批
白象香糕制作技艺	温州市乐清市	2008 年第二批
温州素面手工制作技艺（楠溪素面）	温州市永嘉县	2008 年第二批
温州粉干手工制作技艺（永嘉沙岗粉干）	温州市永嘉县	2008 年第二批
张萃丰蜜饯制作技艺	嘉兴市秀洲区	2019 年第六批

（续表）

项目名称	地区	申报时间和批次
管老太臭豆腐制作技艺	嘉兴市嘉善县	2019 年第六批
麻饼制作技艺	嘉兴市嘉善县	2019 年第六批
朱万昌传统糕点制作技艺	嘉兴市海宁市	2019 年第六批
桐乡传统糕点制作技艺	嘉兴市桐乡市	2019 年第六批
瞎叉三馄饨制作技艺	嘉兴市秀洲区新塍镇	2015 年第五批
传统糕点制作技艺（京式糕点制作技艺、公泰和传统糕点制作技艺、义和升云片糕制作技艺）	嘉兴市嘉兴御庄园食品有限公司、嘉兴市公泰和食品有限公司、嘉善县干窑镇	2015 年第五批
臼打年糕技艺	嘉兴市桐乡市	2009 年第三批
高桥糕点制作技艺	嘉兴市桐乡市	2009 年第三批
姑嫂饼制作技艺	嘉兴市桐乡市	2009 年第三批
新塍小月饼制作技艺	嘉兴市秀洲区	2009 年第二批增补
海盐大头菜制作技艺	嘉兴市海盐县	2009 年第二批增补
西塘八珍糕制作工艺	嘉兴市嘉善县	2008 年第二批
新市芽麦圆子制作技艺	湖州市德清县新市镇	2019 年第七批
下塘欢喜团制作技艺	湖州市德清县钟管镇	2019 年第七批
敦叙堂传统节令糕点制作技艺	湖州市吴兴敦叙堂雪饺店	2019 年第七批
梅花焦制作技艺	湖州市长兴县李家巷镇	2015 年第六批
野荸荠食品制作技艺	湖州市南浔区南浔镇	2010 年第四批
新市茶糕制作技艺	湖州市德清县新市镇	2010 年第四批
双塘雪藕藕粉制作技艺	湖州开发区康山街道	2008 年第二批
泗安酥糖制作技艺	湖州市长兴县泗安镇	2008 年第二批
次坞打面制作技艺	绍兴市诸暨市	2020 年第七批
豆腐包制作技艺	绍兴市诸暨市	2020 年第七批
紫阆黄公糕制作技艺	绍兴市诸暨市	2020 年第七批

（续表）

项目名称	地区	申报时间和批次
嵊州炒年糕技艺	绍兴市嵊州市	2020年第七批
孟大茂香糕制作技艺	绍兴市越城区	2015年第六批
藕粉制作技艺	绍兴市柯桥区	2015年第六批
夹塘大糕制作技艺	绍兴市上虞区	2015年第六批
绍兴臭豆腐制作技艺	绍兴市上虞区	2015年第六批
糟制品制作技艺	绍兴市嵊州市	2015年第六批
榨面制作技艺	绍兴市嵊州市	2015年第六批
同心茶食制作技艺	绍兴市新昌县	2013年第五批
梁湖水磨年糕制作技艺	绍兴市上虞区	2013年第五批
小京生炒制技艺	绍兴市新昌县	2010年第四批
柯桥豆腐干制作技艺	绍兴市	2010年第四批
绍兴霉制品制作技艺	绍兴市	2006年第一批
糖古糕点制作技艺	金华市婺城区	2018年第七批
索面制作技艺	金华市兰溪市、永康市	2018年第七批
汤圆制作技艺	金华市东阳市	2018年第七批
方前小吃制作技艺	金华市磐安县	2018年第七批
聚香园传统糕点制作技艺	金华市	2015年第六批
麻酥制作技艺	金华市永康市	2015年第六批
米筛爬制作技艺	金华市浦江县	2015年第六批
大婺乡传统糕点制作技艺	金华市	2013年第五批
金华毛坦传统制作技艺	金华市	2013年第五批
豆制品制作技艺（永康豆腐干制作技艺）	金华市永康市	2010年 扩展项目
传统手工面制作技艺（浦江一根面制作技艺）	金华市浦江县	2009年第三批
豆腐皮加工技艺（义乌市豆腐皮加工技艺）	金华市义乌市	2009年 扩展项目

（续表）

项目名称	地区	申报时间和批次
金华面饼传统制作技艺（义乌东河肉饼制作技艺）	金华市义乌市	2009 年 扩展项目
金华面饼传统制作技艺（金华酥饼　金华汤包、兰溪鸡子粿、浦江麦饼　婺城“的卜”、永康肉麦饼）	金华市	2008 年第二批
东阳沃面制作技艺	金华市东阳市	2008 年第二批
粉干制作技艺（东阳索粉、磐安粉干）	金华市东阳市、磐安县	2008 年第二批
浦江豆腐皮制作技艺	金华市浦江县	2008 年第二批
武义干糕制作技艺	金华市武义县	2008 年第二批
杜泽传统糕饼制作技艺	衢州市衢江区	2018 年第六批
全旺传统小吃制作技艺	衢州市衢江区	2018 年第六批
酥饼制作技艺	衢州市龙游县	2018 年第六批
常山冻米糖制作技艺	衢州市常山县	2018 年第六批
天马山粉丸制作技艺	衢州市常山县	2018 年第六批
朱氏麻酥糖制作技艺	衢州市开化县	2018 年第六批
球川雪片糕制作技艺	衢州市常山县	2018 年第六批
手工年糕制作技艺	衢州市柯城区	2012 年第四批
米糕制作技艺	衢州市江山市	2012 年第四批
冻米糖制作技艺	衢州市开化县	2012 年第四批
桂花酥糖制作技艺	衢州市衢江区	2009 年第三批
咸酥花生制作技艺	衢州市衢江区	2009 年第三批
气糕制作技艺	衢州市开化县	2009 年第三批
衢江桂花饼制作技艺	衢州市衢江区	2008 年第二批
衢江双桥粉干制作技艺	衢州市衢江区	2008 年第二批
豆腐传统制作技艺（江山、常山）	衢州市江山市、常山县	2008 年第二批
常山贡面制作技艺	衢州市常山县	2008 年第二批
开化塘坞豆腐干制作工艺	衢州市开化县	2008 年第二批

（续表）

项目名称	地区	申报时间和批次
常山焙馃(糕)①	衢州市常山县	2008 年第二批
常山龙门口扁食②	衢州市常山县	2008 年第二批
开化桐村千层糕制作工艺③	衢州市常山县	2008 年第二批
邵永丰麻饼制作技艺	衢州市邵永丰成正食品厂	2006 年第一批
龙游发糕制作技艺	衢州市龙游县小南海镇	2006 年第一批
巴哈鳗干鱼丸面制作技艺	舟山市普陀区	2018 年第六批
岱山倭井潭硬糕制作工艺	舟山市岱山县	2008 年第二批
岱山鼎和园香干制作工艺	舟山市岱山县	2008 年第二批
石塘箬山传统小吃制作技艺	台州市温岭市	2017 年第六批
仙居烧饼制作技艺	台州市天台县	2017 年第六批
天台糯米蛋糕制作技艺	台州市天台县	2014 年第五批
黄岩橘俗	台州市黄岩区	2010 年第四批
台州府城传统小吃	台州市临海市	2010 年第四批
豆制品传统制作技艺	台州市临海市、仙居县	2009 年第三批
玉环鱼面小吃制作技艺	台州市玉环市	2008 年第二批
番薯食品制作技艺	丽水市缙云县	2016 年第六批
黄沙腰烤薯制作技艺	丽水市遂昌县	2010 年第四批
黄粿制作技艺	丽水市景宁县	2010 年第二批 扩展目录
豆腐制作技艺(盐卤豆腐、遂昌豆腐)	丽水市非遗中心、遂昌县	2009 年第三批
黄粿制作技艺	丽水市龙泉、庆元	2008 年第二批
索面制作工艺(缙云索面、北山索面)	丽水市缙云县、青田县	2008 年第二批
缙云烧饼制作工艺	丽水市缙云县	2008 年第二批

① 被归入了民俗类，实际上是点心小吃。
② 被归入了民俗类，实际上是点心小吃。
③ 被归入了民俗类，实际上是点心小吃。

第四节 调味品及腌制类制作技艺

以酱油、醋为代表的调味品以及各种腌制食品，是浙江地区十分具有特色的非遗美食内容（见表4-4）。榨菜、倒笃菜和霉干菜的腌制，香肠、糟鸡和酱鸭的腌制，各种海产品、淡水产品的腌制品，是浙江人民伟大的美食创造。

表4-4 浙江市级调味品及腌制类非遗美食项目统计表

项目名称	申报地区或单位	申报时间和批次
万隆腌腊食品制作技艺	杭州市上城区	2009年第三批
景阳观酱菜制作技艺	杭州市上城区	2009年第三批
蔬菜腌制技艺(倒笃菜腌制、霉干菜制作技艺)	杭州市高新开发区(滨江)、萧山区	2009年第三批
古法糯米醋酿造技艺	宁波市鄞州区鄞州明海酿造有限公司	2018年第五批
岑晁醋制作技艺	宁波长江酿造有限公司	2015年第四批
腌制技艺(邱隘咸齑、余姚笋干菜、奉化羊尾笋)	宁波市鄞州区、奉化区、余姚区	2008年第二批
宁波酱油酿造技艺	宁波市慈溪市、余姚市	2008年第二批
温州卤味制作技艺(藤桥熏鸡制作技艺、老李卤味制作技艺)	温州市鹿城区、苍南县	2019年第十一批
温州高粱肉制作技艺(广进祥高粱肉制作技艺)	温州市鹿城区	2016年第十批
乐清酱油制作技艺	温州市乐清市	2015年第九批
传统腊兔制作技艺	温州市泰顺县	2015年第九批
淡溪杨梅干制作技艺	温州市乐清市	2014年第八批
传统晒酱技艺	温州市泰顺县	2014年第八批
乐清海货糟制技艺	温州市乐清市	2014年第七批
潘瑞源辣椒酱	温州市瑞安市	2014年第七批

（续表）

项目名称	申报地区或单位	申报时间和批次
鱼卤油酿制技艺	温州市洞头区	2014 年第七批
平阳酿醋技艺	温州市平阳县	2014 年第七批
菜油姜传统加工技艺	温州市洞头区	2011 年第五批
同春酱油传统酿造技艺	温州市苍南县	2011 年第五批
鱼生腌制技艺	温州市洞头区	2008 年第二批
嘉兴吴震懋传统卤味制作技艺	嘉兴市	2019 年第六批
禾城陆稿荐酱鸭制作技艺	嘉兴市	2019 年第六批
玫瑰米醋制作技艺	嘉兴市嘉善县	2019 年第六批
白沙湾三矾头海蜇腌制技艺	嘉兴市平湖市	2019 年第六批
豆瓣酱制作技艺	嘉兴市海宁市	2019 年第六批
裕丰米醋酿制技艺	嘉兴市海宁市	2019 年第六批
“桐乡辣酱”酿造技艺	嘉兴市桐乡市	2019 年第六批
杨庙雪菜腌制技艺	嘉兴市嘉善县天凝镇	2015 年第五批
酱油酿造技艺（老鼎丰酱油酿造技艺）	嘉兴市平湖市	2015 年第五批
酱油酿造技艺（沈荡酱油酿造技艺）	嘉兴市海盐县沈荡镇	2010 年第四批
叙昌酱园传统制酱技艺	嘉兴市乌镇旅游股份有限公司	2010 年第四批
榨菜传统制作技艺（桐乡榨菜传统制作技艺）	嘉兴市桐乡市	2010 年第二批扩展目录
三珍斋卤制作技艺	嘉兴市桐乡市	2009 年第三批
斜桥榨菜制作技艺	嘉兴市海宁市	2009 年第二批增补
梅溪酱油酿造技艺	湖州市安吉县梅溪镇	2019 年第七批
青梅酿造技艺	湖州市长兴县林城镇	2019 年第七批
乌梅制作技艺	湖州市长兴县小浦镇	2019 年第七批

（续表）

项目名称	申报地区或单位	申报时间和批次
老恒和酿造技艺（老恒和玫瑰米醋制作技艺、老恒和原杜香酒制作技艺、老恒和玫瑰腐乳制作技艺）①	湖州老恒和酿造有限公司	2012 年第五批
绍兴腐乳制作技艺	绍兴市	2015 年第六批
盖北榨菜制作技艺	绍兴市上虞区	2015 年第六批
酱品制作技艺	绍兴市嵊州市	2015 年 扩展项目
同兴茶食制作技艺	绍兴市新昌县	2013 年第五批
安昌腊肠制作技艺	绍兴市绍兴县	2010 年第四批
酱品制作技艺	绍兴市	2008 年第二批
崧厦霉千张制作技艺	绍兴市上虞区	2008 年第二批
罗埠酱油传统酿造技艺	金华开发区	2018 年第七批
辣酱制作技艺	金华市兰溪市	2018 年第七批
公盛酱油传统酿造技艺	金华市婺城区	2015 年第六批
香醋酿造技艺	金华市兰溪市	2015 年第六批
兰溪小萝卜腌制技艺	金华市兰溪市	2013 年第五批
兰溪三伏老油制作技艺	金华市兰溪市	2008 年第二批
金华火腿（金华火腿、东阳“上蒋火腿”腌制、浦江竹叶熏腿）	金华市	2006 年第一批
常庆香肠制作技艺	衢州市常山县	2015 年第五批
公泰酱油制作技艺	衢州市江山市	2009 年第三批
龙游小辣椒制作技艺	衢州市龙游县	2008 年第二批
榨菜腌制技艺	台州市椒江区	2008 年第二批
鱼跃米醋传统酿造技艺	丽水市莲都区	2016 年第六批
鱼跃土法制酱技艺	丽水市莲都区	2016 年第六批

① 老恒和原杜香酒制作技艺作为酒类制作技艺，应归入本文中的饮品类制作技艺，但是由于申报时作为“老恒和酿造技艺”项目组成部分，故而放置于此。

以浙江安昌地区制作的腊肠技艺为例，其制作技艺为群体传承。在安昌一带，腊肠俗称香肠，因在腊月晾制而称“腊肠”。每到冬令时节，古镇安昌的腊肠挂满民居廊沿窗下，是岁末年夜饭必备之菜，意味“长久团圆”。其制作工序包括：刮肠、切丁、调料、灌肠、晾晒等。用料十分考究，选用上等精肉（以后腿精肉为佳），瘦肥搭配，配以当地绍兴酒、手工酱油、糖等为佐料灌制而成，晾晒5—7天后即成（见图4－2）。

图4－2　安昌腊肠制作技艺

腊肠蒸熟后切片即可食用。熟后的腊肠色泽红润、瘦肉粒呈自然红色或枣红色；脂肪雪白、条纹均匀、不含杂质；手感干爽、腊衣紧贴、结构紧凑、弯曲有弹性；切面肉质光滑无空洞、无杂质、肥瘦分明、手质感好；香气浓郁，略带甜味，入口油而不腻。

烹饪方法简单方便。腊肠隔水蒸半小时后，切片即可食用。腊肠富含各种营养物质，能够帮助有效吸收营养物质，提供人体必需微量元素。

浙江的绍兴菜在食品腌制、发酵和熏制方面独具一格。绍兴菜简称绍菜，以烹制河鲜家禽见长，有浓厚的江南水乡风味，用绍兴酒糟烹制的糟菜、豆腐菜又充满酒乡田园气息。讲究香糯酥绵，鲜咸入味，轻油忌辣，汁浓味重，且因多用绍酒烹制，菜肴醇香隽永。绍兴菜的制作技艺主要体现在咸鲜入味、酱、腌、霉、腊、嵌、醉、焐、炒、扣、卤、冻等方面。[①] 从发酵和腌制方面来说，霉鲜风

① 茅天尧，施琦良：《试论绍兴菜的风格特征》，《楚雄师范学院学报》2018年第5期，第26页。

味、干菜风味、糟醉风味是浙江绍兴菜的主要风味特色。

霉是腌制的一种方式。绍兴菜中，猪肉、鸡肉和各类淡水水产皆可盐腌，而蔬菜大多采取霉腌，如霉笋、霉毛豆、霉丝瓜、霉千张（见图 4－3，图 4－4，图 4－5）、霉苋菜梗、霉干菜、霉豆腐，等等。霉干菜因其色泽乌黑而叫“乌干菜”。一般选用雪里蕻、芥菜、油菜、大白菜等腌制，经过发酵晒干而成，味道清香鲜

图 4－3　切霉千张

图 4－4　扎霉千张

美。绍兴民间视其为生命菜、营养菜、文化菜，为绍兴美食代表菜之一。霉鲜菜品选用蛋白质含量丰富和多膳食纤维素的植物性原料，运用微生物发酵原理，借助温度、湿度的媒介自然发酵而成。生臭熟香，诱人食欲。故绍兴民间有“霉毛豆吊舌头”之说，生动形象表达了其鲜美的特点。①

图 4-5　霉千张成品

霉干菜蒸肉就是一道历史比较悠久的传统菜肴（见图 4-6）。《调鼎集》卷三《特牲部》记载其制作方法：“白菜、芥菜、萝卜菜、花头菜等干切段，先蒸熟，取肥肉切厚大片，拌熟肉易烂，味亦美，盛暑不坏，携之出路更可。”②现代的霉干菜蒸肉基本上也是沿用这一古法。霉干菜也好，其他的腌菜也罢，被绍兴著名的诗人、文学家陆游统称为“咸齑”，并作有“咸齑十韵”一首，流传至今：

九月十月屋瓦霜，家人共畏畦蔬黄。小罂大瓮盛涤濯，青菘绿韭谨蓄藏。

天气初寒手诀妙，吴盐正白山泉香。挟书旁观稚子喜，洗刀竭作厨人忙。

园丁无事卧曝日，弃叶狼籍堆空廊。泥为缄封糠作火，守护不敢非

① 茅天尧，施琦良：《试论绍兴菜的风格特征》，《楚雄师范学院学报》2018 年第 5 期，第 28 页。

② ［清］佚名：《调鼎集》，中国商业出版社 1986 年版，第 131 页。

时尝。

人生各自有贵贱，百花开时促高宴。刘伶病酲相如渴，长鱼大肉何由荐。

冻齑此际价千金，不数狐泉槐叶面。摩挲便腹一欣然，作歌聊续冰壶传。[①]

图 4－6　霉千张蒸肉

霉鲜风味除了霉干菜这样的干菜类型，还有臭豆腐、臭腌菜、臭冬瓜这样的臭食类型。如绍兴臭豆腐是将黄豆采用传统工艺制作成豆腐（见图 4－7），后用苋菜梗汁浸制而成，一般通过油炸后蘸取酱汁食用。产品外酥内嫩、清咸奇鲜，闻着臭吃着香，深受喜欢臭食的群众喜欢。至于绍兴的醉虾、醉蟹、糟鸡等糟醉风味菜肴，更是深受老百姓欢迎。《调鼎集》记载了两种糟鸡的制作方法。其一是：每老酒一斤入盐三两，下锅烧滚取出，冷定贮坛，将鸡切块，浸久不坏。其二是：肥鸡煮熟，飞盐略擦，布包入糟坛三日可用，煨亦可。[②] 浙江台州、宁波等地腌制鱼鲞等海产品的制作技艺还有很多，值得我们进一步挖掘，整理。

① 张春林编：《陆游全集（上）》，中国文史出版社 1991 年版，第 301 页。

② ［清］佚名：《调鼎集》，中国商业出版社 1986 年版，第 280 页。

图 4-7　绍兴臭豆腐

第五节　其他非遗美食制作技艺

稻作、粮油加工、捕鱼、制盐、制糖、制蜜以及其他食品加工技艺同样是饮食类非物质文化遗产的重要组成部分，由于制作方法独特、数量也不是很多，故而我们将其合并在一起进行分析，考察。浙江市级以上的其他类非遗美食制作技艺项目清单可以参考表 4-5。

表 4-5　浙江市级其他类非遗美食制作技艺项目统计表

项目名称	申报地区或单位	申报时间和批次
竹盐制作技艺	杭州市临安区	2014 年第五批
梨膏糖传统制作技艺	杭州市上城区	2012 年第四批
手工榨油技艺	杭州市淳安县	2009 年第三批
传统粮油加工技艺(王升大传统粮油加工技艺)	宁波市路宝食品有限公司	2015 年第四批

（续表）

项目名称	申报地区或单位	申报时间和批次
缸鸭狗传统甜点制作技艺	宁波市采得丰餐饮管理有限公司	2010 年第三批
象山晒盐技艺	宁波市象山县	2008 年第二批
庵东晒盐技艺	宁波市慈溪市	2008 年第二批
九蒸九晒姜制作技艺（瓯海九蒸九晒姜制作技艺、平阳九蒸九晒姜粉制作技艺）	温州市瓯海区、平阳县	2019 年第十一批
传统榨油技艺	温州市文成县	2016 年第十批
传统榨油技艺	温州市苍南县	2015 年第九批
海蜇加工技艺	温州市洞头区	2014 年第八批
三盘虾皮生产技艺	温州市洞头区	2014 年第八批
文成糖金杏制作技艺	温州市文成县	2014 年第八批
瑞安传统制糖技艺	温州市瑞安市	2014 年第七批
温州海盐晒制技艺（苍南海盐）	温州市苍南县	2009 年第一批、第二批扩展项目
温州糖金杏制作技艺（瑞安糖金杏、苍南糖金杏）	温州市瑞安市、苍南县	2009 年第一批、第二批扩展项目
温州海盐晒制技艺（永强海盐）	温州市龙湾区	2008 年第二批
温州麦芽糖制作技艺（文成黄坦糖）	温州市文成县	2008 年第二批
温州糖金杏制作技艺	温州市鹿城区	2008 年第二批
钱塘江捕捞技艺	嘉兴市海宁市	2019 年第六批
海盐晒制技艺	嘉兴市海盐县	2015 年第五批
桐乡晒红菸加工（刨烟）技艺	嘉兴市桐乡市	2015 年第五批
菱湖淡水鱼食品加工技艺	湖州市南浔区菱湖渔业协会	2019 年第七批
仰峰麦芽糖制作技艺	湖州市长兴县煤山镇	2015 年第六批
扯白糖技艺	绍兴市柯桥区	2015 年第六批
香榧采制技艺	绍兴市诸暨市	2010 年第四批

（续表）

项目名称	申报地区或单位	申报时间和批次
绍兴稻作技艺	绍兴市	2009 年第三批
传统榨油制作技艺	金华市兰溪市	2018 年第七批
切糖制作技艺	金华市永康市	2018 年第七批
抽白糖	金华市永康市	2018 年第七批
梨膏制作技艺	金华市武义县、浦江县	2018 年第七批
头粳传统加工技艺	金华市义乌市	2015 年第六批
孔村白糖条制作技艺	金华市义乌市	2013 年第五批
蜜枣加工技艺（义乌蜜枣加工技艺）	金华市义乌市	2009 年 扩展项目
义乌红糖加工	金华市义乌市	2006 年第一批
兰溪蜜枣加工技艺	金华市兰溪市	2006 年第一批
养蜂和蜂产品制作技艺	衢州市龙游县	2018 年第六批
常山中华蜜蜂养殖技艺	衢州市常山县	2015 年第五批
传统榨糖技艺	衢州市常山县	2012 年第四批
养蜂制蜜传统技艺	衢州市江山市	2009 年第三批
传统榨油技艺（常山、开化）	衢州市常山县、开化县	2008 年第二批
沙洋晒生制作技艺	舟山市岱山县	2018 年第六批
黄岩红糖制作技艺	台州市黄岩区	2020 年第七批
海盐制作工艺	舟山市岱山县	2006 年第一批
盐业生产加工技艺	台州市路桥区	2008 年第二批
传统红糖制作技艺	丽水市松阳县	2016 年第六批
车水捕鱼	丽水市缙云县	2010 年第四批
传统榨油技艺	丽水市遂昌县	2009 年第三批
山茶榨油技艺	丽水市青田县	2008 年第二批

浙江各县（区）级别的各种非遗美食项目还有很多，如山妹子食品有限公司申报的“临安山核桃传统加工技艺”入选 2012 年第五批临安区非物质文化

遗产名录项目。浙江省内各种类型的非遗美食类型多样。因而造成很多手工制作的食品、土特产制作技艺以及酒窖、盐场等涉及“饮食”的遗址或场所，它们是很难归入某一种类型的非遗名录之中。

第五章

浙江器具类饮食文化遗产

饮食器具，顾名思义是人类饮食活动中所使用的器皿和工具，凡是与饮食有关的器具，包括炊煮用的灶、鬲（鬶）、甑、釜、铛、铫、炉，加工用的刀、俎，盛贮食物的簋、簠、罐、碗、豆、盘、蝶等，饮水（茶、酒）的壶、杯、盏、注子等，以及箸、匙、叉、刀等助食器，乃至餐桌椅等都可以归入这一范畴。从材质上分，它又有石器、陶器、青铜器、瓷器、金银器、漆器、锡器等各种材质，涵盖了人类文明发展的各个阶段。饮食器具是人们日常生活中最普遍的日用器具，但同时又承载了造型艺术、工艺制作、风俗习惯、社会等级、艺术价值等多重属性，是饮食文化的核心物质载体，起着烘托美食、渲染氛围、提高审美情趣的重要作用。“美食不如美器”，古往今来，种类繁多、材质各异、形制万千的饮食器具，不仅是人们饮食生活中必不可少的道具和点缀，提升了饮食文化的风韵审美格调，而且自身也形成了丰富绚丽的器具文化，留下了众多精美的传世器物和制作工艺。

生活在浙江大地的先辈们，自十几万年前的旧石器时代就已熟练掌握用火，并开始使用石器处理食物。进入新石器时代以后，各类陶制器具开始大量使用，开启了饮食文化的新纪元，良渚文化中甚至出现了嵌玉漆杯。商周时期，在中原贵族阶层流行使用青铜饮食器具的同时，浙江的制陶业获得新的突破，原始瓷的出现成为中国瓷器的滥觞，促进饮食器具向造型精巧、装饰华丽的瓷器转变。东汉时期，越窑成熟瓷器的出现正式开启人类的制瓷史，引发了饮食器具的大革命。此后千年，浙江各地的窑口不断涌现出造型各异、装饰精美、功能独特的瓷制器具，不仅满足了人们日常饮食生活所需，而且推陈出新，极大地丰富了中华饮食器具的宝库。宋代以后，随着江南地区的深度开发，浙江逐渐成为全国的经济、文化重心之一，各方美器齐聚江南，争奇斗艳，充分显示了浙江饮食文化的深厚内涵和多姿多彩。

第一节 史前时期

近年来的考古发现表明，早在距今几十万年前的旧石器时代，浙江大地就已有人类活动的痕迹。他们已经学会使用粗糙的打制石器作为生产和生活的工具，进行采集和狩猎活动以满足日常饮食生活所需。2002年，中国科学院古脊椎动物与古人类研究所和浙江省文物考古研究所联合组成调查组，对西苕溪流域的安吉、长兴一带开展系统的旧石器考古专题调查，发现了31处旧石器遗存点，石制品333件(见图5-1)。据地质学家计算，这些遗存所处地层的年代在距今12.6万年至78万年之间，将浙江境内的人类活动史大大提前。此后，考古调查范围逐渐扩展至苕溪、分水江、浦阳江等流域的丘陵地带。至2010年5月，浙江省共发现83处旧石器时代遗存点，遍及湖州吴兴、长兴、安吉、德清、临安、浦江等县(市、区)，填补了东南沿海地区大片旧石器遗址分布空白，扩大了中国旧石器遗址的分布范围。[①]

图5-1 长兴七里亭遗址出土燧石刮削器，主要用于切割、剥皮、去毛甚至用作武器

在这些旧石器遗址发现的石器主要是石核、石片、刮削器、砍砸器、手镐等打制石器，表明了当时以狩猎、采集为主的生活形态。与北方出土石器相比，浙江发现的石器个体更加粗大，更适合在采集植物类食物时挖、刨、砍，这也与南方植被丰富相适应。长兴县的合溪洞遗址是浙江省首次发掘的有人类活动遗迹的旧石器时代晚期洞穴遗址，年代最晚在距今2.8万年左右。洞内出土近10万件的动物碎骨、烧骨、石器和一些骨器，其中大量碎骨还遗留有敲砸和

① 刘慧：《旧石器时代考古重大成果——浙江发现百万年前人类遗址》,《浙江日报》2010年6月4日第1版。

切割的痕迹，生动还原了当时古人类使用石器切割动物以获取食物的场景。

（一）上山文化

降至新石器时代，浙江先民的活动足迹更加广泛，社会生活有了长足的发展。2001年，浙江文物考古研究所在浦江县黄宅镇发掘了上山遗址，发现距今1万年前的稻作遗存和陶器、石器等遗物。陶器约有80件，以夹炭红衣陶为主，系低温烧制而成，陶胎内掺入了稻谷硬壳，器型大部分是大敞口小平底的盆形器（一般口径30—50厘米），还有一些平底盘、双耳罐和直口的罐类，器型比较简单见图5-2和5-3。装饰方法多为素面红衣，偶见绳纹、戳印纹、散滑的线划纹。同时还发现有不规则扁方长体的"石磨棒"和型制较大的"石磨盘"。此后，以上山遗址为代表，考古学者先后在钱塘江上游流域和灵江流域发现了19处上山文化遗址，大口盆和石磨盘、石磨棒是上山文化最典型的器物组合，它们的大规模制造与早期稻米利用息息相关。属于上山文化中晚期的义乌桥头遗址，出土陶器数量最多，不仅有大口盆、平底盘、卵腹罐、双耳壶、圈足盘等上山文化常见器型，而且发现了相当数量的彩陶。彩陶分乳白彩和红彩两种，红彩以条带纹为主。乳白彩纹饰比较复杂，有太阳纹、短线组合纹等图案。在其中一件彩陶壶中，研究者还发现有加热产生的糊化淀粉和低温发酵的特征。换言之，早在9000年前，桥头人或许就已经学会了酿酒，而这件彩陶壶就是中国最早的酒器。

图5-2　上山遗址出土的大口盆

图5-3　桥头遗址出土陶壶

上山文化的发现表明，在距今1万年左右的新石器时代，伴随着原始农业的出现，浙江先民已开始定居生活，使用磨盘加工稻谷，用陶器来烹煮稻米等

农作物，甚至酿酒，而且有意识地对这些器具进行装饰，开启了浙江人饮食生活的新纪元。继之而起的跨湖桥文化（距今 8 000 年）、河姆渡文化（距今 7 000～5 300 年）、马家浜文化（距今 7 000～6 000 年）、良渚文化（距今 5 300～4 000 年）等都发展出了品种丰富、风格独特的陶制饮食器具。

（二）跨湖桥文化

跨湖桥文化因杭州市萧山区城厢镇湘湖村的跨湖桥遗址而得名，是 8 000 年前的新石器文化。该遗址出土的陶器虽然制作仍以泥条盘筑法为主，但已经出现慢轮休整技术，比上山文化有显著进步，出土器物有釜、罐、钵、盆、盘、豆、甑等，而且纹饰愈加丰富与成熟。其中尤以釜数量最多，可见是当时最主要的炊具（见图 5－4）。出土的陶釜外底部普遍有烟熏痕迹，釜内壁和口沿外侧还积有残渍，包含了种类丰富的植物淀粉粒，包括稻米、薏米、豆类及坚果类植物的果实等。[①] 甑则是与釜外形相似，但是底部带有透气孔的另一种炊具，一般与鬲同时使用，利用水蒸气蒸制食物，但是在跨湖桥遗址中并没有发现鬲，推测应是放置在釜或者罐上加热使用。甑的发现表明跨湖桥人已经掌握了利用蒸汽制作非流质食物的烹制技术。跨湖桥遗址发现的陶甑也是目前中国发现最早的甑（见图 5－5）。

图 5－4　跨湖桥遗址出土陶釜

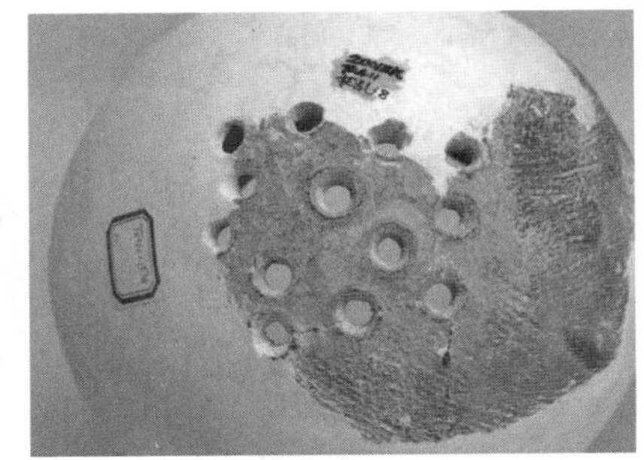

图 5－5　跨湖桥遗址出土的陶甑

（三）河姆渡文化

而广泛分布于宁绍平原的河姆渡文化，得名于最早发掘的余姚河姆渡遗址，出土陶器中主要以炊具、盛食器以及水（酒）器为主。炊具中数量最多的是釜，与跨湖桥文化的釜相比，河姆渡文化的釜制作技术有所进步，器型规整而

---

① 杨晓燕、蒋乐平：《淀粉粒分析揭示浙江跨湖桥遗址人类的食物构成》，《科学通报》2010 年第 7 期，第 596－602 页。

且富于变化，种类也较多，有敞口、折敛口、盘口、弧敛口、直口、钵形等，部分有突脊装饰。同时还发现了釜的配件——支脚。支脚，器型奇特，通常以3件为一组，排成三角形，上面再放釜便可烧火做饭。到河姆渡文化晚期，还发现了甑、鼎、异形鬶和陶灶。其中陶灶通长55厘米、通高25厘米，口宽37厘米，灶身看起来像一个倒置的大头盔，俯视像簸箕，火门开口很大，略微上翘，底部有椭圆形圈足，灶内壁有三个粗壮支丁，两个丁分别置于两侧左右对称，一丁置于后壁，用以承架陶釜，两侧外壁安有一双半环形与两侧支丁连成一体，便于提携。这也是目前发现最早的架釜炊煮专用器具，十分罕见。盛食器主要有罐、盆、钵、盂、盘、豆、杯等，造型富于变化，大部分以绳纹、刻划纹、斜线纹、水波纹、锯齿纹等简单的纹饰装饰，部分盆、钵上刻有动物纹和彩绘。最典型是一件猪纹陶钵，系夹砂黑陶制成，整体呈圆角长方形，造型古拙，外壁两面各阴刻一猪纹，形象介于野猪和家猪之间，生动逼真。河姆渡文化早期也已开始出现专门的带嘴饮用器具——盉，数量虽少，但是意义重大。

除了大量的陶制饮食器具，河姆渡遗址还出土了骨制的匕、匙、刀、勺，是当时河姆渡人取食的主要餐具(见图5－6～5－9)。此外，最重要的发现是朱漆木碗。木碗由整段木头镂挖而成，敛口，扁鼓腹，整体呈椭圆瓜棱形，外壁原漆有一层朱红色涂料，现已剥落严重，涂料经鉴定为有机漆。这是目前世界上发现最早的漆器之一，说明早在六七千年前，浙江先民就已经将天然漆用于饮食器具的装饰中。

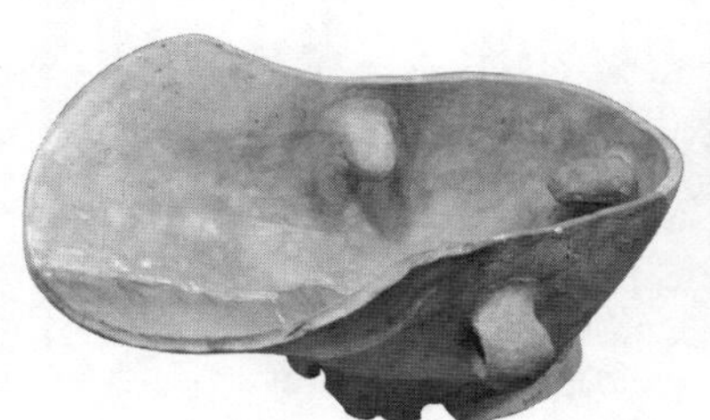

图5－6　河姆渡遗址出土陶灶

图5－7　河姆渡遗址出土猪纹陶钵

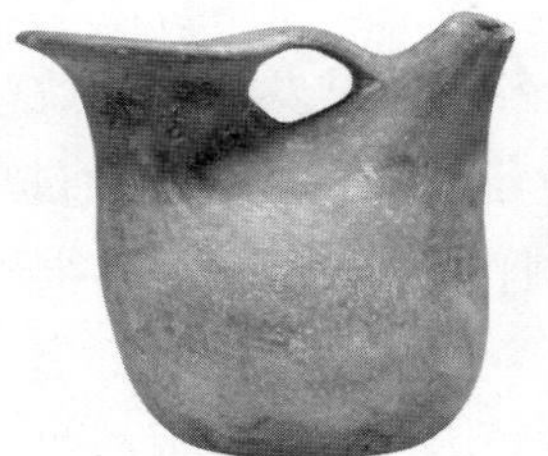

图5－8　河姆渡遗址出土陶盉

图5－9　河姆渡遗址出土朱漆木碗

（四）马家浜文化

与河姆渡文化差不多同一时期，主要分布在太湖地区，因嘉兴市马家浜遗址而得名的马家浜文化，其饮食器具主要有釜、罐、鼎、都、盆、碗、钵、杯、匜、盉、异形鬶、壶、盘等，种类虽然与河姆渡文化大同小异，但是形制特征却有着明显的区别。比如河姆渡文化的釜大多为敞口，部分颈腹连接处有肩脊相隔，俗称“肩脊釜”。而马家浜文化的釜外腹壁大多设有环绕一圈的腰沿，十分宽大，据分析是为了将釜固定在灶炕上，便于炊煮所用，同时也起到一定的装饰美观作用。再比如豆，河姆渡文化早期的豆都是夹炭黑陶，豆盘呈敞口或者敛口的浅钵形，圈足粗壮矮小，晚期才出现泥质红陶豆，豆盘体形大而深，外表施红色陶衣，内表黑色。而马家浜文化的陶豆，以外红里黑的泥质陶为主，口沿处常有椭圆形纹一周，喇叭形圈足细高并有镂空纹饰。在属于马家浜文化的罗家角遗址中还发现有少量白陶豆残片，器表印有凸起的粗弦纹、勾连纹、曲折纹等等图案，有的近似神面形纹。这种白陶豆在河姆渡文化的遗址中尚未有发现。还有鼎，河姆渡文化的鼎出现在晚期，主要有盆形和釜形两种，腹部扁圆，三足呈圆锥形、扁锥形和宽扁形。而马家浜文化的鼎，器身主要是腹部较圆或长圆的釜形，足外侧附加堆纹或者在足的近根部有双目形纹。除了这些常见器具之外，在嘉兴市东边，现在属于上海市青浦区的松泽遗址马家浜文化层中还发现了一种独特的烧烤用的陶制炉箅，整体为扁平状的长方形，中间有间隔横梁，有的两侧还设有扁环状的耳，便于提取，造型奇特，为其他史前文化所未见，如图 5－10 所示。

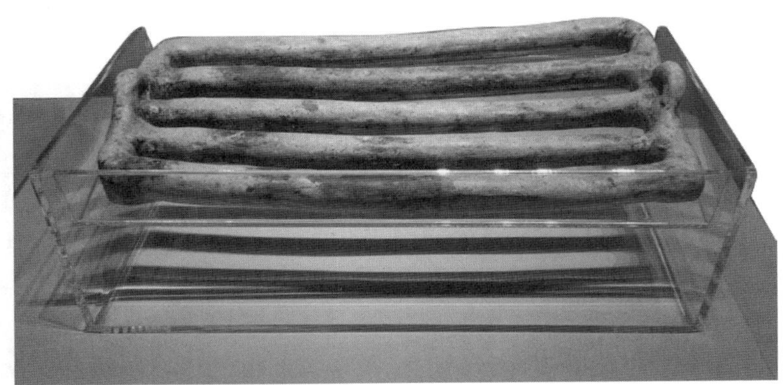

图 5－10　松泽遗址出土马家浜文化陶炉箅

（五）良渚文化

到了距今5300年左右的新石器时代晚期，随着自然环境的变化和生产力水平的提高，生活在浙江大地的先民开始从平原外围的沿山地带逐渐深入平原腹地，在杭嘉湖平原和部分宁绍平原地区筑土营建了大量墩台式建筑，包括城墙、宫殿、墓地、祭坛、村落、大型防护工程、大型礼制型建筑、水利设施等。自20世纪80年代以来，反山、瑶山、汇观山、莫角山、良渚古城等良渚文化遗址相继发掘，出土大量珍贵的玉器、陶器、漆器等精美文物，勾勒出了良渚文化鼎盛时期的社会面貌和社会形态，引起了世界性的轰动。

图5－11　良渚文化陶过滤器

具体到饮食器具而言，良渚文化的制陶业已经发展成独立的手工业，发明了快轮制陶技术，工艺更加精湛，创造出了一系列具有自身文化特色的陶制器具，品种、造型和装饰都十分丰富（见图5－11）。其中炊具主要为夹砂陶，器型有鼎、甑、甗等，釜的数量变少。出于实用考虑，这类器皿胎壁较厚，器表多素面，唯有三足陶鼎经常把足做成鱼鳍形，后期又逐渐演变为T字形，风格独特。甗是鼎和甑的组合体，为新出现的器型，常见在鼎的内腹壁附上一道凸棱做格挡，以放置甑，有的腹部开有管状嘴，可能与酿酒有关。盛食器有双鼻壶、贯耳壶、盆、盘、钵、罐、尊、簋、缸、瓮豆以及少量的圈足碗，除了缸、瓮和部分罐为夹砂陶外，其余均为泥质灰陶或泥质黑陶烧成，胎质坚硬，表面有黑色光泽，不仅实用，而且形制规整，部分用鸟、蝶、鱼、鳖、猪、狗、蛇等动物造型或装饰，如鳖形壶、鱼纹陶盆等，可以说是当时良渚先民“饭稻羹鱼”饮食生活的生动写照。此外还有鬶、盉、杯、宽把带流罐形壶、杯形壶等水（酒）器以及整套的过滤器，可以肯定良渚先民已经掌握了娴熟的酿酒技术，饮酒风尚盛行。

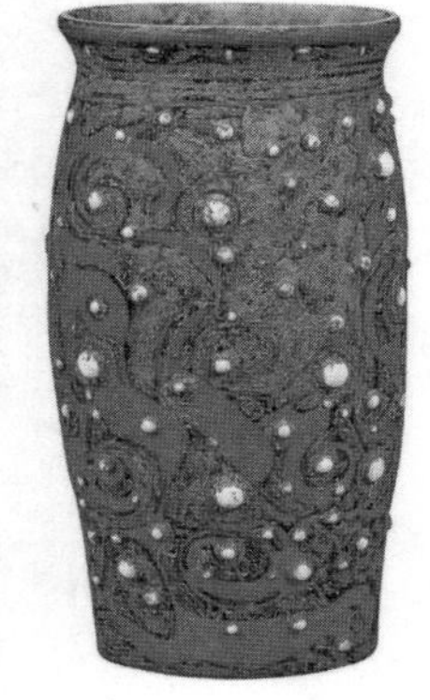

图5－12　良渚文化嵌玉漆杯

除了陶器之外，良渚的玉器制造和髹漆工艺也是举世闻名（见图5－12）。良渚文化墓葬中出土的玉匙和玉匕表明，当时已经有部分人使用珍贵的玉质餐具。部分陶制和木制器具也被发现绘有薄薄的漆绘。良渚镇庙前遗址出土过一件残缺的木胎双色漆盘。1987 年，余杭瑶山良渚文化祭坛遗址中又发现两件嵌玉漆器，其中一件为瘦长型的带把宽流嵌玉高柄朱漆杯，工艺极为复杂，这也是我国迄今已知最早的嵌玉漆器。2003—2005 年，余杭卞家山遗址又出土 20 多件良渚文化漆器，其中就有豆、盆等常见饮食器具，还有新器型——觚，属于酒器的一种。这些漆器均为整木挖凿而成，外表饰以朱漆，部分器物还有精美纹样。

第二节　先秦时期

距今四千年左右，相当于中原地区的夏朝时期，良渚文化突然衰亡，打乱了东南地区的文明进程，整个江南地区的社会、经济和文化发展一度发生逆转，玉器制造业消失，农业衰退，虽然在马桥文化中出现了少量青铜器的遗迹，但是与中原地区夏商周三代辉煌的青铜文明完全不可同日而语。就饮食器具而言，最明显的区别就是中原地区在陶制器具的基础上，发展出了丰富的青铜饮食器具，并赋予其礼制的意义，形成了严格的等级制度。而浙江地区则长期处于低谷，文化遗址稀少，陶器质量明显下降，虽然在商代原始瓷烧制技术已实现了突破，但是青铜饮食器具的大量出现仍然要到公元前 6 世纪至 5 世纪吴越文化兴起之后。

（一）青铜饮食器具

俞珊瑛[①]、郎剑锋[②]等人曾对浙江一带出土先秦青铜器做过统计研究，发现浙江地区西周晚期至春秋早期的青铜器数量比较少，而春秋中期以后至战国时期数量明显更多。这些青铜器中属于饮食器具的主要有鼎、盘、甗、簋、盉、爵等。比如长兴、海盐、东阳、黄岩、温岭、永嘉、瓯海等地都出土过青铜鼎、青铜盘、青铜甗、青铜盉等器物，时代上从商代晚期至战国时期都有分布。数量比较集中、重要的发现有以下几处：

1976 年 1 月，安吉县三官乡周家湾的一座土墩墓也出土一批青铜器（见图 5-13），包括 1 件鼎、2 件觚和 1 件爵。铜鼎，作鬲式，鬲腹浅而宽，腹部饰兽面

---

① 俞珊瑛：《浙江出土青铜器研究》，《东方博物》第三十六辑，浙江大学出版社 2010 年版，第 27-39 页。

② 郎剑锋：《吴越地区出土商周青铜器研究》，山东大学博士学位论文，2012 年版。

图 5-13 安吉县周家湾出土兽面纹青铜鼎

纹,颈部饰卷曲纹,有三直条凸起的扉棱与三足对应,足为锥形足外撇,器形敦实厚重,形制比较特殊,年代有说商代,也有说是春秋时期。两件青铜觚,性质相同,均为喇叭形敞口,细颈,圈足有阶,颈部饰蕉叶纹,腰部及圈足饰兽面纹,以雷纹为地,腰部及圈足饰扉棱;圈足内铸铭文,为典型的商代晚期器皿。青铜爵腹部饰变形兽面纹,年代为春秋中期。

1981 年,砖厂工人在绍兴市坡塘公社狮子山西麓取土时发现一座墓葬,出土鼎、盉等青铜器 6 件,后经文物部门发掘,共清理出青铜器、金器、玉器等文物 1 200 余件,包括铜鼎 4 件,甗 1 件、盉 2 件,尊、罍、豆各 1 件,时代约在春秋晚期到战国早期。这些器具造型独特,纹饰精美,包含了徐国、楚国以及吴越地方的文化特征。比如出土的甑,甑底有长方形箅孔,甑内有半圆形铜质活动隔扇装置,可将甑体隔成前后两部分,同时蒸煮两种不同食物,为以往所未见。而两件盉,一为甗盉(见图 5-14),一为鐎盉(又名螭纹铜提梁盉,见图 5-15)。甗盉上部为甑形,下部为鬲式,甑鬲分体,周身满饰蟠螭纹、三角垂叶纹,鬲腹设有流嘴,便于倾倒液体,因此推测此器应是通过蒸汽作用提取甑内的物体的蒸馏汁液。而鐎盉除了满饰蟠螭纹外,全身堆塑有立兽 19 头,蟠螭多达 56 条,极为精美华丽。除了这些青铜饮食器具,这座墓中还出土了一件罕见的酒器——玉耳金舟(见图 5-16)。该器物呈椭圆形,敛口,卷沿,腹微鼓,平底。两耳为玉质圆环形,断面方正,饰卷云纹,铆接于器口两侧,十分精美。

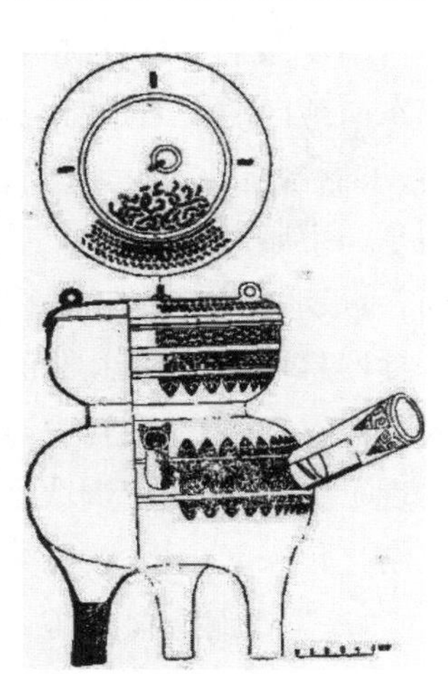

图 5-14 甗盉示意图

图 5-15 螭纹铜提梁盉

2005 年,绍兴西施山遗址又陆续发现大批青铜器、铁器和陶瓷器,包括鼎 3 件、盘 3

件,时代为春秋晚期至战国早期。这批铜鼎采用了分铸、焊接技术。其中一件残鼎的耳、足与鼎身接合处可见有明显的焊痕。而青铜盘的器壁极薄,没有铸痕,应是加热后打制,再经锤锻、结晶、退火而成。同时还使用了线刻工艺,在内外壁、底部等满饰人物、建筑、鸟兽等图纹,经磨光、绘图、刻纹、外镀锡铅等多道工序,程序复杂,具有较高的技术难度。

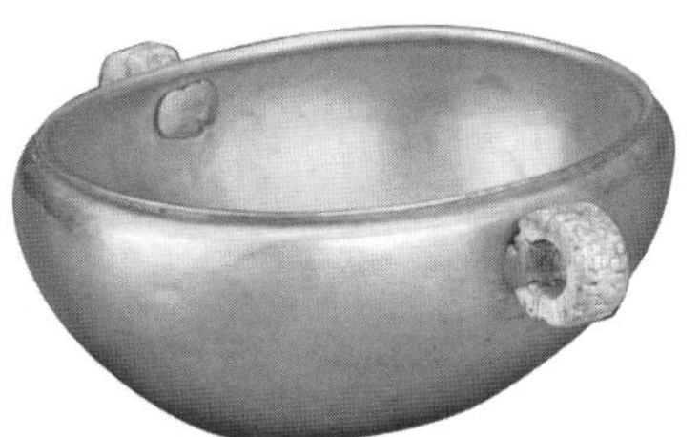
图 5-16　玉耳金舟

此外,值得一说还有现藏于杭州博物馆的战国水晶杯(见图 5-17)。1990 年杭州半山镇石塘村工农砖瓦厂在工厂旁边的山坡上取土时,挖出了一些原始瓷器。文物部门在现场调查后认为可能有大型墓葬存在。当年,发掘工作正式开始,发现了编号为 90-1 的战国土墩墓一座。这座墓葬年代在距今 2 500 年左右的战国时期,不仅规模大,墓室约 15 米长,5.4 米宽,是杭州地区发现的战国时期最大墓葬。而且随葬品数量很多,出土了原始瓷器、陶权、漆器、玛瑙环及玉璜、玉虎、原始瓷编钟等文物 34 件,其中就包括这件独一无二的水晶杯。这件水晶杯由整块优质天然水晶加工而成,高 15.4 厘米,口径 7.8 厘米、底径 5.4 厘米。敞口平唇,杯壁斜直呈喇叭状,底圆,圈足外撇。杯身通体平素简洁,透明无纹饰,整器略带淡琥珀色,器表经抛光处理,器中部和底部有海绵状自然结晶。这是目前为止我国出土文物中最早、最大的水晶制品,与当代的玻璃杯极为相似,但是对于这件水晶杯的来源、加工手法等都还是未解之谜。

图 5-17　战国水晶杯

(二) 原始瓷饮食器具

以上,出土青铜饮食器具以及水晶杯的墓葬、遗址中,往往还伴随出土原始瓷豆、原始瓷碗、陶豆、陶罐、陶鼎、陶簋、陶盆、陶钵等,充分表明了当时浙江人在饮食生活中虽然已经开始使用青铜饮食器具,但是并不普及,大部分人最常用的饮食器具仍是陶制器具和原始瓷器,这和当时浙江地区原始瓷烧制技术的发明和制瓷业发展有关。与质地疏松,吸水性强而且表面粗糙的陶制器具相比,原始瓷以瓷土烧制而成,温度在 1 100℃ 以上,胎制基本瓷化,质地致密，表面有光泽，气孔率和吸水率较低，因此无论是从实用角度还是装饰美观，都更适宜用来作为饮食器具。

从目前的考古发现来看，商周时期浙江的原始瓷无论是窑场的数量、规模，窑业发展序列的完整性，还是产品种类、质量等，都是全国其他地区无法比拟的。省内已发现的原始瓷窑址数量已超过140处，主要分布在东苕溪流域和宁绍平原。而原始瓷的出土地分布更为广泛，在浙西的金华、衢州，浙北的环太湖沿岸，浙东的杭州湾沿岸以及浙南台州、温州地区都有发现，种类非常丰富，可见当时原始瓷器具的普及之广。

按照原始瓷的基本特征，浙江地区的原始瓷大概可以分为商代、西周早中期、西周中晚期至春秋早期、春秋中晚期、战国中早期五个发展阶段。[①] 最早的原始瓷大概在夏商之际开始出现，器型较为单一，以豆和罐类为主（见图5-18），有少量的盘、盆、蹀、盂、尊、簋、碗、三足盘等，大部分仅在器物的肩、上腹部等部位施釉，很少有通体施釉，装饰以素面为主，较为单一，部分器物上拍印有方格纹。

到西周早中期，浙江的原始瓷发展到达第一个高峰，器物类型开始丰富多样，出现了各种类型的豆、尊、簋、盂、盘、碟、罐、杯、盉等，纹饰复杂多样，大量使用水波纹、弦纹和堆贴等。施釉技术也有长足进步，一般通体施釉，釉层薄且均匀，多呈淡黄色。

图5-18　瑞安市博物馆藏西周时期原始瓷豆

西周中晚期至春秋早期，原始瓷烧制技术又更进一步，器物类型大量增加，除了日常家用器物之外，出现了大量的大型罐、平底尊、鼎、簋、卣等模仿中原青铜器制作的器物，不仅器型巨大，制作规整，釉层厚，釉色较深，呈酱褐色，玻璃质感强，而且装饰复杂，如青铜器一样装饰了繁缛的纹饰，包括云雷纹、勾连纹、弧形纹、圆圈纹、菱形纹、锥刺纹等（见图5-19和5-20）。

① 郑建明，俞友良：《浙江出土先秦原始瓷鉴赏》，《文物鉴定与鉴赏》2011年第7期，第14-21页。

图 5 - 19　浙江省博物馆藏西周原始瓷黄褐釉卣

图 5 - 20　浙江省博物馆藏春秋原始瓷双系罐

到了春秋中晚期,原始瓷烧制技术逐渐稳定下来,胎质细腻致密,气孔大量减少,釉色也变薄,施釉均匀,釉色相比前几期更浅,呈青翠色。但是在器物类型上,种类大为减少,基本以常用的碗为主,加上少量的罐和盘。纹饰也极少,基本为素面,少量有对称弧形纹、米筛纹(见图 5 - 21)。

图 5 - 21　浙江省博物馆藏春秋原始瓷拍印纹双系罐

直至战国时期,原始瓷的器物类型又变得丰富起来,而且种类远超以往任何时期,不仅有常用的碗、杯、盘、盆、钵、盅、盒、盂、豆,而且有兼具实用和礼器的鼎、提梁壶、提梁盉、长颈瓶、尊、簋、罍、罐、三足壶、烤炉、冰酒器、温酒器、镇等等,更有钟、缶、磬等乐器,矛、斧等兵器和凿、锸等工具。同时,胎、釉、器型、装饰、烧造等各方面的技术也都达到顶峰,绝大多数器物胎质细腻匀净,胎色呈稳定的灰白色,施釉均匀,釉层薄,釉色多青中泛黄,相当一部分产品玻璃质感强,可与东汉时期的成熟青瓷媲美。纹饰主要见于大型器物上,多为云雷纹和水波纹，日用器皿纹饰较少（见图 5－22 和 5－23）。

图 5－22　浙江省博物馆藏战国原始瓷温酒器

图 5－23　浙江省博物馆藏战国原始瓷三足单柄壶

第三节　汉唐时期

秦朝结束了春秋以来诸侯混战的局面，建立了以汉族为主体的多民族中央集权国家，随后西汉延续了秦朝的统一格局，并进而发展，开创了汉唐盛世，极大地推动中国历史的进步。但是这一时期的浙江地区，远离政治经济文化中心，与中原相比，发展明显落后。《史记・货殖列传》记载“楚、越之地地广人稀，饭稻羹鱼，或火耕而水耨，果隋蠃蛤，不待贾而足，地埶饶食，无饥馑之患，以故呰窳偷生，无积聚而多贫。是故江、淮以南，无冻饿之人，亦无千金之家”，这不仅是西汉时期南方的真实写照，即便到唐代也差不多如此。具体到饮食器具而言，这一差距也十分明显。

（一）漆器

汉代时期，中原地区的饮食器具以青铜器、漆器为典型，在中上层之家广泛流行，尤其是漆器空前繁荣。宫廷中多以漆器为饮食器具，主要类别有鼎、盒、壶、钫、樽、盂、卮、杯、盘、魁、案、箸、勺、匕等等，制作异常精美，不仅纹样繁复，而且鎏金错银，镶嵌有各种图案的铜饰、水晶、玻璃珠。但是在浙江地区，这类漆器饮食器具并不多见，目前为止发现数量最多的应属 2006 年在安吉县高禹镇五福村发现的楚文化墓葬，年代应在西汉初期。该墓葬中共出土 21 件（套）漆器，其中属于饮食器具的有盒 2 件，樽 1 件，耳杯 9 件，盘 1 件，案 1 件，均为黑漆，除盘之外都髹朱漆（见图5－24～图5－26）。而对于这批漆器，研究者普遍认为属于楚式，是战国时期楚文化渗入太湖地区之后的遗留影响，并非本地产物。[①]

图5－24　安吉生态博物馆藏西汉黑地朱彩云气纹耳杯

图5－25　安吉生态博物馆藏西汉黑地朱彩云气纹樽

图5－26　安吉生态博物馆藏西汉黑地朱彩云气纹案

唐代，浙江为贡漆产地，《新唐书·仪卫志》载“漆液，襄、兴、婺州贡之，台州贡者，曰金漆”。《新唐书·地理志五》中也有婺州（即金华）东阳郡贡漆，台州临海郡贡金漆的记载。唐代漆器大量使用金银镶嵌，特别是在金银平脱和

① 浙江省文物考古研究所、安吉县博物馆：《浙江安吉五福楚墓》，《文物》2007年第7期，第61－74页。

嵌螺钿方面，比汉代有了更大的发展和提高，唐人段成式《酉阳杂俎》、郑处诲《明皇杂录》等书记载唐玄宗时期杨贵妃赏赐安禄山的物品中，有金银平脱盘、金平脱匙、银平脱筐等。这些漆器工艺复杂，价格昂贵，使用并不广泛。而且唐中期以后为抵制奢靡之风，主张薄葬，所以现在出土的唐代漆器数量十分稀少。1973 年至 1975 年，宁波和义路唐代码头遗址出土过 19 件漆器残件，其中有碗、盘等饮食器具，是目前浙江地区发现的为数不多的几件唐代漆器。

（二）铁器、金银器

西汉以来，中原地区铁器的发展已从春秋战国时期的农具、手工具延伸到兵器和日常生活用具包括饮食器具方面，尤其到了东汉时期，基本取代了铜器。铁制的鼎、釜、鏊、锅、罐、烤炉、温炉、箸、勺、壶、杵臼等已经大量出现。但是同样的，浙江地区发现的铁器基本以剑、矛、刀、箭镞等兵器为主，仅见少量的铁釜、铁锅，说明铁制器具在当地并不流行。

唐代是中国金银器发展的鼎盛时期，早期器物形制、制造技术和纹样风格受中亚、西亚的影响较大，后来逐渐形成中国独特的风格，最知名的要数陕西省西安市何家村窖藏出土的一批国宝级金银器。浙江西道虽是晚唐金银器的重要产地之一，但是产品基本都进贡到皇室，而浙江本地因为经济发展原因，百姓日常生活所用金银器并不多见，饮食器具类就更稀少。1975 年 12 月，长兴县下莘桥发现的 102 件窖藏银器是目前浙江出土数量最多的一批唐代银器，其中有 45 件为茶具，包括 15 副银火箸，23 件银匙，2 件四曲莲瓣形长柄银勺，5 件银杯（碗）。[①] 除了部分匙、杯上有摩羯纹、双鱼纹等唐代金银器常见纹饰外，其余基本为素面，式样简约，而且有着统一的规格形制，应为当地手工作坊批量生产（见图 5－27）。

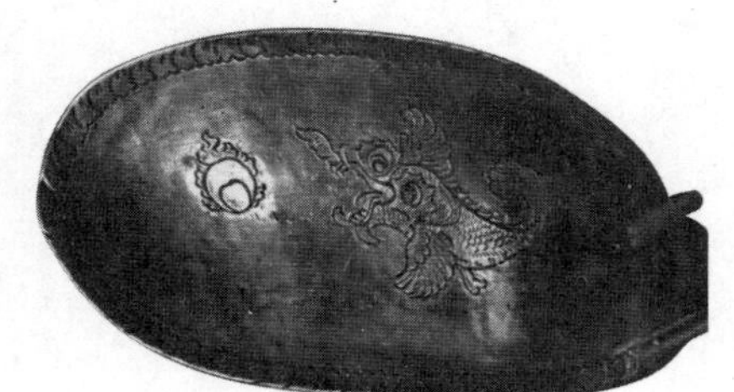

图 5－27　长兴县下莘桥出土摩羯纹银匙匙面

① 毛波：《长兴下莘桥出土的唐代银器及相关问题》，《东方博物》2012 年第 3 期，第 9－21 页。

（三）越窑瓷器

当然，漆器、铁器、金银器的不发达并不是说汉唐时期浙江地区的饮食文化发展远远落后于中原地区，恰恰相反，这一时期，浙江先民们在原始瓷的基础上成功创烧出了越窑青瓷，开启了中华饮食文化史上最绚丽辉煌的瓷器文化，影响遍及世界。

秦至西汉，浙江的制陶手工业有了很大发展，日常所用器皿仍以陶器和原始瓷为主，饮食器具的类型与先前并没有多大区别，只是高温硬陶盉釉陶大量出现，造型也更加浑厚饱满。汉墓中普遍流行随葬陶灶，形体有长方形、马蹄形、船形等，浙江地区以船形灶最为常见，多素面，灶面上刻画或模印有各种厨房工具和食品，如釜、刀、俎、叉、案、瓢、刷子、勺子、杯、鱼等，灶眼上置釜，釜上再放甑、盆等，十分形象。虽然是随葬明器，但是一定程度上也生动表现了汉代厨房灶具的形制（见图 5－28）。

图 5－28　宁波博物院藏东汉舟形陶灶（附陶釜、陶勺）

同时，原始瓷也在不断进步，到了东汉早期，很多原来陶、瓷共烧的窑场逐渐发展为以烧原始瓷为主，并最终在东汉中晚期，成功烧制出温度在 1 200℃以上，胎质细腻、施釉晶莹的成熟瓷器。近年来在浙东地区先后发现了 60 余处东汉窑址，广泛分布于曹娥江中游的上虞和滨海的宁波。出土的陶瓷标本经检测，无论是烧成温度，吸水率，还是抗弯强度等都已达到成熟瓷器的标准，而且胎质细腻，釉色均匀莹润，胎釉结合良好，是目前发现时代最早的一批成熟青瓷制品（见图 5－29）。器型主要有罐、碗、盏、盆、

图 5－29　浙江省博物馆藏东汉越窑青瓷耳杯

钵、盘、壶、瓿、酒樽、壶、耳杯、泡菜罐等，装饰花纹有弦纹、水波纹和铺首等。

西晋时期，越窑生产区域不断扩大，生产中心开始从上虞地区向宁波慈溪上林湖一带转移，窑场数量急剧增加，产品种类丰富，迎来了第一个兴盛时期，中国第一个瓷窑体系——越窑系逐渐形成。这一时期的制瓷工艺日臻完善，大量地使用模印技术，适应了青瓷大批量生产的需求。日常器皿，尤其是饮食器具，注重艺术与实用相结合，纹饰装饰手法多样化，经历了由简朴趋于繁缛的发展过程，动物纹以及佛教题材纹饰盛行一时（见图 5－30）。

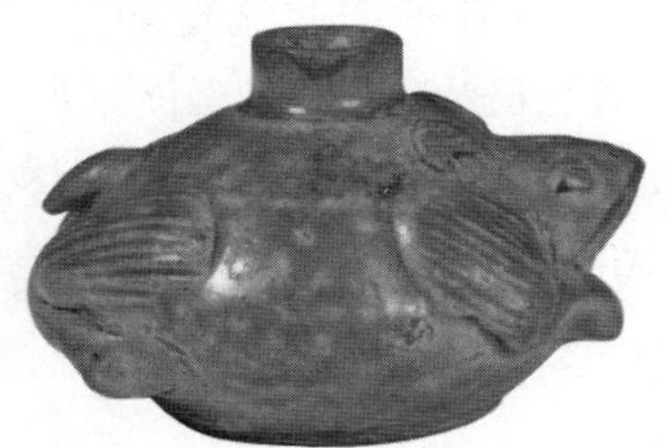

图 5－30　浙江省博物馆藏西晋越窑青瓷蛙盂

东晋至隋初，受战乱影响，越窑经历了短暂的沉寂，器物种类明显减少，生产主要集中在日常生活器皿，包括钵、碗、碟、罐、盘、盘口壶、大耳杯、鸡首壶等（见图 5－31）。西晋时期盛行的各类瓷俑明器基本停滞。从大小成套的碗、盘等器物来看，当时器皿的定型批量生产技术已达到相当高的水平，装饰也逐渐从繁缛向清新、雅致方向发展，悄然开启了唐代以釉色为美的先河。

图 5－31　浙江省博物馆藏东晋越窑青瓷耳杯盘

唐朝建立后，社会经济得到了恢复和进一步发展，越窑也逐渐复苏并迎来了高速发展，制瓷技术得到了长足的进步，创造了将胚体盛于匣钵之中与火分离的操作法，大量使用匣钵装烧制青瓷，使瓷器质量获得了质的飞跃。唐代茶文化的兴起，对越窑制瓷业的兴盛也产生重大影响。唐代“风俗贵茶”，宫廷饮茶之风兴盛，风靡全国，贵贱皆号，蔚然成风。在皇室崇茶、士大夫扬茶、佛教重茶、商人卖茶、举国饮茶的大背景下，与茶相关的各行各业都得到空前发展。浙江是当时茶叶的最主要产地，越窑因此之便也率先成为唐代制作茶具的中心，陆羽《茶经》就将越窑列为唐代六大名窑之冠。

唐代越窑青瓷茶具的种类十分丰富，有碗、瓯、杯、盏托、钵、注子、茶碾、茶盒、茶则、注瓶等。器形端正、胎质细腻、釉色晶莹润泽、釉面青碧的越窑青瓷茶具为唐人饮茶增添了无穷的高雅情趣。越窑青瓷也在饮茶习俗的推动下不断精进，造型上讲究器形的丰富多变和线条的柔和匀称，许多器物造型直接来源于大自然。如碗，有荷叶形、荷花形、葵瓣口形；杯，有海棠式；注子，腹部做成瓜棱形；盘，口沿做成葵花瓣形；盏托做成荷花叶形等等。宁波和义路唐代码头遗址出土过一批唐代越窑青瓷器，造型丰富，变化多姿，令人赞叹。其中仅注子一类，式样就多达十余种。另一件荷叶带托茶盏精美异常，体型犹如盛开的莲花。盏，口沿作五瓣花口弧形，腹部压印五棱；托，似一舒展荷叶，四边微微卷起。全器通体釉色饱满青翠，滋润而不透明，宛如荷叶托着盛开的荷花在水面随风飘荡。这件盏托也是越窑青瓷精品——秘色瓷中的代表作之一（见图 5－32）。

图 5－32　宁波博物院藏唐越窑青瓷荷叶盏托

“秘色”一名最早见于晚唐诗人陆龟蒙《秘色越器》一诗的诗名，诗云：“九秋风露越窑开，夺得千峰翠色来。好向中宵盛沆瀣，共嵇中散斗遗杯。”可见秘色瓷最初是指唐代越窑青瓷中的精品。五代吴越国的统治者钱氏家族大量烧制“秘色瓷”上贡给中原王朝，使得秘色瓷的影响进一步扩大。宋以后，对于“秘色”一词的概念产生了很多争议。宋人曾慥编著的《高斋漫录》记载：“越州烧进，为供奉之物，臣庶不得用，故云秘色”，给秘色瓷平添了一层神秘的意味。直到 1987 年，陕西扶风法门寺地宫出土了 14 件越窑青瓷，根据同时出土的记录法门寺皇室供奉器物的《物账碑》，这批瓷器被记载为“瓷秘色”，同时注明有：“瓷秘色碗七口，内二口银棱；瓷秘色盘子叠（碟）子共六枚。”至此才揭开“秘色瓷”的神秘面纱。所谓“秘色”之名，“秘”字为“机密”“保密”的含义，“色”

除了“颜色”一解外，还可解释为“配方”，如药粉配方、釉料配方等等。因此“秘色”即“保密的釉料配方”之意。

有唐一代，“类冰似玉”的越窑青瓷不但是珍贵的皇室贡品，受到文人雅士的争相追捧，同时也是对外贸易的主要商品，产品远销海外，风格、影响波及日本、朝鲜半岛等国。

第四节　宋元明清时期

唐朝末年，北方战乱不断，社会发展受到抑制，而浙江，因有吴越王钱镠推行保境安民政策，成了当时政治、经济和文化都相对繁荣的区域。北宋以后，全国经济重心完成南移，迎来了浙江大开发、经济大发展的繁荣辉煌时期。尤其是南宋定都临安（今杭州），使得浙江一跃成为全国的政治、经济和文化中心，城市高度发达，市镇经济一片繁华，海外贸易带来的各地奇珍异宝充斥市场，争奇斗艳。元朝灭南宋之后，虽然使浙江政治地位一落千丈，但是凭借着优越的自然环境和经济基础，元代直至明清，600 多年来浙江的经济和文化发展始终保持全国领先地位。发达的交通网络、繁华的商业贸易不仅充分挖掘了浙江本地的饮食文化和手工业资源，而且源源不断地吸引着全国各地的顶尖食材和优秀工艺汇聚到浙江，形成了美食纷呈，美器争奇的特点。

（一）瓷器

迨至北宋，瓷器作为饮食器具最主要来源的地位已经基本确定，成为人们日常生活中必备的器具。唐末至北宋初年，越窑瓷器仍在蓬勃发展。吴越钱氏为了保境安民，积极地向中原后梁、后唐、后晋、后汉、后周、北宋，以及北方的契丹等国进贡越窑秘色瓷器，并在上林湖设立官监窑，以监督瓷器烧造。太平兴国三年（公元 978 年），钱俶纳土归宋，北宋朝廷也全面接管了越窑的生产，但是越窑的地位已大不如前。宫廷用瓷舍远取近，大量使用开封附近汝窑、定窑、钧窑的产品，越窑秘色瓷的地位逐渐被取代，使越窑的瓷业生产受到很大影响。同时全国各地出现了很多窑场，经过激烈竞争、淘汰、发展，逐渐形成了以一些名窑为中心的“窑系”，以定窑、钧窑、磁州窑、耀州窑、龙泉窑和景德镇窑最为著名，因此被后人合称为宋代六大窑系。

龙泉窑彻底取代越窑，成为浙江地区的名窑，其窑址在整个丽水地区及温州的永嘉、泰顺、文成、苍南，金华的武义等地均有发现，其中以龙泉市窑址最为密集。龙泉窑早在唐以前就已出现，但是规模不大，主要生产盘、碗、壶、瓶、罐等常用器。到北宋晚期，因为瓯江整治，运输条件改变，龙泉窑发展迅速，并开始为宫廷烧制瓷器。进入南宋以后，龙泉窑吸收了北方的制瓷技术，迅速走向成熟，并形成了自己的风格。不仅胎釉配方、造型设计、上釉方法、装饰艺术等都有极大提高，器型种类更是大大丰富，饮食器具有碗、盘、蹀、渣斗、壶、瓶等，还有仿造青铜器、玉器制作的觚、觛、投壶、琮式瓶、鬲式炉等，器物造型古朴醇厚，装饰以刻花、印花为主，常见纹饰有云纹、水波纹、双鱼纹等，碗、盘内底心常有“河滨遗范”“金玉满堂”之类的阴文款。由于熟练掌握了胎釉配方、多次上釉技术以及对烧成气氛的控制，龙泉窑的釉色十分纯正，最知名的粉青釉和梅子青釉都出现在这一时期，达到了青瓷釉色之美的顶峰。南宋晚期，龙泉窑还创造了“露胎贴花”工艺，制作时将不施釉的素胎模印花沾一点釉浆粘于器物需要装饰的部位，烧造时铁成分与窑内的氧气进行二次氧化反应形成了浅红褐色，俗称“火石红”，这种工艺增加了龙泉窑器物的质感，形成了独具特色的艺术效果，与原本单一的青瓷釉面形成强烈对比（见图 5－33～图 5－35）。

图 5－33 浙江省博物馆藏北宋龙泉窑青瓷暖碗，该碗为夹层碗，底部中间有一圆孔

到了元代，由于需求量增加，加上海外市场的开拓，龙泉窑的产区不断扩大，成为外销瓷的主要品种。器物类型也有所增加，出现了高足杯、荷叶盖罐等，装饰上采用刻、划、贴、镂、印、雕塑、露胎贴花等工艺，甚至恢复了点彩技术，利用铜红、铁褐色点缀器物，

图 5－34 浙江省博物馆藏南宋龙泉窑青瓷斗笠碗

碗、盘等器皿上还出现了蒙古八思巴文。入明之后，随着海禁政策的实施，龙泉窑窑场纷纷倒闭，龙泉窑的烧造中心转移到了丽水庆元一带，以烧制民间日用瓷器为主，质量和销量都不如之前。

图 5 - 35　浙江省博物馆藏元龙泉窑露胎盘

明中期之后，全国各地的日用瓷器几乎全被江西景德镇垄断，浙江本地仅浙南庆元、龙泉等地还在烧制青瓷，但都以陈设瓷居多。景德镇生产的瓷器彻底占据了浙江百姓的餐桌。此后几百年，景德镇烧制的成化斗彩，正德孔雀绿釉，嘉靖、万历的五彩，以及清代康雍乾时期的青花、五彩、红釉、天青釉、素三彩、粉彩、珐琅彩、窑变釉、广彩等，绚丽夺目，代表了明清时期中国制瓷技术的最高峰。器物造型和种类更是多得令人眼花缭乱。比如最简单的盘就有托盘、拿盘、捧盘、方盘、花口盘、攒盘等多种。其中攒盘是明朝万历年间出现的新产品，是由一定数量、样式的小盘拼攒成的成套餐具，清代尤为盛行。按件数分有五子盘、七巧盘、八仙盘、九子盘等，按式样分有圆形、长方形、八方形、叶形、牡丹形、梅花形、莲花形、葵花形等。酒器名目更多。《明本大字应用碎金》记载，明初酒器有 23 种："尊、榼、欙、罍子、果合、泛供、劝杯、劝盏、劝盘、台盏、散盏、注子、偏提、盂、杓、酒经、急须、酒罂、马盂、屈卮、觥、觞、太白。"每种又各有变化。而且不仅酒经、注子、劝盏、劝盘、台盏等为瓷器，各类尊、壶、瓶等也都是仿造青铜器制成的瓷制器具(见图 5 - 36～图 5 - 38)。

图 5 - 36　浙江省博物馆藏明万历景德镇窑青花婴戏纹碗

图 5－37 浙江省博物馆藏清乾隆景德镇窑绿釉龙纹盘

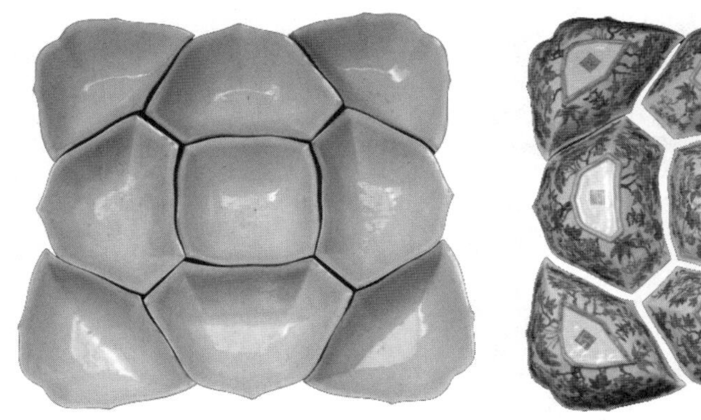
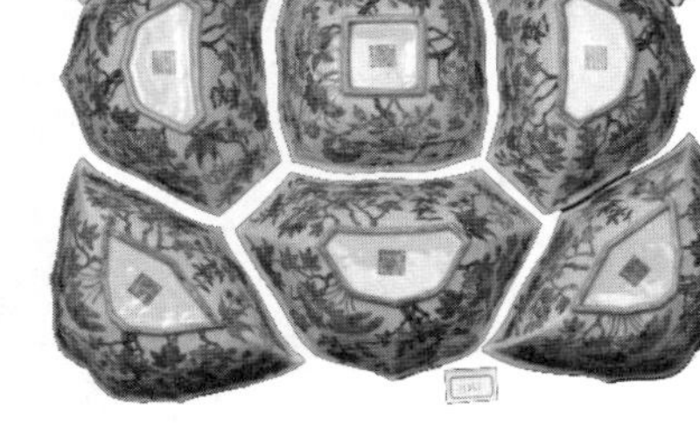

图 5－38 宁波博物院藏清嘉庆景德镇窑粉彩花卉纹九子盘

（二）金银器

唐末五代时期，在吴越钱氏一族保境安民政策的影响下，浙江经济逐渐恢复发展，在全国的地位逐步上升，金银器出土的数量在全国的比重开始明显上升。1970 年在杭州市临安区板桥发现的五代墓葬，共出土银器 17 件，总重 6 500 克，器型有盂、盘、壶、碗、盒、匙、箸等，器物或素面，或錾刻花卉、花鸟纹样，造型和装饰图案上多沿袭唐代的特点和风格。推测墓主人应该是吴越国的王室成员。

到了宋代，尤其是南宋，浙江的金银器制造更进一步发展，而且逐渐商品化，不仅王公贵族、商人巨贾享用金银器，甚至酒肆、酒楼中也大量使用金银饮食器具。《武林旧事》中描写南宋临安的妓馆，“和乐楼、和丰楼、中和楼、春风楼……每库设官妓数十人，各有金银酒具千余，以供饮客之用”。私人酒楼也备有银酒具，如“春熙楼、三元楼、五间楼、赏心楼……每楼各分小阁十余，酒器悉用银，以竞华侈”，可见当时金银饮食器具之普遍。浙江出土金银器也以南宋为大宗，杭州、温州、宁波、衢州、金华等地都有出土，而且无论在造型还是纹饰上，都一反唐代的富丽之风，变得素雅和富有生活气息，给人以恬静舒畅的美感，但是在细节处却极尽工巧，体现了匠人高超的工艺水平(见图5-39～图5-41)。

图5-39　义乌市博物馆藏宋代银鎏金六曲花口盏

图5-40　东阳市博物馆藏银鎏金云龙纹箸瓶

图5-41　东阳市博物馆藏南宋龙纹杯盘(一副)

到了明清时期，除了首饰外，金银饮食器具已从一般百姓的生活领域中退出，仅供皇室贵族使用，目前发现的主要出于帝陵和藩王墓中，民间出土的极少。金银器制作也一改宋代清秀典雅，意趣恬淡的风格，而越来越趋于华丽、浓艳，宫廷气息愈来愈浓厚。1990年，龙游县石佛乡石佛村上余自然村发现的四只明代窖藏金杯是目前浙江地区，乃至全国仅见的明代民间日用金制饮食器具。这四只金杯为高足酒杯，其中二件为荷花瓣造型，杯足底阴刻有“天启六年季春月余荣四六置吉旦”，内底各刻有“元”和“亨”两字；另外两件为菊花瓣造型，杯足底阴刻有“崇祯十三年仲春月余四六置吉旦”，内底各刻有“文”和“行”两字，工艺精湛，制作精美，是难得的明晚期带款识的佳品(见图5-42)。

图 5－42　左为崇祯十三年“行”款菊花形高足金杯，右为天启六年“元”款菱花形高足金杯

（三）漆器

宋代也是浙江漆器大发展的高潮期。它一方面继承了唐代贡漆，尤其是五代吴越国制漆的传统，另一方面也是因经济重心和政治重心的南移，带来了大批贵族官僚和北方工匠，推动了浙江漆器制造水平的发展（见图 5－43～图 5－45）。其中又以温州漆器为天下第一，产品畅销全国，甚至海外。《东京梦华录》记载北宋开封府有“温州漆器什物铺”，《梦粱录》《都城纪胜》中也都提到南宋的都城临安有“彭家温州漆器铺”“温州漆器铺”。在江苏淮安杨庙镇的北宋墓和江苏武进林前的南宋墓中都出土了大批漆器，有漆盘、漆碗、漆盆、漆茶托等，其中有多件器物上书写有温州产地的铭文。浙江本地出土的就更多了。1982 年，在杭州北大桥的南宋墓葬中，出土了一批漆器，其中的漆盂及漆盏托上分别带有朱书“庚子温州念□叔上牢”“丁卯温州□□成十二□上牢”铭文，表明它们均是温州出产。2005—2010 年，温州鹿城区百里坊、信河街等地建筑工地先后出土 30 余批次 300 多件宋元时期漆器，以素髹日用器皿为主，包括罐、碗、蹀、盏托、盘、匙等饮食器具，少数器物完整，采用了识文、戗金、描金、描漆、针刻、剔犀、银扣等髹饰工艺，相

图 5－43　浙江省博物馆藏五代素纹漆盘

当一部分带有温州铭文。[①]

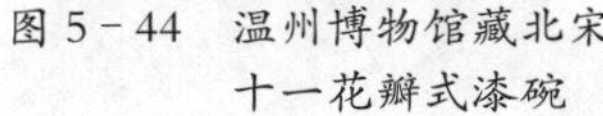

图 5-44　温州博物馆藏北宋十一花瓣式漆碗

图 5-45　浙江省博物馆藏宋—元黑漆盏托

直到明代中期，温州漆器仍然名满天下，占据了全国漆器市场的主流。明人王士性的《广志绎》说："天下马头，物所出所聚处，苏杭之币、淮阴之粮……广陵之姬、温州之漆器。"但是随着时间的推移，温州漆器也不可避免地开始走下坡路，与之相应的是嘉兴漆器的兴起。嘉兴漆器从元代时就已开始出现，擅长雕漆，尤以剔红闻名于世。明人曹昭所著《格古要论》"剔红"条有"元末，西塘杨汇有张成、杨茂剔红，最得名"。所谓雕漆，亦称刻漆，就是工匠在胎体上层层髹漆，少则几十层，多则百层以上，然后在漆上雕刻花纹，最后烘干，磨光洁。其胎以木质居多，因漆色不同又可分为剔红、剔黄、剔绿、剔黑、剔犀、剔彩等。嘉兴雕漆多以剔红为主，器型既有盘、盒、瓶、罐等小型家用器皿，也有橱柜、屏风等大件家具，纹样主要采用山水、人物、花果、飞禽等，作品特点是漆层浑厚，漆色红亮，打磨光润，藏而不露（见图 5-46）。

图 5-46　浙江省博物馆藏元剔犀如意云纹盏托

入明之后，明成祖朱棣在北京设立御用漆器的官办作坊果园厂，亲自调选

① 伍显军：《宋元时期温州漆器综论》，《中国文物报》2014 年 3 月 26 日，第 5 版。

漆器名家主持，大批南方漆工征调入京，张成之子张德刚子承父业担任了果园厂的主要领导。《嘉兴府志》载："张德刚，父成，与同里杨茂俱善髹漆剔红器。永乐中日本、琉球购得以献于朝，成祖闻而召之，时两人已殁。德刚能继其父业，随召至京面试，称旨，即授营缮所副，复其家。"大批工匠调入北京，虽然影响了浙江本地的漆器发展，但是也可见当时嘉兴雕漆技艺水平之高（见图 5－47 和图 5－48）。

图 5－47　浙江省博物馆藏元—明剔犀如意云纹银里小碗

图 5－48　浙江省博物馆藏清绿地剔红暗八仙纹葵瓣式盒

明清时期，宁波的泥金彩漆也盛极一时。明代《浙江通志》有"大明宣德年间，宁波泥金彩漆、描金漆器闻名中外"的记载。所谓泥金彩漆，就是结合了泥金工艺和彩漆工艺一种特殊漆器工艺，工艺流程独特且复杂，要经过捣漆泥、堆塑、贴金等 20 多道工序，对气候与环境条件要求极高。其器物除了花轿、床、橱柜等大件家具外，主要有饭桶、茶桶、果盒、果盘等（见图 5－49）。

图 5－49　宁波博物院藏清泥金彩漆双龙戏珠福寿纹木提桶

（四）其他材质

除了以上这些材质的饮食器具之外，锡器、紫砂器、珐琅器等明清时期广为流行的一些器具，虽非浙江本地生产，但是也极大地丰富浙江人的餐桌和饮食文化，兹略作介绍。

图 5-50　宁波博物院藏清曼生款包锡紫砂方壶

锡器是以锡为原料加工而成的金属器皿，在我国使用历史悠久，《梦粱录》中即有临安城有锡器铺的记载，但是锡器广泛用作饮食器具还是在明代永乐年间之后，主要产于云南、广东、山东、福建等地。锡制器具因具有不锈、防潮、耐酸碱的优点，被广泛地用作茶叶罐，明清时期的很多文人，如李渔，周亮工等人都说储存茶叶只能用锡器。此外也有碗、杯、盘、碟、壶、温酒器等，造型吸收了历代青铜器、陶器、瓷器的典雅外观，表面纹样装饰精致，线条流畅，具有很强的观赏性和实用性（见图 5-50）。

紫砂器是一种介于陶器与瓷器之间的陶瓷制品，发端于北宋中期，至明清时期，随着紫砂壶艺的兴起逐渐为世人所重。主要器型有茶具、酒具，其中以紫砂茶壶最为著名。明代的紫砂壶以手捏制为主，造型多以方形、圆形、筋纹式为主，线条简约，壶体偏大多提梁，平实质朴。清代开始，紫砂受到宫廷的重视，做工上也有了质的飞跃，出现了专供宫廷皇家使用的精雕细琢的宫廷壶，泥质细腻，色泽温润，造型风格崇尚古朴，向典雅精致发展。此后紫砂壶逐渐形成了独树一帜的风格和众多造型门类，各种式样日趋丰富，有模拟花木瓜果类、模仿古器类、模仿日常用具类、动物类，以及大量的几何形类。清中期以后还出现了紫砂与锡合制的砂胎锡包壶。有清一代，紫砂器名家辈出，流派纷呈。

珐琅器是以珐琅为材料装饰而制成的器物，基本成分为石英、长石、硼砂和氟化物。按照加工工艺的不同，又可分为掐丝珐琅器、錾胎珐琅器、画珐琅器和透明珐琅器等品种。珐琅器自元代传入中国，最初多为酒具。明朝景泰年间，珐琅器制作达到顶峰，使用的珐琅釉多以蓝色为主，故得名“景泰蓝”，器具类型有瓶、盘、碗、尊、壶、炉、圆盒、香熏等，后来出现了鼎之类的陈设器，造型多仿历代青铜器和陶瓷器，纹饰以大明莲为主，也有少数串联花卉和青铜器的变形纹样。入清之后，珐琅器制作越来越精美，大量雕刻、镶嵌工艺被运用其中。尤其是乾隆朝，制作了数量可观的珐琅器，既有大型的佛塔、佛龛、佛像，也有瓶、罐、盘、碗、盒、茶壶、杯盘、多穆壶、火锅、筷套等生活器皿，还有仿商周青铜器制作的尊、鼎、卣、觥、簋、钟、扁罍、甗、觯等，工艺上精益求精，不惜工本，风格金碧辉煌，令人炫目。受宫廷风气影响，民间也开始流行珐琅器，铜胎的珐琅碗、蹀、壶等盛行一时（见图5－51）。

图5－51　宁波博物院藏清铜胎珐琅鱼草纹碗

第五节　浙江代表性饮食器具遗产

几千年来的工艺传承和器物文化，不仅点缀了浙江人的餐桌，提升了浙江饮食文化的审美格调，同时也留下了丰富的传统手工技艺，形成了以陶瓷烧制技艺为核心的浙江器具类饮食文化遗产，奠定了浙江在全国非物质文化遗产中的重要地位。目前浙江地区已有越窑青瓷烧制技艺、龙泉青瓷烧制技艺、婺州窑陶瓷烧制技艺、永康锡雕、泥金彩漆五项与饮食器具相关的传统技艺列入国家级非遗，另外还有黑陶烧制技艺、南宋官窑烧制技艺、衢州白瓷烧制技艺、乐清金漆圆木、绍兴锡器制作技艺、永康铜艺、紫砂烧制技艺、大洲厨刀制作技艺、天竺筷制作技艺、永康铸铁（铁锅、铁壶）、海宁三把刀制作技艺、江山三卿口传统制瓷工艺、大溁罐制作技艺等十余项入选省级非遗目录，市、区（县）级的就更多。限于篇幅，仅对省级以上非遗项目作简略介绍。

（一）越窑青瓷烧制技艺

越窑是中国古代最著名的青瓷窑系，因窑址所在的余姚、上虞、慈溪等地古代属越州管辖，故称越窑。它以生产青瓷闻名，最早实现了从原始瓷向成熟瓷器的突破，不管是制瓷技艺、装饰工艺，还是造型款式，在古代均达到了极高水平，是我国陶瓷烧制延续时间较长、影响范围较广、文化内涵丰富的窑系之一。越窑青瓷种类繁多，从饮食器具、贮存器到陈设用品、乐器、明器等应有尽有，其中尤以饮食器具种类最多，应用最广，尤其专门烧造的宫廷用瓷“秘色瓷”，是我国古代陶瓷烧造的经典。

因窑址分布广泛，影响深远，多年来宁波、绍兴、杭州等地都在积极地恢复越窑青瓷生产。2005年，慈溪市越窑青瓷有限公司和杭州市西湖区贵山窑陶瓷艺术研究室分别申报越窑青瓷烧制技艺，均被列入第一批浙江省非物质文化遗产名录。2007年，上虞区申报的越窑青瓷烧制技艺被列入第二批浙江省非物质文化遗产名录。2011年，越窑青瓷烧制技艺被国务院列入第三批国家非物质文化遗产名录传统技艺类。2019年，《国家级非物质文化遗产代表性项目保护单位名单》公布，慈溪市越窑青瓷有限公司、杭州市西湖区贵山窑陶瓷艺术研究室、绍兴上虞三雄陶瓷有限公司同时获得越窑青瓷烧制技艺项目保护单位资格。

（二）龙泉青瓷烧制技艺

龙泉窑是中国古代烧制时间最长、窑址分布最广、生产规模和外销范围最大的青瓷名窑，其窑址在浙江丽水及温州的永嘉、泰顺、文成、苍南，金华的武义等地均有发现，其中以龙泉窑址最为密集，故名龙泉窑。龙泉窑最早出现于西晋时期，北宋时初具规模，到南宋中晚期进入鼎盛时期，粉青釉和梅子青釉达到了青釉瓷色的最高境界，与当时的定窑、钧窑、磁州窑、耀州窑、景德镇窑合称为宋代六大窑系，龙泉窑中的哥窑又与官窑、汝窑、定窑、钧窑并称宋代五大名窑。元代之后，龙泉窑产区不断扩大，成为外销瓷的主要品种。

2006年，龙泉青瓷烧制技艺经国务院批准列入第一批国家级非物质文化遗产名录。2009年，在联合国教科文组织保护非物质文化遗产政府间委员会第四次会议上，浙江龙泉青瓷传统烧制技艺被正式列入《人类非物质文化遗产代表作名录》。

（三）婺州窑陶瓷烧制技艺

婺州窑是中国古代著名的青瓷窑之一，窑址主要分布在金华、武义、东阳等地，因唐时属婺州管辖，故称婺州窑。婺州地区自商周时期就已开始烧制陶器和原始瓷，到东汉晚期烧制出成熟的青釉瓷器，唐宋时期达到鼎盛，以产茶碗出名，窑址遍布今金华、衢州各地，元以后逐渐衰落。婺州窑所产瓷器以青瓷为主，兼烧黑、褐、花釉、乳浊釉瓷和彩绘瓷，主要产品有盘口壶、碗、盆、碟、水盂、盏托、瓶等，制作较为粗糙，产量不高，属民间用瓷。

2007年，婺州窑陶瓷烧造技艺成功获评第二批浙江省非物质文化遗产，2014年又被列入第四批国家级非物质文化遗产代表性项目名录。

（四）永康锡雕

锡雕，俗称“打镴”，是永康十大传统五金手工技艺之一，历史悠久。据《永康县志》记载，当地锡器制造始于五代，发展于宋代，明清至民国达到鼎盛，从

业者超过千人，主要产品有酒壶、茶壶、茶叶罐、汤罐、果盒等饮食器具以及传统嫁妆、仪仗道具及佛事法器等，永康锡器产品制作时一般需经成形、锉平、打磨、打孔、焊接、刨光等工序，有些还要雕模、铸模。制出的成品做工精细，质地光亮，洁白如银，带有明显的地域风格，而且防潮性好，经久耐用，具有广泛的实用价值和较高的观赏价值、收藏价值。

2007年，永康锡艺成功获评第二批浙江省非物质文化遗产。2008年，永康锡雕又被列入第二批国家级非物质文化遗产项目名录。

（五）泥金彩漆

泥金彩漆是宁波"三金一嵌"（朱金漆木雕、泥金彩漆、金银彩绣和骨木镶嵌）代表性传统工艺之一，是泥金和彩漆相结合的漆器工艺，多用于竹木器和皮革制品，大到百姓家的床铺、橱柜等家具，小到提桶、果盒等生活用品，应用广泛，品种丰富。其起源可以追溯到余姚河姆渡遗址出土的有七千多年历史的木胎朱漆碗，明清时期达到鼎盛，民国时期也曾辉煌一时。泥金彩漆有一套独特复杂的工艺流程，对气候与环境条件要求极高。工艺手法主要有平花、沉花、浮花三大类。主要原材料包含生漆、柚油、金箔、香灰、瓦灰、蛎灰、朱砂、云母、螺钿等十余种天然矿物质。中华人民共和国成立后，随着婚嫁习俗的改变，泥金彩漆渐渐淡出人们的视野，现仅宁海还保留此项传统手工艺。

2007年，泥金彩漆被列入第二批浙江省非物质文化遗产目录，2010年又被列入第三批国家级非物质文化遗产保护项目。

（六）黑陶烧制技艺

遂昌地区有着悠久的黑陶烧制历史。遂昌好川遗址就出土了大量距今4 000年前的良渚文化晚期的黑陶器皿。1990年，遂昌县二轻工业局组建了遂昌县九龙工艺厂，恢复黑陶烧制技艺，烧制出第一个黑陶瓶。1992年，经过浙江省科学技术委员会新产品研发鉴定，认为遂昌黑陶产品试制成功，达到国内先进水平，填补浙江省陶瓷产品的一个空白。此后由于快轮制陶和烧陶技术得到普遍应用，遂昌黑陶的发展驶入快车道，成功复制出良渚黑陶、河姆渡猪纹陶钵等，同时研发出壶、杯、盘、锅等一系列饮食器具，以及花盆、墙砖等其他器物，制作出的器皿有器壁薄、乌黑如漆、平滑光泽等特点，烧制技艺独特，地域性强。

2007年，遂昌县黑陶烧制技艺被列入第一批浙江省非物质文化遗产名录。

（七）南宋官窑烧制技艺

南宋官窑是中国宋代五大名窑之一。宋高宗赵构迁都临安后，为满足宫廷用瓷需要，在现在杭州凤凰山修内司遗址区域设立官窑，集中南北的精工巧匠，烧造青瓷，史称南宋官窑。宋亡以后，官窑被毁，工匠失散，有关南宋官窑的制作原料、制瓷配方、成型技艺、烧造技术等逐渐失传，传世官窑瓷器更是稀少。1976年，在周总理的关心下，南宋官窑的恢复试制工作全面开始。1986年，国家决定在官窑遗址建造杭州南宋官窑博物馆，在萧山建立杭州南宋官窑研究所。1989年，杭州南宋官窑研究所开始批量生产官窑瓷器。

2007年，南宋官窑烧制工艺被列入第二批浙江省非物质文化遗产项目名录。

（八）衢州白瓷烧制技艺

衢州陶瓷制作历史久远，可追溯到古代衢州印纹陶器。唐代，衢县（现衢江区）沟溪上叶窑、龙游县方坦窑等开始烧制乳浊釉瓷。宋代衢州制瓷业发展成熟，产品烧结程度较好，胎质坚硬，叩音清脆，胎质呈灰白色，装饰纹样题材极其丰富。元代一直到民国，衢州瓷业在衢江及江山港、常山港、乌溪江两岸台地持续发展，形成一定的生产能力和规模，但多以村落和窑户以满足本地市场为主组织生产。衢州白瓷配方讲究，雕刻细致，窑温严格，产品主要有酒具、茶具、咖啡具等饮食器具以及佛像、台灯、花瓶艺术品等。1979—1981年，在传统白瓷的生产工艺基础上，“莹白瓷”在衢州瓷厂试制开发，并于1982年通过省级鉴定。莹白瓷以其薄、白、透为瓷胎特色，以雕、刻、划、剔等技法为独特装饰手法和高温烧制，因被授予国家原产地保护标志而享誉国内外。

2009年，衢州白瓷烧制技艺被列入第三批浙江省非物质文化遗产名录。

（九）乐清金漆圆木

乐清金漆圆木是广泛分布在乐清市象阳镇、白石镇、城北乡、虹桥镇、仙溪镇、南岳镇等乡镇的一种民间工艺品。据象阳汤岙朱的朱氏宗谱记载，当地圆木业始于元末明初，经过了几百年的不断探索改进，到清初形成庞大群体，其工艺已达到初步完善。至19世纪六七十年代最为鼎盛，温州各地都办有圆木厂。乐清金漆圆木以木胎为主，器皿造型大多为圆形，也有部分呈方形，集镂、刻、镌、漆于一身，装饰雕刻表现形式以浮雕为主。油漆以金漆为主要色料，局部贴以金箔，色泽鲜艳，金碧辉煌，富丽堂皇，经久不褪色。金漆圆木种类繁多，从日常用品到嫁妆，有圆花鼓桶、茶盘桶、六格盒、肉盂、鹅兜、酒埕、菜蔬桶、帽笼、斗桶升、头梳盂、木碗、汤梁、稻桶、饭斗、松糕甑、糖糕印等300多种，包括祭祀礼仪类、内室厨房类、厅堂摆饰类及农用木器类等，五花八门，一应俱全。并可应用户需求，仿制各种动物、植物的圆木作品，如金瓜盂、蝴蝶盘、兽

盘、小龙盘等。

2009 年，乐清金漆圆木被列入第三批浙江省非物质文化遗产名录。

（十）绍兴锡器制作技艺

锡器是绍兴特产之一，制作历史悠久。《越绝书》中就有“赤堇之山破而出锡，若耶之溪涸而出铜”的记载。中华人民共和国成立前后，锡制的水壶、茶壶、茶叶罐等锡器制是绍兴人生活中不可或缺的日用器皿，绍兴市因此有“锡半城”的外号。绍兴锡器制作流程繁杂，工序多，而且工艺精湛，很多锡器上雕刻有各种人物、花鸟走兽等图案，不仅实用价值高，而且有很高的实用价值和观赏收藏价值。改革开放以后，随着塑料、铝、不锈钢制品的兴起，锡器慢慢被取代，逐渐退出人们的日常生活。

2009 年，绍兴锡器制作技艺被列入第三批浙江省非物质文化遗产名录。

（十一）永康铜艺

永康铜艺，俗称打铜，是百工之乡永康的又一门传统手工技艺。据《永康县志》记载，1929 年前后，永康地区有铜匠 1 753 人，到 1949 年增长到 2 647 人。永康铜匠在方岩、芝英、古山一带较为集中，大多保留着半工半农的习俗，在农闲时间肩挑行担，走村串户上门加工，足迹遍及全国各地。产品多至百余种，主要有铜罐、铜壶、铜火锅、铜火囱、铜秤、铜茶垫、烟筒头等，做工精细，风格独特，具有很高的实用价值和观赏收藏价值。

2009 年，永康铜艺被列入第三批浙江省非物质文化遗产名录。

（十二）紫砂烧制技艺

浙江省内的紫砂烧制技艺传承主要有湖州长兴县和绍兴嵊州市两处。

其中长兴县有丰富的紫砂陶土资源，制作技艺历史悠久。以长兴紫砂陶土为原料制成的紫砂茶壶，与紫笋茶、金沙泉并称为“品茗三绝”。其制作基本上以手工成型，造型简洁优雅，雕刻装饰得体，工艺考究，造型多变，而且结构配合严密，色泽醇厚古朴，集实用性、观赏性于一身，具有很高的文化、美学、经济和收藏价值。嵊州紫砂前身为“老协兴陶厂”，建于清乾隆年间崇仁镇赵马村，而后改称“复兴窑厂”，中华人民共和国成立后更名为嵊县陶器厂。主要生产粗陶缸、钵、盆为主，70 年代初开始研制紫砂产品，1978 年更名为“嵊县紫砂”，产品包括紫砂茶壶、雕塑、酒具、文具、养生壶等，畅销全国 26 个省市。

2009 年，长兴县和嵊州市分别申报的紫砂烧制技艺均被列入第三批浙江省非物质文化遗产名录。

（十三）大洲厨刀制作技艺

大洲厨刀制作技艺起源于清朝光绪十六年（1890），是衢州历史上的名牌产品之一，至今已有120年的生产历史。大洲厨刀创始人为衢州江山人胡同兴。1917年，他创办了第一家“胡同兴铁店”。1943—1958年，胡同兴的两个儿子将大洲厨刀生产规模进一步扩大，成立了大洲铁业生产合作社，后又改为大洲机械厂。20世纪60年代，厂内员工郑金高在一次刀具比赛上获得冠军，并得到省电视台的采访，从此声名大噪。至今，大洲厨刀的打制工艺仍然全为手工操作，而且经过独特的刀刃淬火技术和打制工艺，具有不崩口、不卷刃、口薄、锋利等特点。

2009年，大洲厨刀制作技艺被列入第三批浙江省非物质文化遗产名录。

（十四）天竺筷制作技艺

天竺筷号称“江南名筷”，是杭州的地方传统手工艺品，采用杭州天竺山的实心大叶箬竹精心加工而成。据传，清代乾隆年间天竺山香火鼎盛，寺庙和尚为接应众多香客素斋，僧人就地取材，取当地小竹为筷。后被当地住户发现商机，纷纷制作天竺筷售给香客游人。至民国时期，在杭州大井巷一带就有40多家生产天竺筷的作坊。天竺筷质地良好，使用起来餐染竹香，同时筷头设装饰，筷身烙制妙笔丹青，兼具实用价值和观赏价值，物美价廉。现如今共有20厘米、24.5厘米、25厘米和38厘米等长度的尺寸，以及粗、中、细几种款式，筷头分为铜头、黑檀头、玛瑙头、荷木等，筷身所绘图案多为反映杭州人文景观和本土地域文化的自然风光、民俗风貌、花鸟诗词、知名传说等，富有民族特色。

2006年，天竺筷传统技艺入选杭州市非物质文化遗产名录，2009年又被列入第三批浙江省非物质文化遗产名录。

（十五）海宁三把刀制作技艺

海宁三把刀，即药刀、片刀和糕刀，是海宁市的传统手工艺品，由海宁盐官百年老店“周顺兴铁店”研制而成。“周顺兴铁店”始创于清咸丰元年（1851），其第二代掌门人周富亭，于1888年用德国生钢，经数年努力研制出了海宁三把刀和各种快口刀具，参加过“西湖博览会”“南洋劝业会”等国内外展销会并获得殊荣，由此名扬四海，发展至今已有6代传人和120多年历史。所谓三把刀，药刀，主要用于切半夏、西洋参片等药材，片薄如轻纱，透明照人；糕刀，刀口选用德国“手心牌”旧锉刀钢，质量过硬，主要用于切糕饼，切出来的糕片大小、厚薄非常均匀；片刀，即传统的海宁厨刀，主要有两种型号。一是圆头阔刀，前段批精肉，锋利无比，刀至肉成薄片。后段斩骨无痕，削铁如泥，适用菜

馆酒家；另一种是家用菜刀，刀口略呈弓形，中段微凸，在稍有凹陷的墩板上也能运用自如。

2012 年，海宁三把刀制作技艺被列入第四批浙江省非物质文化遗产项目名录。

（十六）江山三卿口传统制瓷工艺

三卿口位于衢州江山市峡口镇，据宗谱记载，清乾隆十一年（1746），黄氏叔侄从福建连城到江西吉安发展，后又迁徙到江山，带来了青花瓷的烧制工艺，在当地建窑制瓷。全村都以烧制青花瓷为生，产品多销往福建、江西、浙江等地偏远山区。当地现存清代龙窑一条，水碓房 11 座，拉坯房四十余间，淘洗池七组，拉坯转轮及工具若干套，保存着全国唯一完好的作坊式制瓷工艺。

2006 年，三卿口制瓷作坊被列为全国重点文物保护单位。2012 年，江山三卿口传统制瓷工艺被列入第四批浙江省非物质文化遗产项目名录。

（十七）大漈罐制作技艺

大漈罐是产自景宁畲族自治县大漈乡的一种陶器。据《景宁畲族自治县志》，当地的手工业陶器始于明朝天启年间，已有 300 余年生产史，产品主要以中药罐、火笼罐、饭甑、盐缸、酒缸、茶壶等传统日用器皿为主，俗称“大漈罐”，具有耐高温、对食物无毒性、储藏食物不易腐败等特点，深受庆元、文成、泰顺、平阳、寿宁等浙闽邻近十余县山区农民欢迎。

2012 年，大漈罐制作工艺被列入第四批浙江省非物质文化遗产项目名录。

（十八）永康铸铁（铁锅、铁壶）

永康铸铁历史十分悠久，据《永康县志》载：“早在清代，就有铸铁工匠在县内外设坊建场，自制铸炉，从事翻砂浇铸食锅、秤砣、铁壶等。”到 19 世纪 80 年代，永康铸铁工匠已遍布本省及闽、皖、赣、湘或更远的地区开设锅炉作坊，从事铸铁行当。传统的永康铸铁，以铸造民用铁锅、铁壶为主，工艺精炼，作品美观大方，实用性强。

2016 年，永康铸铁（铁锅、铁壶）成功入选第五批浙江省非物质文化遗产代表性项目名录。

第六章

浙江民俗类饮食文化遗产

流动的太湖水系和钱塘江水系孕育出淮扬菜、苏菜和浙菜等饮食文明体系。这些独具地域特色的饮食文明体系中，形成了当地人群独特的食生活、食生产与食俗。从浙江省的地理位置、自然环境和资源情况来看，浙江主要有杭嘉湖平原饮食、衢金丽山地饮食和温台甬海洋饮食三大特色饮食风格区，进而形成具有相对稳定性的地域性饮食风俗。人工水道和自然河道交织，沿河而居的浙江人毫无疑问地创造了极具流动风格特征的浙江大运河饮食文化和钱塘江饮食文化。而从浙江省的非遗传播与保护实践角度来说，"民俗类"非遗代表性项目中，有许多与饮食习俗相关，这跟食风异俗沿着河道流动向各地的原因有关。为了便于讨论，我们将省内非遗项目"美术类"中与饮食民俗相关的内容，亦作为浙江饮食民俗文化遗产的一部分进行考察。比如米塑、面塑、糖塑、糖画、灶画等，虽然在各层级的非遗名录中，被认为是"美术类"非遗项目，但是其内容背后均具有深厚的饮食民俗文化和地方传统特征，具体项目见表 6－1。

表 6－1　浙江市级民俗类非遗美食项目统计表

项目名称	申报地区或单位	申报时间和批次
香积素食文化	杭州市拱墅区	2016 年第六批
灵隐腊八节习俗	杭州市灵隐寺	2016 年第六批
万承志堂中医药养生文化	杭州市上城区	2014 年第五批
彭祖养生文化	杭州市临安区	2012 年第四批
洪岭馒头节	杭州市临安区	2009 年第三批
猪头祭祖	杭州市淳安县	2009 年第三批

（续表）

项目名称	申报地区或单位	申报时间和批次
钱塘江渔歌（富春江渔歌）①	杭州市桐庐县	2009 年第三批
灶头画（三墩灶头画）	杭州市西湖区	2009 年第三批
九姓渔民习俗	杭州市建德市	2006 年第一批
元宵饮食习俗（宁海十四夜饮食习俗）	宁波市宁海县文化馆（非遗中心）	2015 年第四批
海洋捕捞习俗	宁波市象山县	2008 年第二批
渔民开洋谢洋习俗	宁波市象山县	2008 年第二批
八月十六过中秋习俗	宁波市海曙区	2008 年第二批
二十四节气习俗（永嘉清明饮食习俗）	温州市永嘉县	2019 年第十一批
尝新习俗	温州市瓯海区	2015 年第九批
米塑②	温州市龙湾区、平阳县	2014 年第八批
糖塑（糖画）	温州市永嘉县、苍南县	2014 年第八批
乐清重阳节吃登糕习俗	温州市乐清市	2014 年第八批
文成尝新习俗	温州市文成县	2014 年第八批
畲族“尝新”习俗	温州市泰顺县	2014 年第八批
永嘉米塑	温州市永嘉县	2014 年第七批
文成糖画	温州市文成县	2014 年第七批
吹糖人	温州市瑞安市	2011 年第五批
米塑	温州市瓯海区	2011 年第一、第二、第三、第四批扩展名路
冬至做鸡母狗馃习俗	温州市洞头区	2010 年第四批
糖塑	温州市龙湾区	2009 年第三批

① 在杭州市公布第三批非遗代表作名录的时候，同时公布了第一及第二批非遗代表作扩展项目名录。其中富阳区以同样的项目名称申报该项目。

② 米塑、面塑、糖塑、糖画、画蛋、灶画等在“美术类”非遗代表性项目名录中的项目，均作为浙江省饮食民俗文化遗产的一部分，进行统一考察。后同。

（续表）

项目名称	申报地区或单位	申报时间和批次
温州蛋画	温州市平阳县	2009 年第三批
米塑	乐清市、瑞安市、苍南县、泰顺县	2009 年第一批、第二批扩展项目
米塑	温州市文成县	2008 年第一批扩展名录
米塑	温州市鹿城区	2007 年第一批
嘉善淡水捕捞渔俗	嘉兴市嘉善县丁栅镇	2009 年第三批
嘉兴灶画	嘉兴市秀洲区、海盐县、南湖区、平湖市、海宁市、桐乡市、嘉善县	2006 年第一批
吃福习俗	湖州市长兴县李家巷镇	2019 年第七批
后坞年猪饭	湖州市德清县筏头乡	2015 年第六批
南浔三道茶	湖州市南浔区南浔镇	2015 年第六批
菱湖桑基鱼塘生产习俗	湖州市南浔区菱湖镇	2010 年第四批
灶头画	湖州开发区杨家埠镇、吴兴区道场乡	2008 年第二批
方糕花板雕刻	湖州市吴兴区八里店镇	2008 年第二批
米粉团塑	湖州市吴兴区八里店镇	2008 年第二批
震远同食品生产经营习俗	湖州市吴兴区文体局	2008 年第二批
丁莲芳千张包子店生产经营习俗	湖州市丁莲芳食品有限公司	2008 年第二批
百鱼宴与淡水鱼消费习俗	湖州饭店有限公司	2008 年第二批
诸老大粽子店生产经营习俗	湖州市吴兴区文体局	2008 年第二批
老恒和生产经营习俗	湖州市吴兴区文体局	2008 年第二批
周生记馄饨店生产经营习俗	湖州市周生记食品责任有限公司	2008 年第二批
淡水养鱼习俗	湖州市南浔区菱湖镇	2008 年第二批
南浔传统糕点饮食习俗	湖州市南浔区南浔镇、菱湖镇、双林镇、善琏镇、南浔开发区	2008 年第二批
三合烘豆茶习俗	湖州市德清县三合乡	2008 年第二批
新昌茶祭	绍兴市新昌县	2015 年第六批

（续表）

项目名称	申报地区或单位	申报时间和批次
绍兴酒俗	绍兴市	2013 年第五批
绍兴稻作习俗	绍兴市	2009 年第三批
绍兴黄酒开酿节	绍兴市	2009 年第三批
吃讲茶	绍兴市	2006 年第一批
面塑	金华市金东区、兰溪市	2018 年第七批
汤溪传统饮食文化	金华开发区	2018 年第七批
义乌鸡毛换糖文化	金华市义乌市	2018 年第七批
起酥文化	金华市义乌市	2018 年第七批
糖画	金华市兰溪市	2015 年第六批
民间饮食习俗	金华市浦江县十六横签	2010 年第四批
祭祀仪式(兰溪猪羊会)	金华市	2010 年 扩展项目
六月初一保稻节	金华市婺城区	2009 年第三批
面塑(义乌捏面人、东阳面塑)		2009 年 扩展项目
浦江面塑	金华市	2006 年第一批
粮食砌(兰溪粮食砌、东阳米塑)	金华市	2006 年第一批
常山糖艺	衢州市常山县	2015 年第五批
传统榨油技艺	衢州市江山市	2012 年第四批
龙游罗家清明馃制作	衢州市龙游县	2008 年第二批
江山麻糍节	衢州市江山市	2008 年第二批
开化苏庄平坑保苗节	衢州市开化县	2008 年第二批
米塑	台州市温岭市	2008 年第二批
摆看桌	台州市天台县	2008 年第二批
庆元传统婚宴习俗	丽水市庆元县	2012 年第五批
龙泉香菇庙会	丽水市龙泉市	2012 年第一批 扩展目录

（续表）

项目名称	申报地区或单位	申报时间和批次
菇民习俗	丽水市庆元县	2010 年第二批扩展目录
竹溪食品祭	丽水市松阳县	2009 年第三批
稻田养鱼	丽水市青田县	2008 年第二批
菇民习俗	丽水市景宁畲族自治县	2008 年第二批
项边村中秋迎稻草龙习俗	丽水市龙泉市	2008 年第二批
梅源梯田开犁节	丽水市云和县	2008 年第二批

第一节　杭嘉湖平原饮食习俗

杭嘉湖平原位于中国浙江省北部，太湖流域南部，是浙江省最大的平原。地理范围大致包括太湖以南、钱塘江和杭州湾以北、天目山以东、东海以西的广大地区，行政范围包括嘉兴市全境，湖州市大部分以及杭州市的东北部，属长江三角洲平原的一部分，故狭义的“杭嘉湖”指的就是浙江杭州、嘉兴、湖州三市。正是由于广阔的平原以及网状的河流体系，让杭嘉湖地区长期以来是中国漕粮供给区，商品粮生产区。隋唐以来，杭嘉湖地区饭稻羹鱼的饮食传统已经十分稳固。宋室南迁后，大批北方餐饮从业者尤其是厨师精英移居杭州。南宋时的临安饮食风俗融汇了临安（今杭州）和东京（今开封）两大帝都饮食传统，饮食文化出现极度繁荣（见图 6－1）。

图 6－1　杭州名肴叫花鸡

从饮食风俗角度来说，传统的杭嘉湖地区饮食习俗可重点参考历史上杭州地区的饮食传统。以《武林旧事》所

载张镃家宴为例(见图6－2),其家一年四季的宴会活动如下:

图6－2　杭州桐庐“十六回切”地方宴席民俗

正月孟春:岁凶家宴,人日煎饼会。

二月仲春:社日社饭,南湖挑菜。

三月季春:生朝家宴,曲水流觞,花院尝煮酒,经寮斗新茶。

四月孟夏:初八日亦庵早斋,随诣南湖放生、食糕糜,餐霞轩赏樱桃。

五月仲夏:听莺亭摘瓜,安闲堂解粽,重午节泛蒲家宴,夏至日鹅炙,清夏堂赏杨梅,艳香馆赏林檎,摘星轩赏枇杷。

六月季夏:现乐堂尝花白酒,霞川食桃,清夏堂赏新荔枝。

七月孟秋:丛奎阁上乞巧家宴,立秋日秋叶宴,应铉斋东赏葡萄,珍林剥枣。

八月仲秋:社日糕会,中秋摘星楼赏月家宴。

九月季秋:重九家宴,珍林赏时果,满霜亭赏巨螯香橙,杏花庄新酒。

十月孟冬:旦日开炉家宴,立冬日家宴,满霜亭赏蜜橘。

十一月仲冬:冬至日家宴,绘幅楼食馄饨,绘幅楼削雪煎茶。

十二月季冬:家宴试灯,二十四夜饧果食,除夜守岁家宴。[①]

① [宋]四水潜夫辑:《武林旧事》,浙江人民出版社1984年版,第143－144页。

图 6-3　杭州传统茶食麻酥糖

南宋时期临安的饮食风俗内容丰富，类型多样(见图 6-3)。《梦粱录》里对杭城各个月份的饮食节俗记载更是丰富。如“二月朔，谓之“中和节”，民间尚以青囊盛百谷、瓜、果子种互相遗送，为献生子”；三月清明节的寒食传统与出游踏青，“宴于郊者，则就名园芳圃，奇花异木之处；宴于湖者，则彩舟画舫，款款撑驾，随处行乐”；八月中秋节则“登小小月台，安排家宴，团子女，以酬佳节”，等等。

嘉兴地处杭嘉湖平原腹地，素有鱼米之乡美誉，传承吴越饮食文化特色。嘉兴地区是我国稻作最早的起源地之一。著名的新石器时代早期文化马家浜文化类型，就是以 1959 年发掘于嘉兴南湖乡天带桥马家浜遗址命名。自汉唐以来，嘉兴制作粽子的原料如白壳、乌簑、鸡脚、虾须、蟹爪、乔糯、陈糯、芦花糯、羊脂糯等无一不有，而蛋禽和肉类亦是不缺。这些丰富优质的农副产品原料，为发展各类花色粽创造了有利的条件。于是粽子兴起，形成了独有的特色，并以五芳斋粽子为代表。[①] 嘉兴俗谚云：“北门米脚子，南门大粽子，西门叫化子，东门摆架子。”[②]清乾隆年间嘉兴人项映薇所著《古禾杂识》卷三载：“(嘉兴)寒时节有青糰(团)、灰糉(粽)；乡人则作茧糰，其形如茧，以祈蚕也。立夏节有麦芽糰；端午节有端午糉；七夕有馓子、油堆；中秋有荤、素月饼；重阳有栗糕，上插小红旗四面；腊月祀灶，有汤糰、赤豆饭；新岁有年糕、元宝、寿桃等制。”后人又把“汤糰”称之为元宵，而“重阳日以赤豆和糯米煮成团食之，谓之‘餈团饭’”。此外，“嘉湖细点”在近代更是有名。周作人《再谈南北的点心》一文中称，“点心招牌上有常用的两句话，我想借来用在这里，似乎也还适当，北方可以称为‘官礼茶食’，南方则是‘嘉湖细点’……至清朝末期，茶食品种之多不可胜数，粽子就是其中的代表之一。”[③]该文中，周作人还对嘉兴等周边地区悠久的点心习俗进行了考证，在此不再赘述。赵荣光教授也罗列了嘉兴自清代以

① 楼晓云：《乡味浙江：浙江农家菜百味谱》，浙江科学技术出版社 2018 年版，第 92 页。

② 姜彬：《稻作文化与江南民俗》，上海文艺出版社 1996 年版，第 311 页。

③ 周作人：《周作人作品精选》，长江文艺出版社 2003 年版，439 页。

来的名店名食："到了清代（嘉兴）名店名品尤为不胜枚举，如伸安桥某家酥猪头、板桥吴家五香鸡、南县桥周家五香鸡、北门孟家喜蛋、秀水县蒋家大馒头、魁星阁前欧家水晶糕、韭溪桥某家三鲜面、南门王家熟食、东门施家熟食、集上前烧鸟、北里桥蒲鸡、横埭某家三鲜面、秀学前某家烧饼、春波桥陆协仞火腿、春波桥钱家早面（有'小手家小面'美誉）、水前桥许仙仲烧酒、王江泾孙家馆咸菜、冻麻雀、枫泾丁义兴冻烂肉、乌镇许家酱鸡、荤素春饼、鲜肉烧卖等等，其中尤以生禄斋谢氏茶食中'味极精细，入口而化'的'风消云片''太师饼''东坡酥'为最享誉。"①

湖州在太湖水系之中，甚至当地以"太湖菜"为美食品牌，推广当地饮食文化。《湖州风俗志》以"讲究衣食，乐事文娱"作为湖州四大风俗特点之一。湖州"食则鱼肉荤素，各式糕点，都很讲究；饮则'陆羽遗风'（茶）和'太白遗风'（酒）都堪称盛"，②很好地总结了湖州的饮食特色。湖州的安吉春笋，双林、练市和德清等地的湖羊，长兴的白果、板栗、青梅，太湖水系中的各类鲜鱼活虾等湖鲜，造就了湖州饮食传统中的"太湖基因"。正是因为湖州饮食原料丰富，造就出诸老大粽子、丁莲芳千张包子、震远同"茶食三珍"、泗安酥糖、双林姑嫂饼、南浔定胜糕等饮食文化遗产代表性项目，以及烂糊鳝丝、太湖炝白虾，练市酱羊肉、双林板羊肉，花鲢头滚豆腐、雨后地滑苔（菌）、田螺嵌肉等非遗名菜。

此外，杭嘉湖地区普遍流行吃羊肉的风俗习惯，这跟宋人南迁带来北方饮食习惯有关。宋《澉水志》载"吴家山等六山，不种林木，百姓牧养牛羊处所"，至民国时期，更以养羊为主。《澉志补录》云："乡间豢羊，冬日恒以枯桑叶作饲料，故其味腴美。"以澉浦羊肉烧制技艺为例，当地人认为：生长期在 1 年以下的羊太嫩，而 2 年以上生长期的羊肉则过老，3 年以上的羊肉不仅肉质老，还有过于浓郁的膻味，不宜采用。所以，当地人认为选用生长期在 15—18 个月的湖羊为最佳。湖羊肉以前腿为最，后腿次之，腰窝稍差。澉浦当地群众制作红烧羊肉时，取肉若干，洗净，置铁锅内清水中，用木柴烧煮，沥尽浮沫，加黄酒，启盖猛火攻烧约半小时，再以文火长时间启盖煨煮至用筷子能贯穿皮肉时，加入红酱油，用文火焖煮至极酥软，加红糖使之卤汁收膏，上桌时撒上蒜叶末即成。余之卤汁则投入预先烧之七成熟的红梗芋艿，用文火煨煮至酥软，食时也需撒上蒜叶末，故而当地还有"不吃羊肉吃芋艿"之俗语（见图 6-4～图 6-7）。

---

① 赵荣光：《中国粽子文化与浙江五芳斋精神》，《饮食文化研究》2005 年第 2 期，第 76 页。

② 吴林主编：《太湖名菜·序》，浙江科学技术出版社 2003 年版。

图 6-4　溆浦金良羊肉店

图 6-5　溆浦红烧羊肉

图 6-6　浙江嘉兴新塍红烧羊肉

图 6-7　浙江上虞道墟白切羊肉

第二节　衢金丽山地饮食习俗

衢州在浙江省西部，钱塘江上游，金（华）衢（州）盆地西端，饮食文化特征具有典型的山地饮食特征。衢州开化县居民饮食以一粥二饭、日食三餐为俗。春节鸡、鱼、肉齐全，荤多素少。清明吃艾果，立夏鸡蛋、笋，端午吃粽子，七月半吃汽糕、豆腐干，中秋吃炊粉肉、炊老南瓜粉、芋头粉等，重阳吃麻糍果。衢州龙游发糕是当地知名非物质文化遗产项目，制作工艺独特，配料考究，成品色泽洁白如玉，食之甜而不腻、糯而不粘，因“发糕”为“福高”之谐音，寓“年年发、步步高”之吉祥含意。按口味分，龙游发糕有白糖糕、红糖糕、桂花糕、核桃糕、红枣糕、大栗糕等；按主要原料分，可分为纯糯米糕和混合米糕。龙游发糕已经与当地民俗文化相融合，是龙游人民逢年过节的必备名点，又是馈赠亲友之佳品。龙游当地任何酒席的首道点心，或当地祭祀的主要供品，皆是发糕；一般春节前蒸发糕还要举行拜天地、拜米神、拜灶老爷等仪式（见图6-8）。

图6-8　开化苏庄镇民居家中所制风干肉

衢州下属区县还有一种独特的蒸菜习俗，称之为“炊粉”，而最有名的莫过于苏庄炊粉。传统的苏庄炊粉菜，其制作方法一般先把要蒸的菜或肉洗净切好，然后放到饭盆里，加上米粉、山茶油、腊猪油、米酒、食盐、辣椒、姜、蒜、葱等食材和辅料拌匀，待水烧开后，再均匀地散放到饭甑里盖严，用火蒸熟。

图 6-9　苏庄炊粉名菜：炊粉排骨

炊粉的配菜要讲究搭配。像豆腐、熟南瓜这样绵软的食材，可以加入豆芽、芹菜等爽脆口感的食材。菜和米粉的比例通常是 4∶1。根据当地烹调经验，制作炊粉的火一定要旺，靠猛火才能烹出美味。苏庄人在许多种炊粉菜里，都要以豆芽为佐料，苏庄人厨房里自家发的豆芽，既香又厚实，也许这是与其他地方的炊粉口感有重大区别的原因之一（见图 6-9 和图 6-10）。

图 6-10　苏庄炊粉名菜之炊鸡蛋

苏庄炊粉所谓的“无菜不炊”，这里的“菜”不仅是指蔬菜，也包含有禽畜肉菜和河虾鱼货等水产菜。此外，苏庄炊粉与一般蒸菜不同的是，一定有米粉给各种蒸菜打底。而苏庄古法炊粉所用的米粉也不是普通米粉，而一定要用钱江源头水浇灌出来的早稻米，偏硬，在锅里炒干并加一些花椒炒香，直到米粒微微泛黄才能碾成粉。米粉不能太粗更不能太细，摸上去仍然要有颗粒感。这样的米粉才能作为苏庄炊粉菜必不可少的“粉底”。早稻的生长期短，只有 80—120 天，所以生产出来的早米，腹白度较大，透明度较小，糊化后体积大。早稻米中的稗粒和小碎米的数量相对于晚稻米中的数量多，吃起来质感也比较硬。用早稻米碾磨而成的米粉颗粒膨胀后，让包裹着的肉食或蔬菜口感更有层次。依据家庭习惯不同，也会在用早稻米做的米粉中混入糯米粉，进行调配，造成百家炊粉百家味的现象。

例 1：苏庄炊粉之辣椒包制作方法（见图 6－11）

主料：红辣椒。

辅料及调料：米粉、老南瓜、猪肉末、西蓝花、蕌头、山茶油、强盗草、紫苏、食盐。

制作方法：

（1）红辣椒洗净剖开，掏空辣椒籽，内抹山茶油。

图 6－11　辣椒包

（2）老南瓜切成细丝，加入猪肉末、强盗草、紫苏、蕌头、食盐、味精等与米粉搅拌，制成馅料。

（3）将馅料装入红辣椒内，制成辣椒包。

（4）将辣椒包置在盆内，利用水蒸气，用大火炊蒸 10 分钟，即可起锅。

例 2：苏庄炊粉之炊豆腐制作方法（见图 6－12）

主料：豆腐。

辅料及调料：米粉、腊肉肉末、豆芽、小虾米、山茶油、荬头、辣椒、葱花、食盐。

图 6－12　炊豆腐

制作方法：

（1）将豆腐切成四方小块。

（2）淋上山茶油，用米粉、肉末、豆芽、小虾米、荬头、辣椒等辅料混合。

（3）入笼中蒸熟，点缀上葱花即可。

苏庄人用炊粉菜招待宾客的饮食习俗已经融入了苏庄当地人的血脉之中。但凡客人来了，苏庄人做炊豆腐、炊肉、炊鸡蛋、炊杂鱼、蒸各种蔬菜。在苏庄逢年过节、造屋做寿、红白喜事，主家都是要做炊粉，以示隆重，敬意。七月半“发汽糕”，以作为供品祭祀祖宗。过年时炊粉菜那就更多了，除夕的炊粉菜一直要吃到元宵后。炊粉菜越多，表示收成越丰，年过得越好，这户农家的生活也过得越富裕。吃炊粉，已经变成苏庄人将新年的美好愿望寄托在美味里的一种仪式。

四季轮换，不变的是苏庄炊粉里的情谊。循着时令去生活，苏庄人的 365 天，总是带着浓浓的节令味道。春天挖来的鲜笋可做炊笋饭，夏日里辣椒、茄子、豇豆等常蔬上市，辣椒包、炊茄子、炊豇豆上桌之时，正是苏庄乡亲吃新的日子（见图 6－13～图 6－17）。

图 6－13　苏庄镇种植芋头的村民

图 6－14　春笋

图 6－15　冬笋

图 6－16　竹子

图 6－17　笋干

秋天是大自然馈赠最多的时节，但也是苏庄人最为忙碌的时候，割水稻、捡茶籽、拔豆子、挖番薯……农忙时节最辛苦的苏庄人会打开家中一年珍藏的火腿，宰杀家中仅有、还在生蛋的老母鸡，放在糯米饭上蒸起来。火腿肉和母鸡的香汁吃进糯米饭，缓解了苏庄人一年之中的劳累与艰辛。这个季节，没有新鲜蔬菜的苏庄人会将白菜干、萝卜干、苋菜干炊起粉来。干萝卜片用水浸开，晾干后拌油加粉，随着蒸饭放入饭甑，铺上蘸过米粉的火腿心肉，简单的蒸粉，香气扑鼻（见图 6－18 和图 6－19）。

图 6－18　酸豆角

图 6－19　豇豆干

深秋过后就是农闲了，家家户户选茶籽、烘茶籽，你帮我、我帮你，热热闹闹，待到从溢满油香的榨房里出来，就等着杀猪过年了。也就在这个时节，炊粉炊得特别有年味（见图 6－20）。苏庄镇远离县城，自成小气候，冬季平均气

图 6－20　杀年猪

温比周边区县低10℃以上。越冬的苏庄农家，更是制作各种美食以“猫冬”的好时机。莴笋、白菜、花菜各种蔬菜都要晒成菜干，稻米磨浆做成粉皮、粉干、年糕，猪肉则腌制风干肉或者土制火腿。

不只是春夏秋冬，二十四个节令里，苏庄人以无限的想象力，传承着中国人的美食故事。春节里吃果子茶，配糖年糕。冻米糖、兰花根、红枣更是春节必不可少的小吃。过年时节也要包粽子。除夕家家守岁煮粽子，正月初一早上吃四角开，预兆今年到四面八方都顺利，旗开得胜。“吃了元宵酒，锄头弯刀不离手。”元宵之后，预示着忙碌的春天即将到来。清明要艾粿，立夏要吃鸡蛋，端午吃粽子、乌米饭、大蒜、饮雄黄酒，正所谓“吃了端午粽，棉袄慢慢送”。七月半要吃汽糕、豆腐干。中秋要吃炊粉肉、芋头和月饼。重阳吃麻糍粿，冬至要吃米粉粿。炊肉、炊鱼和炊蔬菜虽然是苏庄炊粉的金名片，但却不是苏庄四季美食的全部。比如立冬酿制的糯米酒，在苏庄号称立冬米酒，加上白糖蒸着吃，十分甜醇。民间的饮酒都要蒸熟着吃，也算是把蒸的智慧穷尽在美食上了。

在苏庄其他重要的民间节俗中，也少不了食品的制作。比如在每年农历正月十六，苏庄横中村的元宵节余味还没有消散，村里人又忙着准备香果，制作花灯，精心准备盛大的跳马灯仪式(见图6-21～图6-24)。跳马灯有请灯、起灯、跳灯、送灯四个程式。其间，村里家家户户桌上都点起蜡烛，摆上菜肴、果子，有的还备好红包，等到跳马队到自家门口时便燃放鞭炮迎接。跳马灯这样的重要民间习俗仪式，村民家家户户也要制作丰富的神馔作为祭品，祈求的是身体健康、驱除瘟疫、风调雨顺、人丁兴旺。

图6-21　跳马灯习俗中，用麦芽饴糖做的佛像

图 6－22　为跳马灯习俗准备的各种食物

图 6－23　横中村程氏祠堂里，等待跳马灯仪式的人们

图 6-24　横中村的跳马灯现场

金华饮食特色必须要提的是金华火腿。金华火腿又称火膧，具有独特的芳香，悦人的风味，以色、香、味、形，“四绝”而著称于世。谢墉《食味杂咏》中提道：“金华人家多种田、酿酒、育豕。每饭熟，必先漉汁和糟饲猪，猪食糟肥美。造火腿者需猪多，可得善价。故养猪人家更多。”金华出产的“两头乌”猪，后腿肥大、肉嫩，经过上盐、整形、翻腿、洗晒、风干等程序，制成的金华火腿畅销国内外。对金华饮食文化内涵研究比较深入的是李渔及其饮食美学知识。李渔祖籍浙江兰溪，生于明万历三十九年(1611)八月初七日，卒于清康熙十九年(1680)正月十三日。李渔在《闲情偶寄》中，对浙江饮食习俗多有总结和研究。他认为饮食应节俭。他在《饮馔部・蔬食第一》中说：“吾辑是编而谬及饮馔，亦是可已不已之事。其止崇俭啬，不导奢靡者……如逞一己之聪明，导千万人之嗜欲，则匪特禽兽昆虫无噍类……吾辑《饮馔》一卷，后肉食而首蔬菜，一以崇俭，一以复古。”李渔在《闲情偶寄》的“四期三戒”第二期中，再次明确提倡“崇尚俭朴”：“创立新制，最忌导人以奢。奢则贫者难行，而使富贵之家日流于侈，是败坏风俗之书，非扶持名教之书也。是集惟《演习》《声容》二种，为显者陶情之事，欲俭不能，然亦节去靡费之半；其余如《居室》《器玩》《饮馔》《种植》

《颐养》诸部，皆寓节俭于制度之中，黜奢靡于绳墨之外。富有天下者可行，贫无卓锥者亦可行。”

以竹叶熏腿为例(见图6－25～图6－28)。竹叶熏腿一名兰熏，又称“茶腿”“淡腿”，是浦江金华火腿系列中的一个独有品种，驰誉中外，与东阳蒋腿齐名。竹叶熏腿产于浦江西部曹源、程家、五家村一带。这里群山逶迤，竹林茂密，气温较低，腌腿用盐轻而不坏。当地农民多以竹枝、竹叶作燃料，入冬后将腌制的火腿挂于锅灶口上方的搁栅下，每日经受竹叶烟熏，长年累月熏到火腿上形成一种特有的清醇香味，从而成为当地独具特色的竹叶熏腿。又由于竹烟清香芳馨，沁入猪蹄猪腿深处，其味可口而香溢。成品外表呈紫褐色，皮肉略呈透明，精肉鲜红，咸中带甜，含竹叶清香，别具风味，故名“竹叶熏腿”。

图6－25　国家级非遗美食：竹叶熏腿

图6－26　竹叶熏腿切片法

图 6－27　切片后的竹叶熏腿

图 6－28　晾晒竹叶熏腿

浦江竹叶熏腿保留了浦江和浙东一带民众的生产、生活的原生形态，具有不可替代的民俗研究价值和饮食文化的传承功能，对推动地方经济发展和弘扬民间饮食文化作用重大。2006 年，竹叶熏腿被列入金华市级非物质文化遗产代表作名录。

丽水地处山区，山高水冷，山村乡民在秋冬之际，好吃火锅，也具有许多特色的乡野食俗。丽水的咸菜火锅、鱼头火锅都很有特色，尤其龙泉安仁鱼头火锅，负有盛名。当地人喜欢用紫苏与花鲢鱼头一起烹制，既可杀腥去毒，又香气扑鼻，增长食欲。民风淳朴的景宁当地，有吃“咸菜宴”以招待客人的风俗习惯。丽水当地农闲时，主妇之间的相互串门，热情的主妇总会拿出自己精心制

作的咸菜，并泡上一杯浓浓的绿茶，让客人吃得啧啧称赞，不知所归。她们采摘山上的蕨菜、水芹菜、鱼腥草等野菜及用辣椒、萝卜、芋头、鲜笋和姜等等做成的各种腌咸菜，品种多达几十种。[①] 此外，药膳鸡汤如松阳歇力茶土鸡等名品，也是丽水饮食一大特色，丽水人崇尚"医食同源"，认为大部分食物都可入药，民谚有"冬吃萝卜夏吃姜，不用医生开药方"之说。畲医畲药在丽水市已被列入国家级非物质文化遗产代表性名录，在景宁县是浙江省非物质文化遗产代表性名录。而在当地畲医畲药传统技艺与习俗中，药膳是其重要组成内容。畲族医药是畲民智慧的结晶，是民族传统文化的重要组成部分。自古以来，畲族先民生活在偏僻的山地环境中，以刀耕火种为生，面对恶劣的自然环境，他们充分利用山区丰富的动植物资源，在长期迁徙的过程中吸收借鉴了汉族以及其他民族医药精华，在探索和实践过程中逐渐积累形成独特的疾病观、疾病分类法和特殊疗法。他们在日常生活中经常用药膳防病治病，保健强身，具有典型的民族特色。畲族药物种类繁多，资源丰富，地理分布类型齐全，常用的308 种植物药分 9 大类 118 科，是中医药学宝库中的重要组成部分和亟待开发的宝贵民族医药资源。

景宁当地食用的黄精姜炖鸡这道药膳，就是畲族药膳在丽水景宁等地活态传承的最好例证。黄精姜炖鸡要选三斤左右的鸡，宰杀破肚后，用沸水焯一下，去除血水；抹上食盐，腌制 1 个小时左右。然后把整只鸡放进砂锅，倒入事先蒸晒好的畲药食材（即多花黄精，见图 6－29），再放入一些老姜片，再倒入当地家庭土法酿制的米酒，小火慢炖 1 个小时，即可食用。由于多花黄精是养阴润肺、补脾益气的中药，通过多花黄精和姜片炖出来的鸡汤，汤汁浓稠，醇香诱人，风味独特，营养丰富（见图 6－30 和图 6－31）。

图 6－29　景宁当地的多花黄精

图 6－30　畲族药膳名肴（黄精姜炖鸡）的主要食材

① 蔡敏华：《丽水饮食文化源远流长》，《丽水日报》，2012 年 6 月 19 日。

图 6-31 黄精姜炖鸡成品图

第三节 温台甬海洋饮食习俗

温州是浙江东南沿海一座历史悠久的港城。汉代时瓯越人建立东瓯王国,东晋置永嘉郡,唐代改名温州,至今其名未变。温州南与福建接壤闽人很多,故当地闽浙风俗融合。温州菜俗称"瓯菜",与杭州菜、宁波菜、绍兴菜并称,是浙江菜系四大风味流派之一。瓯菜以海鲜入馔为主,口味清鲜,淡而不薄,烹调技术讲究"二轻一重",即轻油、轻芡、重刀工。三丝敲鱼、锦绣鱼丝和爆墨鱼花并称"瓯菜三绝"。温州居民自古喜食海鲜,民间食用海鲜有四法:熟食法、生食法、干腊法、腌食法。生食海鲜,最具特色的是吃江蟹、牡蛎肉,至今仍是温州的风味菜肴。生食江蟹,要活蟹,洗净切碎,拌以糖醋、姜、椒即可供食。现在温州人仍食用活河虾,洗净后,拌以糖醋、姜椒而即可供食。"潮涨吃鲜,潮落点盐",这句话点明了温州饮食文化以"鲜"为核心的特点.还说明了与海洋文化的密切关系。

台州位于浙江中部沿海,东濒东海,北靠绍兴、宁波,南邻温州,地理位置上具有典型的隔山近海特征,饮食风俗也具有典型的海洋饮食文化特征。台州人喜欢海鲜菜肴,特别喜食有机物含量较高的近海滩涂小海鲜。台州海鲜菜肴的选料讲究原料鲜活、以当地海产品为主;口味上追求清鲜、纯正,保持和突出原料本身的鲜味。台州小吃也十分有名，春节的粽子、元宵的糊糟羹、立夏的麦饼、端午节的食饼筒、中秋节的月饼、重阳节的重阳糕、冬至的冬至圆、四月八日的乌饭麻糍等，都是当地有名的节俗食品，是非遗美食的重要组成部分。

位于浙江省东南沿海黄金海岸线中段的台州玉环，拥有丰富的海产资源，当地群众传承的鱼面小吃颇具特色。玉环鱼面小吃主要包含鱼面和鱼皮馄饨两大原料（见图6－32～图6－34）。鱼面制作工艺并不复杂，将鮸鱼、鳗鱼去皮

图6－32　挖取鱼肉，制成丸子状

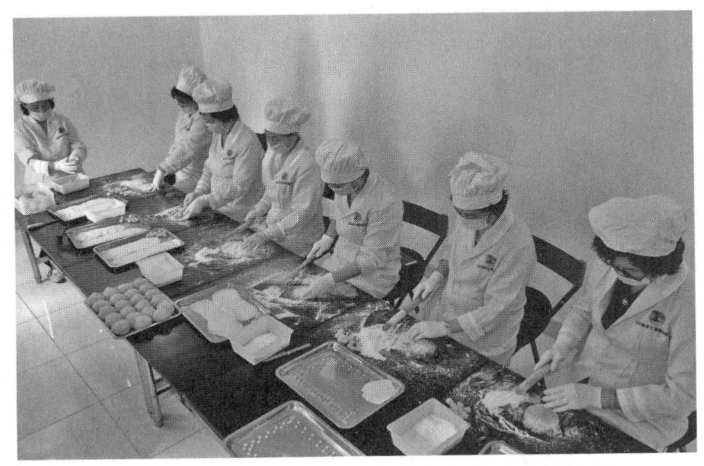

图6－33　通过敲打，鱼肉逐渐变成的圆形“薄饼”

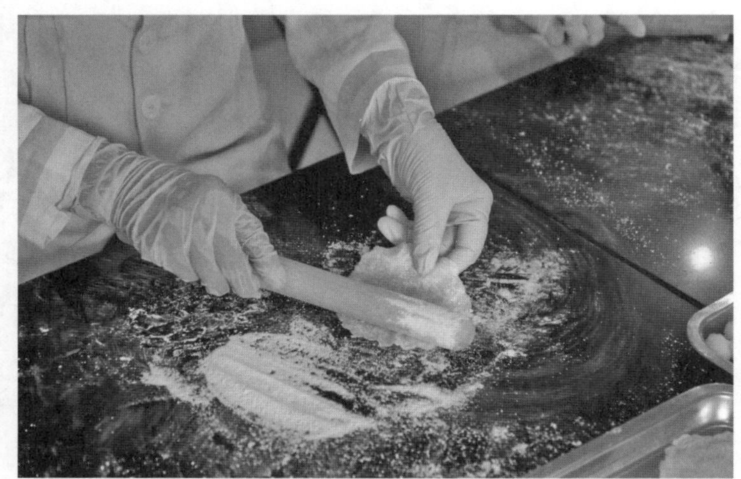

图 6－34　鱼皮馄饨的制作

剔骨，专取鱼肉，滤干水分，捏成球状，置于撒有番茄粉的砧板上；用一根小木棒轻轻敲打，边敲打鱼肉边撒番茄粉，以防鱼肉粘住砧板；将敲好的一张张“大饼”放到铁锅臂上烘烤，待正反两面烤至七分熟时，将其取出卷成筒形，用菜刀切成了毫米宽的条状，拨拉开后，就成了鱼面。按照敲打鱼面的方法，把鱼肉敲成小小的圆形“薄饼”，再包进事先备好的肉馅，用手捏紧缝口。然后放入锅中蒸至八分熟，取出后即为成品的鱼皮馄饨。鱼皮馄饨形状晶莹剔透，融色香味于一体，是一道极具玉环近海的风味美食名菜。

玉环坎门等地几乎家家户户都会制作鱼面和鱼皮馄饨。近年来，他们在继承传统工艺的基础上，不断在工艺及配料上加以改进，使鱼面和鱼皮馄饨成为当家宴席名菜及海味礼品。玉环鱼面和鱼皮馄饨也被评为“玉环十大地方特色菜”。

宁波在浙江东部沿海，分布有大小岛屿 300 多个，濒临舟山渔场，海产资源十分丰富。宁波菜又叫甬帮菜，擅长烹制海鲜，鲜咸合一，以蒸、烤、炖等技法为主，讲究鲜嫩软滑、原汁原味，色泽较浓。雪菜大汤黄鱼（见图 6－35）、蛤蜊黄鱼羹、鸡白鲞汤、虾油卤蒸黄鱼等宁波名菜成名较早。[①] 龙凤金团、豆沙八宝饭、猪油洋酥烩、鲜肉小笼包子、烧卖水晶油包、宁波猪油汤团、三鲜宴、鲜肉蒸馄饨、豆沙圆子、地栗糕作为宁波十大名点，享誉全国。

① 朱惠民：《宁波菜与宁波饮食文化》，香港国际学术文化资讯出版公司 2009 年版，第 1 页。

图 6－35　咸齑(雪菜)大汤黄鱼

总体上来说，温台甬地区饮食风格是以海洋饮食为特色，兼及山地及近海平原饮食特色。

第七章

浙江文献类饮食文化遗产

浙江文献类饮食文化遗产是指古代浙江人或外地人编著的有关浙江地区饮食文化与历史的文献资料，包括综合性文献资料以及专业性文献资料两大类型。在饮食文化研究中，烹饪古籍、菜谱、茶酒文献著作以及农史学界相关的农史文献，均属于本节所论的文献类饮食文化遗产。

需要指出的是，并不是只有历史上正式出版的各种饮食文献著作才属于文献类饮食文化遗产保护的范围。涉及食生活与食生产的各种历史文书、笔记、档案、碑刻、插画、广告、票据乃至民间口头文学、民间音乐等非正式出版的内容皆属于文献类饮食文化遗产。

第一节　浙江饮食古籍与相关文献

据不完全统计，由浙江人撰写或描写浙江地区饮食风尚的历史文献有：南北朝浙江余姚人虞悰撰《食珍录》，五代宋初吴越国毛胜撰《水族加恩簿》，北宋赞宁《笋谱》多有描述杭州食笋文化、陶穀《清异录》中的吴越饮食、会稽人（今绍兴）傅肱《蟹谱》，宋时高似孙《蟹略》曾大量参考傅肱《蟹谱》、[1]迁居杭州的朱肱撰写《北山酒经》，[2]南宋泉州人（今属福建省）林洪所撰《山家清供》多有关于浙江地域饮食的记载，宋浙江浦江吴氏《吴氏中馈录》，南宋司膳内人《玉食批》中临安宫廷饮食部分、吴自牧《梦粱录》（饮食部分）、佚名《西湖老人繁胜录》（饮食部分）、耐得翁《都城纪胜》（饮食部分）、周密《武林旧事》（饮食部分），

---

① 一说高似孙是鄞县人（今浙江宁波），又有说是馀姚（今属浙江），尚无定论。

② 林正秋：《杭州饮食史》，浙江人民出版社 2011 年版，第 55 页。

明钱塘人（今杭州）高濂撰《饮馔服食笺》、钱塘人田汝成《西湖游览志》（饮食部分）、钱塘人许次纾《茶疏》，清金华兰溪人（今属浙江）李渔撰《闲情偶寄》、浙江嘉善人曹庭栋撰《粥谱》、秀水（今浙江嘉兴）人朱彝尊撰《食宪鸿秘》、浙江海宁人王士雄撰《随息居饮食谱》、四川绵州人李化楠（历官浙江余姚、秀水知县）《醒园录》多涉及浙江饮食、浙江嘉兴人顾仲撰《养小录》、钱塘人袁枚撰《随园食单》、浙江会稽（今绍兴）人童岳荐辑《调鼎集》、钱塘人施鸿保撰《乡味杂咏》、范祖述《杭俗遗风》（饮食部分）、王同《武林风俗记》（饮食部分）、徐珂编《清稗类钞》，等等，多有涉及浙江饮食。

此外，南宋著名诗人陆游，越州山阴人（今浙江绍兴），其所撰《剑南诗稿》《渭南文集》中涉及浙江饮食的诗文众多。苏轼等大诗人文集中，亦有许多有关浙江等地饮食诗词。

一些民间文学、传统音乐类非遗项目里，也有“饮食”的踪影，它们可以被认为是一种留存至今的“口头文献”。如2014年第七批温州市非物质文化遗产名录中的“泰顺茶诗”；2015年第五批嘉兴市非物质文化遗产代表性项目名录中的“耘稻山歌”；2008年第二批嘉兴市非物质文化遗产代表性项目名录中的“南湖采菱歌”“渔民号子”；2008第二批台州市非物质文化遗产名录中，台州市路桥申请的民间文学项目“渔业谚语”；2006年，第一批舟山市非物质文化遗产代表作名录，民间音乐项目“舟山渔民号子”“舟山渔歌”，民间文学项目“舟山渔业谚语”；2006年，第一批丽水市非物质文化遗产名录中，丽水市庆元县申报的民间文学项目“香菇传说”。不管是出自古代浙江的饮食文本、图像或传至当代的民间口头文献，皆是值得我们挖掘和整理的浙江文献类饮食文化遗产。

第二节　当代浙江饮食图书统计与分析

浙江有关饮食图书出版较为集中的地方是杭州，以菜谱图书为主，其次是研究性图书。前文已经提及过的林正秋《杭州饮食史》、俞为洁《杭州宋代食料史》、何宏《民国杭州饮食》等学术类著作都是有关杭州饮食文化的专题性成果（见图7－1和图7－2）。

图7-1　中国饮食业公司浙江省杭州市公司编印《杭州市名菜名点》

图7-2　杭州市上城区饮服公司编《烹调》

杭州菜谱类图书有中国饮食业公司浙江省杭州市公司编印《杭州市名菜名点》(1956)、杭州市上城区饮服公司编《烹调(下)》(1972)、杭州市饮食服务公司编《杭州菜谱》(1977)、戴宁主编《杭州菜谱》(浙江科学技术出版社1988年版)、徐海荣、张恩胜编《中国杭州八卦楼仿宋菜》(中国食品出版社1988年版)、戴荣芳编《古今食艺之花：食品、饮食传说及制作(建德)》(建德市饮食服务公司印1990年版)、邱平兴编《杭州菜的故事：亚都天香楼的传承与发展》(台北橘子出版公司1999年版)、杭州饮食旅店业同业公会编《新杭州名菜》(浙江摄影出版社2000年版)、徐步荣编《杭州大众菜点》(安徽科学技术出版社2000年版)、赵仁荣和楼金炎编《江南名菜名点图谱・杭州菜》(上海科学技术文献出版社2000年版)、沈关忠主编《杭州楼外楼名菜谱》(浙江科学技术出版社2000年版)、戴宁主编《天堂美食：杭州菜精华》(浙江科学技术出版社2000年版)、戴宁主编《极品杭州菜：杭州烹饪大师名师作品精选》(当代中国出版社2001年版)、王骏等编《上海杭州菜》(百家出版社2001年版)、本书编写组《杭州家常菜300例》(上海科学技术文献出版社2003年版)、王圣果《杭州名小吃》(中原农民出版社2003年版)、汪德标《钱塘江美食：杭州菜》(中国纺织出版社 2005 年版)、沈关忠主编《新杭州美食地图：百家食谱》(浙江科学技术出版社 2005 年版)、吴仙松《杭州名菜名点百例趣谈》(浙江科学技术出版社 2006 年版)、瓮汉法主编《周浦饮食文化乡土食菜谱》(杭州市西湖区周浦乡老龄工作委员会编印,2006 年版)、童锦波主编《桐江美食：桐庐传统饮食文化》(人民日报出版社 2006 年版)、《新杭帮菜 108 将》(杭州出版社 2007 年版)、许兴旺主编《杭州临安百笋宴》(临安区贸易局印制 2009 年版)、胡忠英《杭州南宋菜谱》(浙江人民出版社 2013 年版)、淳安县餐饮行业协会编《千岛湖美食》(2013)、刘庆龙和郑永标《杭州乡土菜》(杭州出版社 2014 年版)、应志良主编《漫话上泗美食文化》(浙江摄影出版社 2015 年版)、《富阳美食》,富阳区餐饮美食行业协会编印 2015 年版)、《萧山菜谱》(中国美术学院出版社 2016 年版)、陈云水主编《余杭美食》(杭州出版社 2016 年版)、徐龙发《千岛湖百鱼百味》(浙江人民出版社 2016 年版)、溢齿留香《老底子的杭州味道》(浙江科学技术出版社 2018 年版)、朱启金主编《盛宴·醉西湖》(中国纺织出版社 2018 年版)、方志凯和吴士荣编《桐庐味道》(杭州出版社 2018 年版)、淳安县文化广电新闻出版局主编《淳安传统美食卷》(浙江摄影出版社 2018 年版)、周鸿承和徐玲芬编《品说楼外楼》(浙江人民出版社 2018 年版)、徐立望和张群编《史说楼外楼》(浙江人民出版社 2018 年版)、郑双等编《图说楼外楼》(浙江人民出版社 2018 年版)。

图 7-3　林正秋、徐吉军、胡忠英、金晓阳、何宏、董顺祥、郑南、周鸿承、叶俊士等杭州饮食文化研究专家齐聚第五届"两宋论坛"南宋临安小吃文化与复原分论坛(2020 年 11 月 8 日)

在王国平同志有关杭州学学科构建下，主编了一批有关杭州饮食的研究成果，如《西湖龙井茶》（杭州出版社 2004 年版）、《楼外楼》（杭州出版社 2005 年版）、《西溪的物产》（杭州出版社 2012 年版）、《杭州运河土特产》（杭州出版社 2013 年版）、《良渚人的衣食》（杭州出版社 2013 年版）、《西湖茶文化》（杭州出版社 2013 年版）、《慧焰薪传——径山禅茶文化研究》（杭州出版社 2014 年版）、《钱塘江饮食》（杭州出版社 2014 年版）、《钱塘江茶史》（杭州出版社 2015 年版）、《吃在塘栖》（浙江古籍出版社 2016 年版）、《西溪渔文化》（浙江人民出版社 2016 年版）、《湘湖物产》（浙江古籍出版社 2016 年版）、《西溪的美食文化》（浙江人民出版社 2016 年版）、《塘栖蜜饯》（浙江古籍出版社 2017 年版）、《钱塘江水产史料》（杭州出版社 2017 年版）、《一个城市的味觉遗香：杭州饮食文化遗产研究》（浙江古籍出版社 2018 年版）。

杭州以外，浙江饮食文化及菜谱图书主要有：浙江省饮食服务公司编《中国名菜谱：浙江风味》（中国财政经济出版社 1988 年版）、《浙江饮食服务商业志》（浙江人民出版社 1991 年版）、温州市饮食公司办公室编《温州饮食：荟萃集（一）》（油印本 1992 年版）、李敏龙《湖州美食》（上海科学普及出版社 1991 年版）、公英编《浙江菜》（新华出版社 1994 年版）、鲍力军等编《浙菜》（华夏出版社 1997 年版）、林正秋《浙江美食文化》（杭州出版社 1998 年版）、《中国瓯菜》（浙江科学技术出版社 2001 年版）、戴桂宝等编《食在浙江》（浙江人民出版社 2003 年版）、吴林主编《太湖名菜（中国湖州）》（浙江科技出版社 2003 年版）、小路《楠溪味道》（作家出版社 2003 年版）、舟山市旅游局编《舟山海鲜名宴》（外文出版社 2004 年版）、吴笛《舟山名菜名点》（外文出版社 2004 年版）、味道中国采编组《味道中国：江苏浙江美食》（上海辞书出版社 2005 年版）、潘晓林《中国瓯菜（第一辑）》（浙江科学技术出版社 2008 年版）、周秒炼等编《舟山群岛 · 海鲜美食》（杭州出版社 2009 年版）、龚玉和《知味江南》（上海锦绣文章出版社 2009 年版）、美食生活工作室编《浙江风味》（青岛出版社 2010 年版）、宋宪章《江南美食养生谭》（浙江大学出版社 2010 年版）、赵青云《瓯馐：浙南遗产》（中华书局 2013 年版）、潘江涛《金华味道》（中国文联出版公司 2013 年版）、《食美浙江：中国浙菜 · 乡土美食》（红旗出版社 2014 年版）、《温州创新瓯菜》（温州市饭店与餐饮行业协会印制 2014 年版）、周珠法《绍兴美食文化》（浙江工商大学出版社 2014 年版）、开化县文化旅游局编《开化美食》（现代出版社 2015 年版）、潘江涛《金华美食》（杭州出版社 2015 年版）、柴隆《宁波老味道》（宁波出版社 2016 年版）、周雄编《瓯莱：温州味道与烹饪技艺》（现代出版

社 2017 年版）、潘晓林《中国瓯菜（第二辑）》（四川美术出版社 2017 年版）、开化县文化旅游委员会编《寻味开化》（现代出版社 2017 年版）、《浙江沿海饮食文化》（湖南科学技术出版社 2017 年版）、俞茂昊《敢为天下鲜》（三门县文学艺术界印制 2017 年版）、诸清理及谢云飞《寻味绍兴》（团结出版社 2017 年版）、舟山市非物质文化遗产保护中心编《舟山传统饮食品》（中国文史出版社 2017 年版）、陈建波编《处州饮食》（浙江古籍出版社 2014 年版）、乐清日报社编《美食乐清》（红旗出版社 2018 年版）、政协绍兴市柯桥区委员会编《柯桥味道》（中国文史出版社 2018 年版）、陈国宝及李伟荣《丽水特色食品》（中国农业科学技术出版社 2018 年版）、袁甲《舟山老味道》（宁波出版社 2018 年版）、《非遗小吃：温州味道》（中国民族摄影艺术出版社 2018 年版）、《食美嘉兴》（吴越电子音像出版社 2018 年版）、嘉兴市政协文化文史和学习委员会编《寻味嘉兴》（中国文史出版社 2019 年版）、刘根华等编《金华饮食文化丛书：金华舌尖记忆、金华美食、金华火腿菜》（中国文史出版社 2019 年版）、陈文华主编《绍兴味道》（绍兴市文化广电旅游局印制 2019 年版）、浦江县社会科学界联合会编《浦江饮食文化》（浙江人民出版社 2020 年版）、龙游县政协教科卫体和文化文史学习委员会编《味道里的龙游》（浙江文艺出版社 2019 年版）等。

第三节　袁枚《随园食单》及其文献价值

清代钱塘人袁枚（1716—1797）所撰《随园食单》是我国古代论述美食的重要著作。书中有系统阐述烹饪理论的“须知单”和“戒单”，还较全面地记录了清代各地特色名菜、名点 345 种。袁枚不仅叙述具体菜点的制作方法，而且对每道菜点都进行品鉴，这其中也包含着独特的美食思想。本节内容主要参考邵万宽《探究袁枚〈随园食单〉中的美食品鉴与美食思想》、邵万宽《清代〈随园食单〉与当代江苏烹饪》两文，特此致谢。

一、袁枚与《随园食单》中的“美食记忆”

清代著名文学家袁枚，出生于浙江钱塘（今杭州），先后出任溧水、江浦、沭阳、江宁等县令，后在南京小仓山下建造“随园”安居，于此吟诗作文，交友甚广，著有《小仓山房文集》70 余卷。晚年在“百物荟萃、风华繁盛的经济重镇和文化名城南京，在台榭之盛、名闻中外的随园”，①写下了中国饮馔史上烹饪理论与厨房实践相结合的烹饪著作《随园食单》，该书出版于清乾隆五十七年（1792）。

所著《随园食单》分为须知单、戒单、海鲜单、江鲜单、特牲单、杂牲单、羽族单、水族有鳞单、水族无鳞单、杂素单、小菜单、点心单、饭粥单和茶酒单 14 个方面。在“须知单”中提出了既全且严的 20 个操作要求，在“戒单”中提出了 14 个注意要点。接着，用大量的篇幅详细地记述了我国从 14—18 世纪中流行的 345 种南北菜点（包括一料多法菜品），也介绍了当时的美酒名茶。正如他在书的“序”中所言：

> 余雅慕此旨。每食于某氏而饱，必使家厨往彼灶觚，执弟子之礼。四十年来，颇集众美。有学就者，有十分中得六七者，有仅得二三者，亦有竟失传者。余都问其方略，集而存之，虽不甚省记，亦载某家某味，以志景行。

这是他历经 40 年收集、整理、烹制、总结经验而撰写的一部重要烹饪著作（见表 7 - 1 和表 7 - 2）。

表 7 - 1 《随园食单》菜品等数量一览表

类别	海鲜单	江鲜单	特牲单	杂牲单	羽族单	水族有鳞单
品种	9 + 3	6 + 1	43 + 8	16 + 1	47 + 4	17
类别	水族无鳞单	杂素菜单	小菜单	点心单	饭粥单	茶酒单
品种	28	47 + 3	41	55	2	14

注：表 7 - 1 中，品种数字带“ + ”号者，前者是目录品种数量，后者为一料多法数量。

表 7 - 2 《随园食单》菜肴、点心数量分布表

地区	江苏省				江苏省外		未注明地域	
	南京	苏州	扬州	其他	南方	北方	有名无地	无名无地
品种数	16	15	14	9	32	7	38	181

注：表 7 - 2 中所记载的菜点，有几点需要说明：①江苏省外的南方菜，以浙江为最多。②标明北方菜只有 7 种，其实还有个别“无人无地”的菜肴，如“杂牲单”中的鹿肉、鹿筋、獐肉、羊蹄、羊羹等，尽管未注明具体地区，基本上都属于北方菜。③“有名无地”的菜点，因书中未注明地方，因难以查考，故另划一类。④直接写食谱，未注明具体地方人氏的“无人无地”菜点，大多是以南京本地为主、省内为辅的家常菜或府第菜。

① ［清］袁枚：《随园食单》，中国商业出版社 1984 年版，第 43 - 44 页。

二、《随园食单》中的“浙菜”

袁枚为浙江人，《随园食单》中江苏省外的南方菜中，以浙江菜肴和食材的记述最多。如《随园食单》中“家乡肉”条记载：“杭州家乡肉，好丑不同，有上、中、下三等。大概淡而能鲜，精肉可横咬者为上品。放久即是好火腿。”“蜜火腿”条载“取好火腿，连皮切大方块，用蜜酒煨极烂，最佳。但火腿好丑高低，判若天渊。虽出金华、兰溪、义乌三处，而有名无实者多。其不佳者，反不如腌肉矣。惟杭州忠清里王三房家，四钱一斤者佳。余在尹文端公苏州公馆吃过一次，其香隔户便至，甘鲜异常，此后不能再遇此尤物矣。”“鸡丝”条载：“拆鸡为丝，秋油、芥末、醋拌之。此杭州菜也。加笋加芹俱可。用笋丝、秋油、酒炒之，亦可。拌者用熟鸡，炒者用生鸡。”“干蒸鸭”条载“杭州商人何星举家干蒸鸭，将肥鸭一只，洗净斩八块，加甜酒、秋油，淹满鸭面，放磁罐中封好，置干锅中蒸之；用文炭火，不用水，临上时，其精肉皆烂如泥。以线香二枝为度。”“烧鹅”条载：“杭州烧鹅，为人所笑，以其生也，不如家厨自烧为妙。”“土步鱼”条载：“杭州以土步鱼为上品，而金陵人贱之，目为‘虎头蛇’，可发一笑。肉最松嫩。煎之，煮之，蒸之俱可。加腌芥作汤，作羹，尤鲜。”“连鱼豆腐”条载：“用大连鱼煎熟，加豆腐，喷酱、水、葱、酒滚之，俟汤色半红起锅，其头味尤美。此杭州菜也。用酱多少，须相鱼而行。”“醋搂鱼”条载：“用活青鱼切大块，油灼之，加酱、醋、酒喷之，汤多为妙。俟熟即速起锅。此物杭州西湖上五柳居最有名，而今则酱臭而鱼败矣。甚矣！宋嫂鱼羹，徒存虚名，《梦粱录》不足信也。”“酱炒甲鱼”条载：“将甲鱼煮半熟，去骨，起油锅炮炒，加酱水、葱、椒，收汤成卤，然后起锅。此杭州法也。”“波菜”条载：“波菜肥嫩，加酱水豆腐煮之。杭人名‘金镶白玉板’是也。如此种菜虽瘦而肥，可不必再加笋尖、香蕈。”“酱瓜”条载：“将瓜腌后，风干入酱，如酱姜之法。不难其甜，而难其脆。杭州施鲁箴家制之最佳。据云：酱后晒干又酱，故皮薄而皱，上口脆。”“鳝面”条载：“熬鳝成卤，加面再滚。此杭州法。”“糖饼”条载：“糖水溲面，起油锅令热，用箸夹入；其作成饼形者，号‘软锅饼’，杭州法也。”“白果糕”条载：“杭州北关外卖者最佳。以粉糯、多松仁、胡桃而不放橙丁者为妙。其甜处非蜜非糖，可暂可久。家中不能得其法。”“金团”条载：“杭州金团，凿木为桃、杏、元宝之状，和粉搦成，入木印中便成。其馅不拘荤素。”“风枵”条载：“以白粉浸透，制小片，入猪油灼之，起锅时，加糖糁之，色白如霜，上口而化。杭人号曰‘风枵’。”“龙井茶”条载：“杭州山茶，处处皆清，不过以龙井为最耳。每还乡上冢，见管坟人家送一杯茶，水清茶绿，富贵人所不能吃者也。”

杭州家乡肉、蜜火腿、杭州鸡丝、干蒸鸭、杭州烧鹅、连鱼豆腐、醋搂鱼、酱炒甲鱼、酱瓜、鳝面、软锅饼、金团、风枵和龙井茶，皆为浙江风味的饮食名物。如连鱼豆腐，就是现在耳熟能详，在杭州家常菜中素有美名的鱼头豆腐，虽不同名，但却是同物。此外未曾明确提及的浙菜内容还有很多，值得我们进一步研究。

三、从《随园食单》看袁枚的美食足迹

（一）实录官府家庭饮食之味

在这些食单中，有77道菜肴、23道点心都谈到具体的地方，这其中有许多是官府家中的美食。如海鲜单共9品，就有5品谈到7家官府家食，有粤东“杨明府冬瓜燕窝甚佳”“常见钱观察家夏日用芥末、鸡汁拌冷海参丝……蒋侍郎家用豆腐皮、鸡腿、蘑菇煨海参”“常在郭耕礼家吃鱼翅炒菜，绝妙”“鳆鱼炒薄片甚佳。杨中丞家削片入鸡汤豆腐中。庄太守用大块鳆鱼煨整鸭，亦别有风趣”“乌鱼蛋最鲜，最难服事，龚云岩司马家制之最精”，等。

（二）游走寺观品尝的美味

书中也记载了不少寺观中的美食，如：黄芽菜煨火腿“上口甘鲜，肉菜俱化，朝天宫道士法也”；芜湖敬修和尚“将腐皮卷筒切断，油中微炙，入蘑菇煨烂极佳”；煨木耳香蕈“扬州定慧庵僧，能将木耳煨二分厚，香蕈煨三分厚”；芜湖大庵和尚“炒鸡腿蘑菇”宴客甚佳；笋油“天台僧制以送人”；萝卜“承恩寺有卖者用醋为之，以陈为妙”；松饼“南京莲花桥教门方店最精”；芋粉团“朝天宫道士制芋粉团、野鸡馅极佳”；等等。

（三）自家的烹事味美丰盈

袁枚的家厨王小余是烹调能手，这在他撰写的《厨者王小余传》中曾大加赏识，所记载的菜品有三次：一是“八宝肉圆”入口松脆；二是“汤鳗”中蒸鳗最佳；三是“冻豆腐”用蘑菇煮豆腐甚佳。另外有两次：家中龙文弟的“烧小猪”，即今之烤乳猪，“叉上炭火炙之”颇得其法；还有自家中最好的“笋脯”，“以家园所烘为第一”。书中描写家食虽笔墨不多，但不难发现家厨在袁枚的影响下烹调经验是不在人下的。

四、袁枚对菜品的品鉴风格

整部《随园食单》都是以阐述烹饪原理、品鉴菜品优劣、解读菜品制作的方

式展开，前面两部分告诉执厨者必须遵循的原则、明晰之道理；后面的食单都是袁枚品尝菜品后的感觉与比较。这其中体现了三大风格特色。

（一）袁枚根据自己多年来品味的喜好对菜品进行评判

书中“十二项”食单中随处可看到袁枚对各家烹制的食品进行的品评，其用语丰富多彩，有最佳、最精、最鲜、绝妙、绝品、最有名、极鲜、极佳、更佳、更妙、尤佳、尤妙、精绝无双、鲜妙绝伦、甚佳、甚妙、甚精、为佳、为妙、亦佳、亦妙等语。这些都是这位美食家品尝后认可的精美食品。在说到不足的方面时，也是一针见血地指出，如“杭州烧鹅为人所笑，以其生也。不如家厨自烧为妙。”蛏干“扬州人学之俱不能及”，千层馒头“金陵人不能也”，甚至某一品种还排出第一、第二、第三的位置。

（二）袁枚对菜品色香味形的品鉴真切到位、细致入微，在描述中运用了许多味觉感官和咀嚼的感受

如“杨公圆”云：“杨明府作肉圆大如茶杯，细腻绝伦，汤尤鲜洁，入口如酥。”有针对形状的描述，“陶方伯十景点心”：“奇形诡状，五色纷披，食之皆甘，令人应接不暇。”在制作精致方面如“小馒头小馄饨”：“作馒头如胡桃大，就蒸笼食之，每箸可夹一双……小馄饨小如龙眼，用鸡汤下之。”“萧美人点心”：“凡馒头、糕饺之类，小巧可爱，洁白如雪。”以上的馒头、馄饨、糕饺都以小巧精致的特色取胜。[①] 食品在口中咀嚼时的触感，如“扬州洪府粽子”：“食之滑腻、温柔，肉与米化。”在谈到颜色方面，如“千层馒头”：“杨参戎家制馒头，其白如雪，揭之如有千层。”在谈到技艺方面，如山东、陕西等地的“薄饼”，“薄若蝉翼，大若茶盘，柔腻绝伦”。

（三）所有菜品不虚写空谈，而是多有出处

就面点品种的介绍中得知，这些点心制作均有名有家，都是不同地区的人家搜集而来，如萧美人点心、刘方伯月饼、春圃方伯家萝卜饼、杨中丞西洋饼、扬州洪府粽子等。如鳝面“熬鳝成卤，加面再滚。此杭州法。”裙带面“此法扬州盛行”，薄饼“秦人制小锡罐装饼三十张，每客一罐，饼小如柑”，百果糕“杭州北关外卖者最佳”，白云片“金陵人制之最精”，运司糕“卢雅雨作运司年已老矣，扬州店中作糕献之，大加赞赏”等等。这些名点有根有据，都是袁氏亲自品尝和比较过的，而且各有风味和特色。

---

① 邵万宽：《明清时期我国面食文化析论》，《宁夏社会科学》2010年第2期。

五、袁枚的美食思想

袁枚在须知单、戒单的烹饪论述中提出了许多的技术要求，从烹饪的不同角度做了许多精辟的阐述。

（一）菜品要精致，不要杂乱

袁枚是一位真正的美食家，他对美味的追求十分老到。对原料的要求、加工的分寸、火候的把握、调味的轻重都有独到的见解。菜品制作的精致、雅观，取决于制作者的厨艺技术。不同的原料有不同的加工制作方法，他特别强调“一物有一物之味，不可混而同之”。只有合理把握好，才能做到“使一物各献一性，一碗各成一味”，这是最上乘的方法。

袁枚认为，招待客人，菜品不在于多，而在于精，多多益善的杂乱无章，并不是高尚之举，只是悦目的低贱之作。而对原料的杂陈、汤料的浑浊等都加以批评。他明确对非黑非白、不清不腻的汤卤之菜也很反感。

（二）工艺要巧妙，选料要地道

一道菜品，要体现它的美感，不可生拉硬扯，违背烹饪原理。而要巧妙天成，彰显出自然美、味觉美的个性。袁枚在“戒穿凿”中批点高濂《遵生八笺》的“秋藤饼”与李渔的“玉兰饼”，认为都是矫揉造作、隐僻的稀奇古怪之品，并形象地举例：“燕窝佳矣，何必捶以为团？海参可矣，何必熬之为酱？”体现菜品的真材实料，扬长避短，精心打造菜品之味，这才是袁枚对菜品的真实追求。

他主张“解除饮食之弊”，要讲求实惠，创造符合实际需要的食物。“物性不良，虽易牙烹之，亦无味也。”他提倡多做具有地方风味特色的菜品。袁枚在书中经常强调名特产与制作菜肴的关系，如金华火腿、杭州土步鱼、湖北羊肚菜、新安江珍珠菜、高邮腌蛋、太仓糟油等，才是菜品真味的关键。

（三）家常饭好吃

袁枚在记载各地的美食时，绝大多数都是“家”中的饭菜，他所津津乐道的最佳、最绝、极精、极妙的菜品，无一不是家中的美食。最早提出“家常饭好吃”的是北宋政治家、文学家范仲淹，得到当时和后世人们的普遍认同。后为曾敏行所撰的《独醒杂志》、罗大经的《鹤林玉露》所引用。[①]

中国人的日常饮食，还是家常饭菜最可口、最耐品味。苏轼、陆游、郑板桥等都有许多诗文加以赞美。家里不仅有取自天然的食物原料，也有本地所特

① 任百尊：《中国食经》，上海文化出版社1999年版，第139页。

有的食材，特别是一些官府门第更有当地名特原材料并雇有当地的烹调能手。袁枚在书中有接近 1/3 的菜肴、点心都标出具体人的家中，如南京高南昌太守家捶鸡、山东杨参将家的全壳甲鱼、芜湖陶太太家的刀鱼、苏州尹文端公家的蜜火腿、杭州商人何兴举家的干蒸鸭、扬州朱分司家的红煨鳗、泾阳明府家的天然饼等等。这些家厨、官厨制作出的菜肴点心都是得到袁枚赞赏才被写进书中的。

（四）烹调贵在认真

要把一道菜做好，除了有一定的技术能力以外，更重要的是做事的态度，即“认真”二字。袁枚在书中谈了许多对美食烹调的经验总结，实际上也是围绕对技术的精益求精而说的。如“一席佳肴，司厨之功居其六，采办之功居其四”，说的是原材料是做菜的关键；“切葱之刀，不可以切笋。捣椒之臼，不可以捣粉”，说的是加工方面的注意之点，必须要洁净、认真和细心；“调剂之法，相物而施”，指食物的调和方法，应看物而用；“熟物之法，最重火候”，指制作菜肴火候最重要，只有把控好，才能把菜肴烹制好；“味要浓厚，不可油腻；味要清鲜，不可淡薄”“现杀现烹，现熟现吃”；等等，都是袁枚对烹调的经验总结。如果烹制者不认真调理，违背这些原理，菜肴的质量也是可想而知的。

（五）反对铺张浪费

袁枚是一个讲究美食美味的人，但他更反对不爱惜食物、奢靡铺张的行为。他认为饮食的贪多求丰，这实际上已失去了美食追求的本意。明清时期官宦人家的饮食奢靡之风极盛，在社会上形成了一股铺张之风。他在“戒目食”中旗帜鲜明进行批判。“今人慕食前方丈之名，多盘叠碗，是以目食非口食也。”他主张烹调菜肴要充分利用原材料，“鸡、鱼、鹅、鸭，自首至尾俱有味存，不必少取多弃也”。反对“贪贵物之名，夸敬客之意”。他对片面追求“八大碗”“十六盘”“满汉全席”之类的俗套嗤之以鼻，痛加批评那些为了名声、华而不实、只图悦目悦耳一时快感的陋习，那将失去了“口食”的真正意义，是饮食之中的怪异之风。

第八章

浙江饮食文化博物馆的非遗价值

世界上有多少“可以吃的博物馆”？中餐什么时候可以申请成为世界非遗？这两个问题是当下文旅产业比较热门的话题。目前在国际上，法国美食、地中海四国美食、墨西哥美食、土耳其小麦粥、韩国越冬泡菜、日本和食等皆已成为世界非物质文化遗产代表性项目。中国美食产业所涉项目繁多，但是我国尚未在世界美食非遗项目上实现“零的突破”，颇为遗憾，值得思考。

在此国际背景下，“中国烹饪”申请成为世界非遗的呼声近年来也十分高涨。在我国“非遗热”的影响下，作为传承和保护民族饮食文化遗产的载体——饮食文化博物馆近年来建设数量增快，社会关注度提高。中国烹饪协会等国家级或地方性餐饮行业协会也在积极开展国内外非遗美食项目的传承和保护，更为深入的学习和了解非物质文化遗产基本理论，有助于国际上的“非遗话语”对话。国内研究者赵荣光[①]、周鸿承[②]、刘军丽[③]、刘征宇[④]等人对我国国内饮食文化博物馆的发展情况、建设特征以及展陈技术等方面有较多关注与研究，但是从国际视角比较与审视中外饮食文化博物馆的产业建设、管理机制以及功能创新等方面的研究，还比较缺乏。

---

① 赵荣光：《中国酱文化博物馆的创建与期待》，《扬州大学烹饪学报》2008年第2期，第8－12页。

② 周鸿承：《国内饮食文化博物馆建设现状与发展趋势》，引自邢颖编：《中国餐饮产业发展报告(2017)》，社会科学出版社2017年版，第273－295页；周鸿承：《博物馆视野下的中国酱盐文化及其保护策略——以首座中国酱文化博物馆的建立为例》，《中国调味品》2009年第12期，第20－26页；周鸿承：《中国酱文化博物馆的建立与社会认知》，《中华饮食文化基金会会讯(台北)》2009年第1期，第43页；Zhou Hongcheng. Salt and Sauce in the Chinese Culinary. *Flavor& Fortune*, 2009(1): 9－10.

③ 刘军丽：《我国饮食文化博物馆的发展现状及功能提升》，《美食研究》2017年第2期，第29－34页。

④ 刘征宇：《现代中国饮食类博物馆的相关考察》，《楚雄师范学院学报》2016年第11期，第18－22页。

第一节　全球饮食文化博物馆建设经验与作用

国内饮食文化博物馆类型以地方菜系类、名菜名点类、茶酒饮料类、调味品类以及各种特色食品为主。我国饮食文化博物馆虽然在建设数量、类型品质以及建筑规模等方面具有一些显性的优势，但是在产业发展、管理运营机制以及博物馆功能创新等领域，还存在诸多问题。欧洲国家对遗址类饮食文化遗产的保护，美国等现代工业化国家对现代工业食品的利用，韩日等亚洲国家对本国民族性饮食内容的传承等方面值得我们研究学习。国内饮食文化博物馆将在内容设计与内部管理体制方面进行有机更新，并不断地向国际著名饮食文化博物馆学习先进管理经验。在后博物馆以及后遗产时代，国内饮食文化博物馆在数量以及体量上将进一步提升。博物馆作为地方饮食文化遗产保护、传承和利用的重要载体，是城市文化旅游新的景观目的地，是提升城市美食文化旅游业发展的重要文化建设内容。

一、国内饮食文化博物馆现状与问题

饮食文化博物馆应该指的是以食生活、食生产以及食俗等物质或精神内容为核心的专门性博物馆（见图 8－1 和图 8－2）。以菜系流派、饮食原料、名菜名点、酒茶、调味品乃至饮食习俗礼仪为展示核心内容的博物馆均可以统称为饮食文化博物馆。①

从国别上来比较，中国相较于海外国家在饮食文化博物馆的数量与种类方面占有优势。据“国内饮食文化博物馆（含展示馆）统计表”，国内饮食文化博物馆类型以地方菜系类、名菜名点类、茶酒饮料类、调味品类以及各种特色食品为主。根据笔者的实地调研与资料收集发现：除上海菜博物馆、江苏扬州包子博物馆、云南滇菜博物馆、河南中国粮食博物馆、②山东中华食礼馆以及广西桂菜博物馆正在积极筹建外，据不完全统计，我国（含港澳台地区）目前已建成近 158 家饮食文化展馆（博物馆），如表 8－1 所示。

---

① 周鸿承：《国内饮食文化博物馆建设现状与发展趋势》，引自邢颖编：《中国餐饮产业发展报告（2017）》，社会科学出版社 2017 年版，第 273－274 页。

② 师高民：《中国粮食博物馆建设策划探析》，《粮食流通技术》2014 年第 4 期，第 1－4 页。

图 8-1 杭帮菜博物馆馆内"宋宴"场景

图 8-2 杭帮菜博物馆内"民国杭州饮食风情"场景

表 8-1 国内饮食文化博物馆(含展示馆)

编号	所在地区	名 称	类型
1	北京	中华小吃博物馆	名菜名点
2		全聚德烤鸭博物馆	名菜名点
3		便宜坊焖炉烤鸭技艺博物馆	名菜名点
4		御仙都中国皇家菜博物馆	名菜名点
5		三元牛奶科普馆	特色食品
6		北京豆腐文化博物馆	特色食品
7		腐乳科普馆	特色食品
8		六必居博物馆	调味品
9		北京乾鼎老酒博物馆	茶酒

（续表）

编号	所在地区	名　称	类型
10		北京龙徽葡萄酒博物馆	茶酒
11		红星二锅头博物馆	茶酒
12		北京茶叶博物馆	茶酒
13		中国农业博物馆	综合类
14		西瓜博物馆	食物原料
15		马铃薯(土豆)博物馆	食物原料
16		首都粮食博物馆	食物原料
17	天津	饺子博物馆	名菜名点
18		华梦酒文化博物馆	茶酒
19		义聚永酒文化博物馆	茶酒
20	河北	保定会馆直隶餐饮文化博物馆	名菜名点
21		中国皇家酒文化博物馆	茶酒
22		唐山饮食文化博物馆	名菜名点
23	山西	清徐县中国醋文化博物馆	调味品
24		山西面食博物馆	名菜名点
25		东湖醋园(美和居)博物馆	调味品
26		河东盐业博物馆	调味品
27	辽宁	沈阳中华饮食文化博物馆	综合类
28		老龙口酒博物馆	茶酒
29		大连酒文化博物馆	茶酒
30		大连中国箸文化陈列馆	食器具
31		大连饺子博物馆	名菜名点
32	上海	上海国际酒文化博物馆	茶酒
33		中国乳业博物馆	特色食品
34		上海民间民俗藏筷博物馆	食器具类
35		上海菜博物馆(筹建)	地方菜系
36		上海益民食品一厂历史展示馆	

（续表）

编号	所在地区	名　称	类型
37	江苏	淮安中国淮扬菜文化博物馆	地方菜系
38		南通江海美食博物馆	名菜名点
40		苏帮菜博物馆	地方菜系
41		扬州中国淮扬菜博物馆	地方菜系
42		镇江中国醋文化博物馆	调味品
43		江南茶文化博物馆	茶酒
44		阳羡茶文化博物馆	茶酒
45		徐州食文化博物馆	地方菜系
46		茅台酒艺术博物馆	茶酒
47		大娘水饺华夏饺子博物馆	名菜名点
48		苏州“农家菜”博物馆	名菜名点
49		中国太湖农家菜文化展览馆	地方菜系
50		扬州中国包子博物馆（筹建）	名菜名点
51	浙江	杭州杭帮菜博物馆	地方菜系
52		杭州大运河美食展示馆	地方菜系
53		杭州千岛湖鱼博馆	名菜名点
54		杭州中策烹饪艺术博物馆	技艺类
55		杭州中国茶叶博物馆	茶酒
56		绍兴酱文化博物馆	调味品
57		绍兴越菜博物馆	地方菜系
58		绍兴中国黄酒博物馆	茶酒
59		嘉兴桐乡市乌镇酱鸭博物馆	名菜名点
60		宁波鄞州雪菜博物馆	特色食品
61		宁波茶文化博物院	茶酒
62		宁波赵大有宁式糕点博物馆	名菜名点
63		舟山中国盐业博物馆	调味品
64		温州瓯菜博物馆	地方菜系
65		金华酥饼博物馆	名菜名点

（续表）

编号	所在地区	名　称	类型
66		金华中国火腿博物馆	名菜名点
67		丽水缙云县爽面博物馆	名菜名点
68		丽水鱼跃酱油酿造文化体验馆	调味品
69		衢州非物质文化小吃博物馆	名菜名点
70		衢州开化清水鱼博物馆	名菜名点
71	安徽	中国徽菜博物馆	地方菜系
72		合肥美食博物馆	地方菜系
73		黄山市徽州糕饼博物馆	名菜名点
74		古井酒文化博物馆	茶酒
75		黄山徽茶文化博物馆	茶酒
76		祁红博物馆	茶酒
77		安徽缘酒文化博物	茶酒
78		高炉酒文化博物馆	茶酒
79		谢裕大茶叶博物馆	茶酒
80	福建	闽菜博物馆	地方菜系
81		天福茶博物院	茶酒
82		武夷山茶博物馆	茶酒
83		三和茶文化博物馆	茶酒
84		厦门食物狂想馆	综合类
85	山东	中国鲁菜文化博物馆	地方菜系
86		张裕酒文化博物馆	茶酒
87		德州扒鸡文博馆	名菜名点
88		青岛啤酒博物馆	茶酒
89		青岛葡萄酒博物馆	茶酒
90		齐鲁酒文化博物馆	茶酒
91		淄博聚乐村饮食博物馆	地方菜系
92		淄博周村烧饼博物馆	名菜名点
93		泰山豆腐文化博物馆	名菜名点

（续表）

编号	所在地区	名　称	类型
94	山东	山东泰顺斋南肠博物馆	名菜名点
95		曲阜中华食礼馆(筹建)	综合类
96	河南	开封饮食文化博物馆	地方菜系
97		长垣县中国烹饪文化博物馆	地方菜系
98		洛阳老雒阳饮食博物馆	地方菜系
99		华夏酒文化博物馆	茶酒
100		洛阳“真不同”水席博物馆	名菜名点
101		温县小麦博物馆	食物原料
102		中国粮食博物馆(筹建)	综合类
103	湖北	武汉鄂菜博物馆	地方菜系
104		杨楼子老榨坊博物馆	特色食品
105	湖南	中国湘菜博物馆	地方菜系
106		长沙玉和醋博物馆	调味品
107		中国黑茶博物馆	茶酒
108		长沙隆平水稻博物馆	食物原料
109		辣椒博物馆	食物原料
110		火锅博物馆	名菜名点
111	广东	东莞饮食风俗博物馆	地方菜系
112		圣心糕点博物馆	名菜名点
113		珠江英博国际啤酒博物馆	茶酒
114		凉茶博物馆	茶酒
115		顺德中国粤菜博物馆	地方菜系
116		广州饮食博物馆	地方菜系
117		顺德岭南饮食文化展示中心	地方菜系
118		厨邦酱油文化博物馆	调味品
119		大埔小吃文化展馆	名菜名点

（续表）

编号	所在地区	名　称	类型
120	重庆	榨菜博物馆	特色食品
121		火锅博物馆	名菜名点
122	四川	成都川菜博物馆	地方菜系
123		成都饮食文化博物馆	地方菜系
124		华蓥山酒文化博物馆	茶酒
125		水井坊博物馆	茶酒
126		世界茶文化博物馆	茶酒
127		五粮液酒史博物馆	茶酒
128		郫县豆瓣酱博物馆（川菜文化体验馆）	调味品
129		中国泡菜博物馆	特色食品
130		自贡盐业历史博物馆	调味品
131	云南	桥乡园过桥米线博物馆（蒙自过桥米线历史文化陈列馆）	名菜名点
132		云南茶文化博物馆	茶酒
133		中华普洱茶博览馆	茶酒
134		云南大友普洱茶博物馆	茶酒
135		下关沱茶博物馆	茶酒
136		滇菜博物馆（筹建）	地方菜系
137	陕西	中国烹饪博物馆	地方菜系
138		西部清真饮食文化博物馆	地方菜系
139		陕西小吃博物馆	名菜名点
140		宝鸡美食博物馆	地方菜系
141	广西	柳州菜博物馆	地方菜系
142		柳州螺蛳粉饮食文化博物馆	特色食品
143		西关美食文化博物馆	地方菜系
144		三花酒博物馆	茶酒
145		柳州市桂饼文化博物馆	名菜名点
146		柳州市国酒文化博物馆	茶酒
147		桂菜博物馆（筹建）	地方菜系

（续表）

编号	所在地区	名　称	类型
148	贵州	贵州酒文化博物馆	茶酒
149	新疆	西域酒文化博物馆	茶酒
150	黑龙江	富裕老窖白酒博物馆	茶酒
151	内蒙古	内蒙古酒文化博物馆	茶酒
152	吉林	吉林省酒文化博物馆	茶酒
153	港澳台	香港稻乡人类饮食博物馆	综合类
154		香港茶博物馆	茶酒
155		香港茶具博物馆	茶酒
156		澳门葡萄酒博物馆	茶酒
157		台湾盐博物馆	调味品
158		台湾郭元益糕饼博物馆	名菜名点
159		台湾亚典蛋糕密码馆	名菜名点
160		台湾宜兰饼发明馆	名菜名点
161		台湾桃园巧克力共和国	特色食品
162		台湾牛轧糖博物馆	特色食品
163		台湾糖业博物馆	特色食品

以杭帮菜博物馆、川菜博物馆、湘菜博物馆等以流派菜系为代表的饮食博物馆，以代表性菜肴或食品建设的全聚德烤鸭博物馆、榨菜博物馆、中华小吃博物馆、北京豆腐文化博物馆，均是我国饮食文化博物馆产业成员之一。此外，我国还拥有数量巨大的茶酒主题性的博物馆，如中国茶叶博物馆、茅台酒艺术博物馆、江南茶文化博物馆等，它们也为国内博物馆类型的多样化与丰富性提供了重要支撑。我们可以预期：在不同城市、不同流派菜系、各地名菜名点、知名茶酒产地以及代表性调味品领域，我国还将诞生更多的饮食文化专门性博物馆（见图 8-3 和图 8-4）。

我国饮食文化博物馆虽然在建设数量、类型品质以及建筑规模等方面具有一些显性的优势，但在产业发展、管理运营机制以及博物馆功能创新等领域，还存在诸多问题。各种餐饮老字号企业、著名食品生产商在饮食文化博物馆建设方面先行一步。它们在经营具有相似性的名菜名点同时，也存在着重

图 8－3 广东梅州大埔小吃文化展示馆

图 8－4 乌兰察布中国薯都马铃薯博物馆

复修建具有相似内容与功能的饮食文化博物馆的现象。特别是在茶酒茶叶领域，同行业的竞争尤为激烈。为了更大地掌握某种茶酒产品或产区的话语权，相关企业不惜投入大量财力与人力修建属于自己的专题博物馆，以求扩大本地茶品或酒品美誉度和影响力。这样的重复建设，我们称之为中国饮食文化博物馆建设的“同质化现象”。这一现象的产生，既有饮食文化内涵与边界具有模糊性的原因，也有食品或餐饮同行业非良性竞争的原因。随着产业供给侧改革的调整，行业竞争的加剧以及博物馆运营成本的累计增高，我国很大一部分重复建设的饮食文化博物馆将被淘汰。

另外，在我国有的地区，饮食文化博物馆的概念已经转变成体验馆、印象馆、互动馆乃至展览馆的概念。这样概念下的"博物馆"具有更强的互动性与展示性，便于企业进行品牌推广和宣传，便于潜在目标消费者走进企业工厂或生产车间，进而扩大和深化美食品牌在消费者心中的知名度和美誉度。在我国港台地区，他们在利用饮食文化博物馆概念助推企业品牌文化方面，其思路和策略显得更为灵活。台湾亚典蛋糕密码馆、台湾宜兰饼发明馆等企业美食博物馆，已经不再出现让人觉得陈旧或呆板印象的"博物馆"名称表述，而是称之为"发明馆""密码馆"。这样的称谓，更加让小朋友或年轻一族消费者对企业品牌产生亲近感，同时赢得消费者的信赖和光顾。不过，如果以主打美食为品牌核心的博物馆不注意经营方式的创新与管理体制的有机更新，那么残酷的市场竞争将会让经营不善的饮食文化博物馆关门。

二、国外饮食文化博物馆建设现状与经验

从类型上来说，目前国内饮食文化博物馆的类型还偏向菜系流派和代表性名菜名点之类的内容。与港台地区比起来，大陆地区的饮食文化博物馆数量和种类上都比他们要多。可如果放眼全球来考察国内饮食文化博物馆的建设情况，那么我们在食材原料、饮食行为与习俗、现代工业食品等领域，还将大有可为。如果与美国比较，我国在饮食文化博物馆的种类多样性方面，未必超过美国。据不完全统计，美国有明尼苏达州猪肉罐头/午餐肉博物馆（Spam Museum）、美国新奥尔良南方食物和饮料博物馆（Southern Food and Beverage Museum）、美国勒罗伊村吉露果子冻博物馆（Jell-O Museum）、美国首家麦当劳店博物馆（McDonald's No.1 Store Museum）、美国爱达荷州土豆博物馆（Idaho Potato Museum）、美国纽约食物饮料博物馆（Museum of Food and Drink，MOFAD）、美国新奥尔良南方食品和饮料博物馆（Southern food & Drink Meusem）、美国烧焦食物博物馆（Museum of Burnt Food）、美国威斯康星州国家芥末博物馆（National Mustard Museum）、美国加利福尼亚州国际香蕉博物馆（International Banana Museum）、美国纽约雪糕博物馆（Museum of Ice Cream）、德国柏林咖喱热狗博物馆（Deutsches Currywurst Museum）、美国罗德岛晚餐博物馆（The American Diner Museum）、美国强生威尔士大学烹饪艺术博物馆（Culinary Arts Museum at Johnson & Wales University）、美国田纳西州盐与胡椒瓶博物馆（Guadalest Salt and Pepper Shaker Museum）、美国费城比萨博物馆（Pizza Museum）、美国加利福利亚州佩兹糖果

盒博物馆(Burlingame Museum of Pez Memorabilia)、美国俄亥俄州爆米花博物馆(Wyandot Popcorn Museum)、美国南达科他州国际醋博物馆(International Vinegar Museum)、美国佐治亚州洋葱博物馆(Vidalia Onion Museum)、美国佐治亚农业和历史村博物馆(Georgia Museum of Agriculture and Historic Village)等美食博物馆。此外,世界各地还有日本新横滨拉面博物馆(Shin-Yokohama Raumen Museum)、日本大阪方便面博物馆(Momofuku Ando Instant Ramen Museum)、日本京都乌冬面博物馆(Udon noodles Museum in Japan),韩国首尔泡菜博物馆(Kimchi Museum Seoul)、韩国首尔年糕博物馆(Tteok Museum)、韩国济州岛绿茶博物馆(Jeju Osulloc Tea Museum)、韩国西归浦柑橘博物馆(Citrus Museum in Seogwipo),马来西亚槟城食物狂想馆(Wonderfood Museum Penang),法国卢贝新城厨艺学博物馆(Musee Escoffier de l'Art Culinaire)、法国普罗旺斯世界葡萄酒与烈酒博物馆(Exposition Universelle des Vins et Spiritueux)、法国巴黎葡萄酒博物馆(Musée du Vin)、法国波尔多葡萄酒博物馆(La Cite du Vin)、法国阿尔克·塞南皇家盐场旧址(Royal Saltworks at Arc-et-Senans),德国乌尔姆市面包文化博物馆(Museum für Brotkultur)、德国蛋糕甜点屋博物馆(Conditorei Museum Kitzingen)、德国糕点食品展览馆(Dr. Oetker Welt)、德国埃尔富特牛奶博物馆(Milk Museum)、德国维新别尔格镇姜饼博物馆(Lebkuchen-Schmidt)、德国杏仁面糖博物馆(Niederegger Marzipan-Museum)、德国巧克力博物馆(Imhoff-Stollwerck-Museum)、德国艾美莉咖啡博物馆(Museum für Kaffeetechnik in Emmerich)、德国莱比锡咖啡博物馆(Im Haus 'Zum Arbischen Coffee Baum')、德国巴伐利亚州烧酒博物馆(Bayerisches Schnaps-Museum)、德国香料博物馆(Spicys's Gewürzmuseum)、德国马铃薯博物馆(Das Kartoffelmuseum)、德国盐巴博物馆(Deutsches Salzmuseum)、德国欧洲芦笋博物馆(Europäisches Spargelmuseum)、德国 V&B 瓷器餐具博物馆(Keramikmuseum Mettlach)、德国食谱博物馆(Deutsches Kochbuch-museum Dortmund)、德国渔业博物馆(Fischerei-Museum Cuxhaven),西班牙巴塞罗那巧克力博物馆(Museu de la Xocolata),荷兰阿姆斯特丹喜力啤酒博物馆(Heineken Museum)、荷兰奶酪博物馆(Dutch Cheese Museum),波兰姜饼博物馆(Gingerbread Museum)、波兰华沙伏特加博物馆(Muzeum Polskiej Wódki)、波兰克拉索夫山岭村小麦博物馆(Poland Wheat Museum),意大利

面条博物馆(National Museum of Pasta Foods)、意大利博洛尼亚冰激凌博物馆(Gelato Museum Carpigiani)、意大利摩德纳传统香醋博物馆(Museum of Traditional Balsamic Vinegar of Modena),英国康沃尔郡名人剩饭博物馆(Museum of Celebrity Leftovers)、美国哥伦布市饭盒博物馆(River Market Antiques Mall),葡萄牙赛亚面包博物馆(Museu do Pão),爱尔兰科克黄油博物馆(Cork Butter Museum)、爱尔兰健力士啤酒展览馆(Guinness Storehouse),英国约克郡巧克力博物馆(York's Chocolate Story)、英国科尔曼芥末商店博物馆(Colman's Mustard Shop and Museum)、英国世界胡萝卜博物馆(World Carrot Museum),苏格兰渔业博物馆(Scottish Fisheries Museum),瑞士日内瓦沃韦食品博物馆(Alimentarium Food Museum)、加拿大爱德华王子岛马铃薯博物馆(Canadian Potato Museum),希腊莱斯沃斯岛橄榄油博物馆(Museum of Olive Oil Production),捷克共和国布拉格美食博物馆(Muzeum Gastronomie)、捷克共和国布拉格国家农业博物馆(National Museum of Agriculture),匈牙利皮克莎乐美肠和塞格德红椒博物馆(Pick Salami and Szeged Paprika Museum)、匈牙利农业博物馆(Museum of Hungarian Agriculture),冰岛鲱鱼博物馆(Herring Museum)、冰岛科克郡黄油博物馆(Butter Museum),新西兰蒂普基猕猴桃360博物馆(Kiwi 360),迪拜咖啡博物馆(Coffee Museum),比利时布鲁日巧克力博物馆(Choco-Story/The Chocolate Museum, in Bruges, Belgium)、比利时布鲁日薯条博物馆(Fries Museum)以及俄罗斯圣彼得堡面包博物馆(St. Petersburg Museum of Bread),等等(见图8-5～图8-9)。

图8-5　荷兰阿姆斯特丹喜力啤酒博物馆

图8-6　德国科隆巧克力博物馆

图 8-7　比利时布鲁日薯条博物馆

图 8-8　意大利番茄博物馆负责人为饮食文化学者做讲解

图 8－9　笔者与意大利香醋研究专家 Stefano Magagnoli 教授走访摩德纳传统香醋博物馆

根据上述不完全的统计分析：欧美等发达国家的饮食文化主题性博物馆数量远超亚非等国家。欧洲等美食文化遗产丰富的国家如法国、意大利、英国等国注重把代表性食物或传统烹饪技艺以博物馆的方式保护与传承下来。欧洲国家对遗址类饮食文化遗产的保护与实践经验，值得我们思考并学习。美国等现代工业化国家注重把现代工业食品及其文化以博物馆的方式传承并利用起来。韩日等亚洲国家注重通过人类学、社会学的研究方法在博物馆内呈现该国食物的营养性与健康性，而不再是以食物的历史维度为中心。国外饮食文化博物馆的创建经验对国内传统饮食文化遗产以及现代食品工业遗产的传承、保护和利用极具启示意义。

三、全球饮食文化博物馆建设的反思

第一，从饮食文化博物馆的区域分布来说，中国大陆地区的饮食文化博物馆数量和类型均大幅度超过港澳台地区。中国东部沿海地区的饮食文化博物馆数量与种类普遍超过中西部地区。据刘军丽的不完全统计：北京、江苏、浙江、山东、河南、四川、广东 7 省市的数量达 38 家，占统计总数的 63.33%。这也从数据上说明了国内饮食文化博物馆的分布呈现出不均衡的特点。笔者了解到，长时间被认为是八大菜系或十大菜系之中的云南将创建滇菜博物馆、广东将创建粤菜博物馆，海南在讨论建设琼菜博物馆。而近代以来中国的经济

中心上海也有意打造属于自己的上海菜博物馆或者称之为海派菜博物馆。“十三五”期间，各类泛博物馆概念的专门性博物馆将在中国进一步发展。其经营性质也势必突破国家各层级职能部门投资建设、企业独资建设或政府与企业联合创建的体制模式。个人私营性的专题博物馆将是未来的重要趋势。

第二，这些新兴类型的具有博物馆概念的各种实体，还算是一般意义上的博物馆吗？值得我们审视与分析。由于许多的饮食文化博物馆由私企或个人修建，它们在规模和体量上差别很大，在馆内的展陈设计、功能设置乃至后期的展馆运营都面临诸多问题。按照国际博物馆协会章程中界定的博物馆概念，这类由私企或个人投资修建的饮食文化博物馆还算不得真正意义上的博物馆。至多，它们可以称之为企业展馆、体验馆或互动馆。由此带来的不良后果之一，就是在有限规模内的饮食文化展陈逻辑混乱，结构单一，内容浮浅，缺乏科学论证。甚至有的饮食文化博物馆展示内容与历史事实相违背，它们采用许多虚无缥缈的传说故事来论证该地区美食文化的传承发展，进而传播了错误的历史与文化知识。

第三，国内的许多饮食文化博物馆还过多地与餐饮消费市场相联系。其餐饮服务功能（地方美食体验功能）甚至严重凌驾于为社会大众服务的功能之上。这样以营利目的筹建的饮食文化博物馆，打着传承中华饮食文化的幌子，实际上是在变相经营餐厅。[①] 以地方菜系流派为建设内容的餐饮博物馆就非常容易发生这样的问题。笔者持续关注的中国杭帮菜博物馆就存在着“重餐饮经营，轻社会服务”“重菜品研发，轻饮食文化研究”的问题，这也是目前国内以餐饮经营为特色的饮食文化博物馆的通病。饮食文化博物馆通过商业运营“造血”是值得鼓励的管理创新。但是，博物馆的初衷是为研究、教育和欣赏等非营利性目的而被创建。这样的初心如果丢掉了，那么饮食文化博物馆的性质也就变味了。

第四，国内部分饮食文化博物馆周边环境资源丰富，但是规划设计不尽合理，空间利用率不高，馆内环境设计与外环境不和谐。在馆内展陈设计中，由于饮食文化博物馆属于专门类型的博物馆，投资主体又多为各种企业。他们的投资有限，持续运营能力不足，由此导致了展馆内的展示手段单一，缺少互动场景设置，灯光照明系统也未能达到文物保护的需要。

第五，饮食文化博物馆建设应与地方非物质文化遗产的传承、保护与利用

① 汤强：《中国餐饮博物馆展示设计评析》，《中华民居》2012 年，第 22 页。

结合起来。经济欠发达地区的美食文化遗产还有很多，但是通过博物馆形式予以传承、保护和利用的工作还需要进一步加强。以韩国为例，该国不仅把他们的泡菜作为世界非物质文化遗产代表性项目保护起来，还专门修建了自己的泡菜博物馆。1971 年，朝鲜王室的宫廷饮食被指定为重要的无形文物第 38 号，当时宫廷饮食的唯一继承人韩熙顺尚宫也被认定为第一代宫廷饮食大师。为了维持韩国宫廷菜的传承，韩国设立了宫廷饮食研究院（又称韩国宫中膳食研究院），把过去尚宫们的手艺传承下来发扬光大。韩国宫廷饮食研究院是“朝鲜王朝宫中膳食”传授机构。近 30 年来，韩国宫廷饮食研究院通过多种多样的体验和展示活动，向大众宣传宫廷料理和传统文化的魅力。该机构成为了韩国传统饮食文化首屈一指的机构，而且是继承韩国宫中膳食传统的唯一机构，并以韩国饮食文化研究之宗主而感到自豪。通过韩国的例子，我们可以发现国内目前的博物馆尽管在形式设计、内容策划上有非常大的进步，但是国内饮食文化博物馆在饮食教育、饮食文化研究、饮食文化遗产传承保护方面的功能，表现还不尽如人意。

第六，饮食文化博物馆应为城市文化旅游与食品产业服务。美国作为工业食品大国，它们在工业特色食品博物馆领域的成功经验值得我们学习。美国目前有关于比萨、巧克力、汉堡包、雪糕、糖果、胡椒、啤酒等等食品饮料的博物馆非常多。中国虽然也是食品生产和制造大国，但是目前在一些国际性的工业食品博物馆建设方面，还有很大的创建空间。如果汲取国外先进的工业食品博物馆建设经验，把博物馆展陈与工业旅游、与企业品牌展示结合起来，将进一步提升国内美食文化产业品牌价值与国际影响力。此外，饮食文化博物馆可以立体地、集中地、全面地、客观地展示地方饮食文化资源。

“城市文化——休闲精神”的最直接感官接触与视觉传达方式是美食体验。把“休闲观念”和“饮食教育”寓于美食体验之中，这是饮食文化博物馆社会功能的重要体现。以饮食文化为主题的专门博物馆可以最大限度发挥本土美食文化对中外游客的吸引力，促进城市旅游业的发展。在后博物馆以及后遗产时代，国内饮食文化博物馆在数量以及体量上将进一步提升。博物馆作为地方饮食文化遗产保护、传承和利用的重要载体，是城市文化旅游新的景观目的地，是提升城市美食文化旅游业发展的重要文化建设内容。

第二节　杭帮菜博物馆对杭城味道传播的成功经验

21 世纪以来，杭州市以美食为抓手，共建共享生活品质之城。杭帮菜文化产业得到大发展，美食文化重点工程取得新突破。2008 年以来，杭州市发布了《关于培育发展十大特色潜力行业的若干意见》等多项政策性文件，将美食、茶楼、演艺、疗休养、保健、化妆、女装、运动休闲、婴童、工艺美术等十大行业确定为杭州"十大特色潜力行业"，美食行业排在首位。杭州市还将中山南路美食夜市一条街定位为以美食小吃为主，融合淘店购物、旅游体验，集食、淘、游功能于一体的中山南路旅游综合体和城市特色鲜明、服务设施一流、交通便捷通畅、环境整洁卫生、管理科学合理，本地人常到、外地人必到，国内领先、世界一流的"中国美食夜市第一街"。2012 年竣工的中国杭帮菜博物馆是杭帮菜文化事业的里程碑，进一步打响了杭州"美食天堂"品牌。

一、杭帮菜历史渊源及其文化生产力

大禹与始皇南巡所食，古运河餐饮广场，雷峰塔起造工程民食，宋高宗买食宋嫂鱼羹，南宋都城食肆，食圣袁枚食学建树与美食经历，清杭州将军府满汉全席，白居易、苏东坡疏浚西湖食事，西湖博览会美食等一系列重大与典型历史食事；清明、端午等中华传统节令食俗……这些通过技术手段再现不同历史时期杭帮菜的场景，皆可在杭帮菜博物馆体验到。

杭帮菜历史悠久、特色鲜明，在全国享有盛誉。悠久的杭州饮食文化发展历史为杭帮菜博物馆的创建提供了丰厚的历史资源与文博展陈内容。早在八千年前，生活在杭州这块土地上的跨湖桥人就开始了渔猎和采集生活。这里发现了世界上最早的独木舟，出土了中国迄今为止最早的木弓，还出土了世界上迄今为止最早的漆器。上述谋食工具的发现，足以展示跨湖桥人精彩的饮食生活。不仅是在生活工具上有所创新，跨湖桥人还利用骨耜、木铲等耕作工具，开展水稻种植。跨湖桥遗址还出土了世界上最早的陶甑，这是一种可以用来蒸熟食物的蒸食炊具。陶甑的发明，不仅为人类提供了一种新的食物加工方式，还具有更深层次的文化意义。甑的使用是人类利用蒸汽能的最早实践，也是中国饮食文化鲜明特征的最早例证之一。在良渚古城遗址，透露出五千年前杭州先民的饮食生活信息。该时期的野生动植物资源已无法支撑起一个

庞大社会系统的运作。良渚古城遗址频繁出土的植物果实、种子、禽畜残骸、鱼鳖残骸和渔猎用具，说明该地区农作物种植、家畜饲养和捕鱼业已经有了较为稳定的发展，水稻等农作物已经成为良渚人最主要的食物。秦汉至南北朝时期，杭州地区以稻米饭为主食，日常蔬菜主要是“春韭秋菘”，而鱼虾等水产也已成为重要的辅助性食材。司马迁所说的“饭稻鱼羹”是这一时期杭州人的生活常态。

杭州兴盛于隋开大运河，南来北往的米粮和瓜果蔬菜等物资经杭州中转至全国各地。隋唐时期的“杭帮菜”是传统“南食”的重要组成部分，外地运往杭州的动植物原料进一步丰富和发展了杭州人的餐桌。北宋时的杭州已经是“东南第一州”，宋室南迁后，大批北方餐饮从业者尤其是厨师精英移居杭州。南宋时期，杭州饮食文化深受豫菜影响，该时期是杭帮菜发展变迁的关键转折点。南宋时的“杭帮菜”融汇了临安（今杭州）和东京（今开封）两大帝都饮食文化，故而南宋时期的“杭帮菜”又有“京杭大菜”之别称。餐饮业在这一时期打破了坊市分隔界限，通过“南料北烹”的技艺发展和口味创新，杭州出现了前所未有的美食繁盛景象，移动摊贩和酒楼、茶坊、食店等饮食店铺遍布城乡各地。杭州城北甚至在运河沿线地区逐渐形成了“钱塘十景”之一的“北关夜市”。正是杭州民众的日常参与、南来北往客商的民间商贸活动，才让南宋以来的杭城全日制经营现象逐渐成为常态，一座“不夜城”屹立在京杭大运河与钱塘江边。清代乾隆年间，杭州诞生了一位伟大的美食家袁枚，其所撰《随园食单》被厨界尊为圣典，在国际美食界都有重要影响。他在书中介绍了许多颇具杭帮风味的美食，如“连鱼豆腐”“鱼圆”“酱肉”“熟藕”等。清末民国以来，杭帮菜受东部大都市餐饮市场热潮的影响，持续性地吸收徽菜、淮扬菜之特长，进一步发展创新。

新时代杭帮菜传承了吴越饮食本色，融汇了唐宋南北饮食特色，吸收了清末民国以来长三角地区外帮菜底色，具有典型的“三色”文化特征。杭帮菜从古老的历史中走来，带着八千年的一路风尘，集中了历代杭州人的生存智慧，在受其他菜系流派影响的同时，杭帮菜也对苏南菜、淮扬菜、上海菜、福建菜等产生过重要影响和辐射。新时期的杭帮菜凭借改革开放的东风，在继承传统的基础上，又开出崭新的奇葩。杭州城市的发展也带动杭帮菜的发展，杭州城市的影响力也使杭帮菜声誉日隆，甚至在上海、南京等地形成过“杭帮菜旋风”现象。

新时代杭帮菜指大杭州概念下 13 个区县（市）具有独特地域风味的菜系

流派，具有“粗菜精做”——家常菜精做、家常菜细做的典型特征。2019 年 5 月，亚洲文明对话大会在北京举行，杭州同步举办“知味杭州”亚洲美食节。“国之交在于民相亲，民相亲在于心相通”，民心相通能够有力增进相关国家民众的友好感情，推动相关国家的经济合作，而饮食是沟通亚洲人民感情，促进文明交流互鉴的最佳媒介。杭帮菜博物馆也成为 G20 峰会以及亚洲美食节等重要国际性活动的重要接待单位和服务单位，体现出杭帮菜博物馆在餐饮接待服务方面对杭州城市治理的贡献。

阿里巴巴集团董事局主席马云先生曾说道：“最高的武功是无招胜有招，最好的菜系是无宗无派。说的就是我们杭帮菜。无宗，是以采取众长；无派，是以不断创新。”马云先生以宗派之喻解读中国菜系江湖，指出杭帮菜笑傲江湖的武功秘籍就是要走“无宗无派”之路——集八大菜系之长，不断创新。这就是新时代杭帮菜融合创新，走向国际的宣言。中国当代著名艺术大师韩美林先生也评价道：“遥知当年宋嫂无，重 SHI 杭帮菜。”韩美林先生所指的“SHI”具有“拾起，识认，食用”之意，饱含了他对重拾杭州美食文化遗产，重识杭州美食文化价值以及共同品味杭州美食艺术的殷切期许。

我们回顾杭州饮食文化灿烂的过去的同时，又要思考现代产业竞争大潮中的杭州餐饮业。杭帮菜博物馆作为国内目前代表性的美食博物馆，剖析如何利用“美食博物馆 + 餐厅”重点文化工程拉动一个城市的美食产业创新，具有启示性意义。

二、杭帮菜博物馆文本策划原则

中国杭帮菜博物馆将修建在玉皇山南侧“江洋畈生态公园”中心位置。英文名称为 Chinese Hangzhou Cuisine Museum，是 2010 年西湖申报世界文化景观遗产治理工作的重要文化建设项目。据《中国杭帮菜博物馆展陈方案》文本内容介绍：“中国杭帮菜博物馆结构主要由历史空间元素、历史名人元素、名店元素、乡土民俗元素四大主体内容构成，该馆有十大基本展区，布展面积大约是 3000 平方米。”

杭帮菜博物馆展示的是“五千年文明，十三亿人口”理念主导下的中华民族饮食文化结晶——“杭州菜”。博物馆内展示内容不再是简单的杭州地方菜品和零散的美食文化集聚。按照杭帮菜博物馆文本编撰课题组负责人赵荣光教授的话来说，该馆建立原则强调的是：“以‘中华民族饮食历史’作为主线贯穿、‘民族食事事象’作为平面延展以及‘餐饮文化’作为构建基础，以三重构建

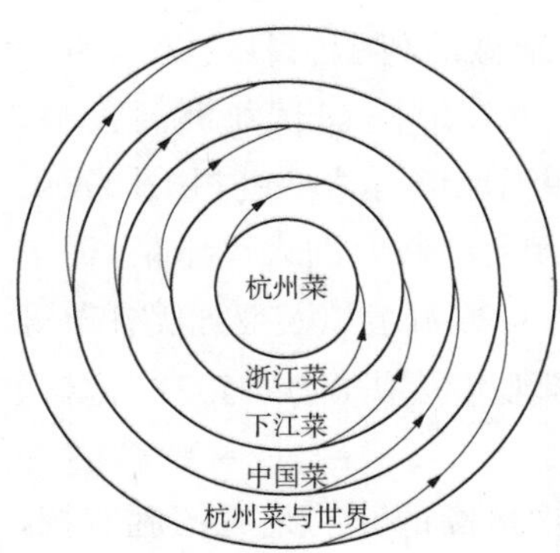

图 8-10　杭州菜文化“传承·互动延展”关系图

基础作为该馆设计的三大原则。”离开民族性、区域性以及对现实餐饮文化的关照，历史上的杭帮菜是无法体现在博物馆之中。不仅如此，杭州菜、浙江菜、下江菜[①]以及中国菜，他们之间的层级关系是正确认识与评价杭州菜历史地位的关键所在。如果以城市菜观念来划分中国菜系的话，那么把杭州菜作为中国菜的重要代表之一，是合情合理的。对杭州菜历史地位与文化高度的正确认知，来自对杭州菜文化“承传·互动·延展”关系的正确认识(参见图 8-10)。对图 8-10 需要说明一下的是：“下江菜”所指的“下江”(扬子江流域)是中国历史上的习惯说法，“下江菜”是行业的传统说法，“扬子江流域”或“长江下游地区”是国际视野的习惯说法。示意图中强调全球化视野下的杭州菜。任何封闭观念、任何割裂区域与整体的观念都与建设杭帮菜博物馆的原则相悖。杭州菜、浙江菜、下江菜、中国菜、杭州菜与世界之间并没有现实世界中的同心圆结构和严格的内外层次，这只是一种便于理解的示意手段。在设计原则方面，该馆一是注重历史场景主题再现的原则。比如：湖区原住民部落酋长率众献酒食组塑；《武林旧事》等记录杭州城酒店街市场景比例群塑或图画；《武林旧事》等记录杭州城酒店街市场景比例群塑或图画；秦桧与葱包桧儿图画；乾隆与龙井茶图文介绍；西博会美食场景文图与食品模型等等。二是通过设置杭州菜历史文献长廊的方式凸显杭州菜文化的历史文献载体。三是构建杭州名菜长廊，为参观者立体呈现传统杭州菜在不同历史时期的演变过程。通过系统整理与再现区域性族群饮食文化遗产，有助于传承和保护本地区先民食生活与食生产方面留下的知识与智慧。

三、杭帮菜博物馆展示策划内容要点

杭帮菜博物馆主要由历史空间元素、历史名人元素、名店元素、乡土民俗元素四大主体内容构成。而其馆陈展示内容与结构要点分别是：历史空间脉络；饮食历史名人脉络；原料、肴品、餐具脉络；烹饪、服务、管理脉络；名店脉

① 下江菜是内地餐饮行业常用称谓，主要是指长江下游的菜品文化风格。

络;民俗乡土脉络;中国菜文化信息中心;多媒体功能厅;精品展示厅;商业服务区。根据已有并能够发掘整理出来的历史依据,按照科学把握、准确再现的展陈原则,现将杭帮菜博物馆基本展区的内容概述如下:

第一展区是钱塘古郡,饭稻羹鱼:秦至南朝时期的杭州饮食风貌。展示主体内容之一是西湖生态演变历史脉络下的食物原料景观。表现元素与手段主要有:沙盘图形制作、地质标本陈列。展示西湖形成的自然与人工过程。用河姆渡、水田畈等遗址出土的动植物图画来展现史前西湖地区的生态景观。[①] 用动植物食料模型、历代西湖文献古本展现西湖生态演变历史脉络下的动植物食料原生态模型。主体内容之二是鱼米果蔬丰足的天福之国。展示元素主要有大禹南巡,湖区百姓箪食壶浆图;秦始皇巡狩,地方长官美食供奉图;[②]苏小小镜楼情会;佛国素食;葛洪道家养生图。

第二展区是运河终点,人间天堂:隋唐时代杭州的饮食。展示主体内容之一是隋唐时代杭州的饮食。表现元素有京杭大运河终点的食事风情(酒楼、茶肆、食摊等);白居易与杭州饮食;西湖船食。主体内容之二是吴越时期杭州的食事。表现元素有钱王宴会宋使图景;民间食品制作图景(包粽子等)等。

第三展区是帝国都城,歌舞西湖:宋代杭州的菜品文化。[③] 展示的主要内容有:林洪素馔;南宋都城临安食物原料市场;"丰乐楼"宴会娱乐场景模型;"四司六局"图示;宋高宗游西湖买食宋嫂鱼羹;岳飞府中秋饮食;等等。

第四展区是餐桌上的东西方对话:元明时代的杭州菜品文化。展示主体内容之一是"东方威尼斯":世界视野下的杭州饮食风情。表现元素有马可·波罗所看到的杭州饮食风情;"色目"人在杭州的食事活动;利玛窦等传教士眼中的杭州菜;日本、朝鲜来访者与杭州菜。主体内容之二是士大夫的杭州饮食。表现元素有《西湖游览志》等文献中的杭州餐饮文化;于谦端午闻教;张岱品茶的茶食;高濂与杭州饮食文化等。主体内容之三是杭州节令饮食与传统名食。表现元素有杭州节令菜肴文化与品种;杭州民间传统菜品与制作。

---

① 这方面的研究主要参考俞为洁:《饭稻衣麻:良渚人的衣食文化》,浙江摄影出版社2007年版;俞为洁:《良渚人的饮食》,杭州出版社2013年版。

② 张哲:《秦始皇南巡时,地方官员进贡的是什么食物?准备明年国庆开放的杭帮菜博物馆告诉你》,《每日商报》2010年10月22日,第07版。

③ 有关宋代杭州名菜名点的研究,可参考林正秋:《杭州饮食史》,浙江人民出版社2011年版。

第五展区是清代的杭州美食世界。表现的主体内容之一是杭州名人与杭州美食。表现元素有李渔与杭州美食;俞樾师生会饮;胡雪岩养生膳食等。主体内容之二是清朝宫廷贵族与杭州美食。表现元素有康熙南巡与杭州饮食;乾隆南巡与杭州美食;杭州将军府"满汉全席"与"满洲城"中的旗人饮食等。不仅如此,该展区还会展出杭州历史上的菜谱与食书。历史文献作为物质载体更加真实客观地说明了杭州地区悠久的美食文化内涵。

第六展区是中国食圣袁枚专区。袁枚有"食圣"之美誉。该展区展示的主体内容是回顾与总结袁枚在我国饮食文化研究史上的"十大成就"。展示脉络主要是按照袁枚人生活动的时间主线来叙述。其中,袁枚《随园食单》中的菜肴复原是本展区亮点之一。此外,袁枚与家厨王小余,袁枚的饮食文化世界等内容也极大地丰富了袁枚专区的文化内涵。

第七展区是近代民国时期杭州餐饮业。展示主体内容之一是杭州民国时期餐饮业重大事件。[①] 表现元素有西博会美食景观;杭州的新式饭店;杭州的西餐店等。主体内容之二是民国名人与杭州美食,表现元素有孙中山与杭州饮食;蒋介石、宋美龄与杭州饮食;胡适与杭州饮食;林语堂与杭州饮食;司徒雷登在杭州饮食事迹;等等。

第八展区是大众餐饮时代的杭州菜品文化。展示主体内容之一是新中国初期的杭州餐饮业。表现元素有:改革开放前的杭州餐饮业;改革开放前的杭州名菜;改革开放前的杭州人传统菜品;等等。主题内容之二是名人与杭州菜。表现元素有周恩来对杭州餐饮业的关怀故事等。

第九展区是改革开放以来的杭州菜。展示主体内容有杭州美食图;美食节景观;"杭帮菜"热全国;走向世界的杭州菜;杭州菜与城市公共健康之间的互动;杭州各地区间不同饮食特征;[②]杭州餐饮文化研究的历史回顾。

第十展区是杭州名店·名菜·名厨。以名店来说,杭州可供表现的餐饮名店内容十分丰富。比如有丰乐楼、西湖画舫船菜、大运河沿岸及船上餐饮、楼外楼、知味观、奎元馆、天香楼、茶餐饮名店、杭州酒家、王润兴酒楼、颐香斋、

---

① 民国杭州饮食的研究,可参考何宏:《民国杭州饮食》,杭州出版社 2012 年版。

② 杭州下属余杭、富阳、桐庐、淳安、建德、临安等县市饮食各具特色,相关研究可参考杭州市余杭区政协文史和教文卫体委员会编:《余杭美食》,杭州出版社 2016 年版;临安市地方志编纂委员会编:《临安市志 1989—2005》,方志出版社 2010 年版;魏一媚:《桐君山》,杭州出版社 2014 年版;王文治:《富阳县志》,浙江人民出版社 1993 年版。

素春斋、天外天、万隆酒家、山外山、景阳观、采芝斋、状元馆等。[①] 名菜与名厨，内容更是丰富，不一一赘述。

四、杭帮菜博物馆对杭州城市发展的促进

杭帮菜博物馆的创建原则与馆陈设计体现出饮食文化类主题博物馆“休闲与教育”的功能特质，从“参观”变为“享用”。[②] 这个博物馆也不是枯燥的教育场所，该馆设计亦是期待可以把杭帮菜博物馆建设成为一个呈现场面形象与仿真的“奇异空间”。[③] 大众进入该博物馆的时候，理应可接触一切、品尝一切，并能感受到这个博物馆是一个“超大型的文化超级市场”，让人们在体验中感觉到亲切。该馆的创建也是对改革开放30多年来，地方政府以及社会餐饮企业在杭州美食旅游业所作贡献的阶段性总结。

值得注意的是，在对杭帮菜后期运营的长期关注中，我们发现杭帮菜博物馆存在“重餐饮经营，轻社会服务”“重菜品研发，轻文化研究”的问题，这也是目前国内以餐饮经营为特色的饮食文化博物馆存在的普遍现象。饮食文化博物馆通过商业运营“造血”是值得鼓励的创新探索。但是博物馆的基本功能是研究、教育和社会服务等非营利性目的。这样的初心如果丢掉了，那么饮食文化博物馆的性质也就变味了。杭帮菜博物馆对杭州城市发展的促进不应当只是餐饮营收，还应该从是否促进杭州饮食文化研究发展，是否更好地推广了杭帮菜文化内涵，是否传承利用好杭州饮食文化遗产（如杭帮菜烹饪技艺）等文化和社会效益方面进行考察。

从现实产业角度来分析，杭帮菜博物馆在商业、社会和文化方面的运营经验可以为以后其他类似博物馆的创建与运营提供借鉴意义。杭帮菜博物馆的建立既可以成为杭州美食文化旅游产业的新景点与新地标，更是拓展了杭州美食产业文化与经济的互动空间。通过中国杭帮菜博物馆来立体地、集中地、全面地、客观地展示杭州饮食文化遗产，杭州美食文化旅游产业的国际化步伐亦将会加快。

---

① 杭州名店名厨的研究，可以参考杭州杭菜研究会编：《杭菜文化研究文集》，当代中国出版社2007年版；宋宪章：《杭州老字号系列丛书.美食篇》，浙江大学出版社2008年版。

② 陈同乐：《后博物馆时代——在传承与蜕变中构建多元的泛博物馆》，《东南文化》2009年第6期，第8页。

③ [英]迈克·费瑟斯通：《消费文化与后现代主义》，刘精明译，译林出版社2000年版，第149-150页。

第三节　大运河美食展示馆对浙江运河非遗美食的传承推广

千年运河汇通南北，万般美食传承古今。中国大运河是世界上最长、最古老的人工水道。它是国家经济的大动脉，也是联通古代中国陆上“丝绸之路”及海上“丝绸之路”的重要交通渠道。该馆以大运河沿线地区饮食文化为中心，深刻学习领会习近平总书记重要指示精神，以高度的历史使命感推进大运河文化带建设，进一步擦亮大运河这一世界认可的国家文化符号。整个展陈生动呈现运河饮食新画卷，展示运河名菜名点、饮食习俗和独特的风土人情，让观众感受运河人家的浓浓乡愁，传承绵延千年的运河味道(见图 8－11)。

图 8－11　大运河美食展示馆序厅

2006 年，京杭大运河被列为第六批全国重点文物保护单位。2013 年，第七批全国重点文物保护单位公布时，将浙东运河、隋唐大运河与京杭大运河合并，名称改为“大运河”。2014 年，大运河被列为世界文化遗产。大运河包括隋唐大运河、京杭大运河和浙东运河三部分，全长 2 700 公里，地跨北京、天津、河北、山东、河南、安徽、江苏、浙江 8 个省(直辖市)，是世界上最长的运河，也是世界上开凿最早、规模最大的运河。大运河通达海河、黄河、淮河、长江、钱塘江五大水系，沿线分布着京菜、津菜、鲁菜、豫菜、淮扬菜、苏菜、浙菜等不同的饮食体系。不同区域、不同体系的饮食文化随着运河的连通而相互交融，各自

汲取着不同饮食文化精髓的同时，也将自身推到了新的高度。

明代漕督王宗沐在《条列漕宜四事疏》中说道："夫江南，朝廷之厨也。"这句话道出了江南漕粮对于国家统治的重要性。漕运是我国历史上一项重要的经济措施。它是利用水道（河道和海道）调运粮食（主要是赋税征收的粮食）的一种运输方式，运送的目的是供宫廷消费、百官俸禄、军饷支付和民食调剂。

自汉代以来，中国统一皇朝首都的粮食供应均依赖关东（函谷关以东）和东南漕运。汉武帝元光六年（前 129 年）开通漕直渠，"岁漕关东谷四百万斛，以给京师"，成为汉家制度。在唐代，"岁漕山东谷四百万斛，用给京师"。元、明、清三朝建都北京，因北京不具有农业优势，粮食多依赖东南漕运。至元时，漕粮河运最高达到每年五六百万石。明清法典规定，每年"定额本色四百万石"，供应京师皇室、百官和军队。在这 400 万石漕粮中，北粮（山东、河南漕粮）占 75 万石，南粮占 324 万石。而在南粮中，浙江、江西、湖广占 125 万石，南直隶十四府州占 199 万石，其中苏州、松江两府 93 万石。元、明、清时期的南粮北运，是历史传统的延续，是国家的制度安排和政治决策，具有法典化的性质。而大运河则成了南粮北运的重要渠道。

如果说长城是中国版图上雄健的一撇，那么大运河就是厚重的一捺。长城代表中华民族的坚强，运河代表神州大地的通达。

一、运河饮食南北流动的重要性

古时，江浙沿大运河往北方输送物资，以粮食、茶叶、纸张、瓷器、丝织品的比重为最大，竹木柴草、四时瓜果乃至海鲜水产也经由运河以贡赋形式输往政治中心。而北方的食盐、棉花、豆、梨、枣等则沿着运河南调。

明清时期，江南地区的许多美食通过运河传向北方，入贡京城，延续了两个朝代的鲥鱼入贡就是一个典型事例。长江下游是鲥鱼的主要捕集地和食用区，明成祖朱棣迁都北京后，念念不忘长江鲥鱼的鲜美，由于当时大运河已通，便下令由南京向北京进贡鲥鱼。于是，年复一年的贡送模式在运河上活跃起来。南京专设入贡船，满载冰藏的新鲜鲥鱼，沿运河水线北上，昼夜兼程，直赴北京。每到一处大码头，便向当地换取藏冰，确保入贡鲥鱼的新鲜度。鲥鱼到京，便成为皇室的专享佳肴。明代刘若愚《明宫史・火集》记载："是月（七月）也，吃鲥鱼，为盛会赏荷花。"

在历史上，大运河是中国南北经济交流的一条大动脉，各类物资通过运河源源不断地输送到沿线各地，其中包括种类繁多的饮食物资，这些物资影响了运河沿岸地区的饮食结构，充实了当地人民的饮食生活。大运河贯通南北，流域内分布着多个饮食体系。这些不同体系的华夏饮食共同促生了运河饮食文化，使其呈现出南北交融的特征。

运河饮食文化的丰厚历史积淀，造就了沿线两岸众多的餐饮网点。这些饮食文化在不同的地域环境中相互交流、吸纳和融合，形成了来自地域，但又不完全等同于地域的独特的运河饮食风格。过去的清江浦作为运河沿岸的四大都市之一，就曾对淮菜的形成产生重要作用，当时著名的全羊席、全鳝席、全鱼席都围绕着运河而形成特色风味。

苏、杭、淮、扬是京杭大运河南线上的四大都市，其饮食文化一脉相承又各具特色。四大都市支撑着淮扬菜、苏菜和浙菜三大菜系，并在历史上以运河为传送纽带，把浙北、江淮之间广大区域的“东南佳味”扩散到更远的地方。清代诗人形容天津，就曾有“十里鱼盐新泽国，二分烟月小扬州”和“七十二沽沽水阔，一般风味小江南”的赞誉，这说明北方运河沿线城市饮食文化深受江南熏染（见图 8－12）。

图 8－12　余杭塘栖王元兴酒楼研发的“运河宴”

二、大运河沿线支点城市非遗美食内容丰富

大运河沿线拥有众多非遗传承人和非遗美食代表性项目。扬州有淮扬菜大师居长龙传承的扬州炒饭制作技艺，常州有韩同清传承的常州网油卷制作技艺……还有镇江锅盖面制作技艺、靖江蟹黄汤包制作技艺等等，都是当地知

名的非遗美食传统技艺。以靖江蟹黄汤包为例，2009 年，“靖江蟹黄汤包制作技艺”入选江苏省非物质文化遗产代表性名录。蟹黄汤包的制作十分考究，馅心以精选的金秋时节大河蟹、新鲜猪肉皮、正宗老母草鸡特制而成，汤包皮薄如纸，吹弹即破，味道鲜美，深受大江南北食客的青睐。丁莲芳千张包子是运河沿线名城湖州当地有名的非遗小吃。2009 年，“丁莲芳千张包子制作技艺”入选浙江省非物质文化遗产代表性名录。同治《湖州府志》记载：“磨黄豆为之……其属有豆腐衣、有千张。”千张包皮薄而韧，包裹着开洋、干贝制成的肉馅；丝粉白而粗，柔软入味。

近年来，不少运河支点城市围绕非遗美食的品牌价值，不断挖掘和开发有关运河的非遗美食资源，丰富和发展当地运河文化带建设内涵。那些蕴藏在物质形式背后的食品加工技艺、独特的运河饮食生活形态，让运河周边地区的饮食生活深深地烙印上了运河特性，使其成为中国饮食文化的重要组成部分。

三、大运河美食展示馆展陈分区内容

大运河美食展示馆展陈布展总面积约 734 平方米。一楼共 346 平方米，设有食为民天・千年传承展区、千年遗香・运河美食传承体验区；二楼共 388 平方米，包含朝廷之厨・饮食文脉展区、运河知味・陶情适性展区、运河船宴・依水而行展区和运河家宴・暖意盈怀展区六大展区。

运河街道美食馆通过常设展览和美食互动体验教学，以参与、体验、互动性强的展陈方式及在线直播等辅助性展示手段，生动呈现运河饮食新画卷。通过体验运河名菜名点、饮食习俗和风土人情，激发参观者对运河美食的兴趣，对美食爱好者进行现场教学，满足参观者多样化的精神文明追求，搭建运河文化深度交融的新桥梁，还能举办厨艺大赛、技能传播和美食文化交流活动。

第一展区，食为民天，千年传承：共赴一场运河美食之约。该区域总体概括本展厅的展示主题、展区内容和建馆目的，让参观者对本展厅获得初步的直观印象，激发参观兴趣。亮点内容有食为民天：绘画创作结合立体浮雕墙。该浮雕墙辅以投影影片展示，生动呈现大运河沿线的风味美食。该展项打破传统展陈格局，创造性地设计出蜿蜒的运河造型展示面，搭配动态媒体影像，邀大家共赴一场运河美食之约（见图 8－13）。

第二展区，朝廷之厨，饮食文脉：共睹千年运河的前世今生。本展区从历史上的大运河漕运的重要作用讲起，讲述串联古今的运河美食记忆，使参观者

图 8-13　大运河美食展示馆第一展区

既能领略丰富的大运河非遗美食，又能感受现代运河饮食风貌，“品尝”大运河沿线十八座代表城市风味的乐趣。

第三展区，运河知味，陶情适性：共寻运河畔三十六味。本展区使用图文与视频影像、互动触摸屏结合的布展方式，分别展示了京杭运河沿线美食、杭嘉湖地区运河美食及余杭区运河街道的地方美食，隆重介绍“百县千碗 · 余杭十碗”美食推广活动，及运河街道每年都会举办的鱼羊节特色美食活动。

2018 年 8 月，浙江省启动了“诗画浙江 · 百县千碗”旅游美食推广活动，以美食浓缩生活，承载一方水土的文化底蕴，从具有地方代表性的美食中品味“诗和远方”。2019 年 9 月，余杭区举办了“百县千碗 · 余杭十碗”评选活动，以“余杭家宴”为主题，征集余杭特色菜肴品种，传承余杭美食文化，“碗碗有故事，道道有传说”。最终，从 160 多道入围菜品中评选出“余杭十碗”特色菜肴。禹上田园、出水芙蓉、径山问禅、小林仔姜配胭脂萝卜、琵琶扣肉、清汤鱼圆、甲鱼豆腐、白潭三鲜、良渚羊糕玉、水乡时蔬。

在该展区中，筛选出 36 品菜肴模型，真实还原了运河三十六味的原貌。参观者通过互动展品和趣味的体验方式，感受运河美食的文化底蕴，了解运河三十六味、杭帮菜和运河街道美食，品味其中流传的历史故事。

第四展区，运河船宴，依水而行：共尝流淌的运河鲜味。本展区主要展示了运河羊肉、旋鲊、鲈鱼脍等流传自运河边的宫廷美食，还原“官场酬酢，踵接不辍”的历史场景，介绍运河街道的时令节气小吃（见图 8-14）。

图 8-14　大运河美食展示馆中“运河船宴”场景

其中,“运河船宴”展项采用大型场景模拟、投影特效、3D 影片等多媒体展示手段,令参观者仿佛重新置身于历史时空当中,感受运河胜景,体会布置在大运河龙舟之上,一桌极尽奢华的宫廷盛宴。

第五展区,运河家宴,暖意盈怀:共闻寻常巷陌的美食故事。本展区重点介绍了运河街道的历史名人、运河街道民俗故事和运河街道鹊誉海内外的老字号。通过场景模拟,还原一代名臣沈近思的中秋家宴,展示他情有独钟的运河街道美食。参观者观看特色鲜明的餐饮老字号,感知昔日运河的风貌,了解不断传承经典和保护文化遗产的现实意义。

第六展区,千年遗香,大快朵颐:共品运河美食传承体验区。本展区设置了大快朵颐美食体验区,参观者可以在这里一饱口福,品尝运河传统风味。

该展区还设置有“美食实验室”(大师工作室)。采用大厨现场教学、视频录制课程和线上直播烹饪等模式,让参观者了解运河街道美食的烹饪手法,并有机会现场学习制作。

四、大运河美食促进了支点城市的发展

一部浩浩汤汤的运河史,也是一部运河两岸城市的发展史。大运河作为中国重要的贸易交通线,在连通南北的同时,也为沿线城镇的发展带来了新的机遇。便捷低价的水运交通推动了经济的发展,货物集散和人流往来又进一步带动了餐饮等一系列产业的发展,出现商贾辐辏、百货萃集的场景,实现了运河沿线城镇的发展与扩大。

扬州地处运河与长江的交汇处,随着货物集散、人员集聚,“控荆衡以沿

泛，通夷越之货贿。四会五达，此为咽颐”，“南北大街，百货所集”，逐渐成为江淮一带的中心城市，呈现“江淮之间，广陵大镇，富甲天下”的繁荣景象。

城市因运河而兴，城市居民的饮食生活也因运河逐渐呈现出新的风貌。以明清为例，便捷的交通运输和繁盛的商业环境使运河沿线的区域几乎汇集了全国各地的食材。在食材市场不断繁荣的同时，密集的人口、频繁的生意往来和较高的消费水平，也为以酒楼饭馆为代表的餐饮服务业的兴起提供了便利条件。不同区域的饮食口味需求在运河沿线城镇汇集融合，推动了当地饮食口味的多元化发展。

五、运河街道非遗美食品牌的传承基地

杭州是一座应运而生的城市。杭嘉湖平原地处大运河嘉兴、杭州段，自隋炀帝开凿大运河之后，杭州、嘉兴、湖州周边地区的稻米、时蔬、水果、牛羊及茶叶物资通过大运河源源不断地输送至都城。杭州受浙东运河和浙西运河的双重影响，迅速变成了重要的东南名郡。到唐朝时，杭州已经成为一座海内外闻名的商贸城市，酒楼、茶肆、馆驿鳞次栉比。随着运河漕运的兴盛，途经杭州的商船络绎不绝。杭州也逐渐汇集了南北方各式饮食风俗。以小麦为代表的粮食、以绵羊为代表的禽畜以及北方民众喜食的面食点心等新的食料和烹饪技术都南下而至，逐渐融入杭州人的饮食结构之中，而杭州人饮食结构的变化，也影响着杭嘉湖地区运河沿线人民饮食结构的转变（见图 8－15）。

图 8－15　大运河美食展示馆内设美食实验室(Foodology Lab)

运河街道借助大运河美食展示馆的传承利用功能，更好地推进了本地运河非遗美食的产业发展。五杭、博陆、亭趾一带百姓所熟知的餐饮老字号如金山茶店、中山茶楼、阿生酒店、鸿昌酱园已随着时代的发展成为历史，消失在街头巷尾，但是却听过大运河美食展示馆的平台展示功能，重新保留在了这一代人的视野中。

运河非遗美食红烧羊肉等传统菜肴的历史渊源、烹饪技艺和制作方法，通过立体的展示手段，在大运河美食展示馆中，得到极好的传承和传播。《礼记》："诸侯无故不杀牛，大夫无故不杀羊，士无故不杀犬豕，庶人无故不食珍。"羊肉作为精美肉食，在祭祀和赏赐臣子中发挥着重要作用，因而在古代宫廷中占有重要地位。宋朝时期，宫廷中更是"无羊不成宴"。宋代史学家李焘在《续资治通鉴长编》中记载，大臣吕大防对哲宗皇帝讲述"祖宗家法"时说："饮食不贵异品，御厨止用羊肉，此皆祖宗家法所以致太平者。"北宋魏泰在《东轩笔录》中也曾记载，仁宗喜吃烧羊，曾有一夜因"思食烧羊"，感到饥饿难耐的故事。

宋廷南迁临安后，依旧以羊肉为宫廷主要肉食。《经筵玉音问答》记载，孝宗曾为他的讲读老师胡铨在宫中摆过两餐小宴，第一次以"鼎煮羊羔"为首菜，第二次有"胡椒醋羊头"与"坑羊泡饭"，孝宗一边吃一边赞不绝口："坑羊甚美。"《程史》中记载了岳飞之孙岳珂参加宁宗皇帝生日宴席时的情景，"首以旋鲊，次暴脯，次羊肉"。运河街道正是杭州地区传承北方食羊肉习俗的中心地区（见图 8-16）。

图 8-16　运河街道红烧羊肉

不仅可以看到有关杭州食羊肉的历史渊源介绍，在展示馆内还可以看到标准的运河红烧羊肉的制作方法，如图 8-17 所示：

主料：羊肉 1 500 克。

辅料：姜 30 克，青蒜叶 20 克，辣椒 25 克，桂皮 10 克，料酒 150 克，老抽 10 克，生抽 300 克，鸡精 10 克，精盐 5 克。

制作要点：

(1) 将羊肉洗净备用；

(2) 锅中放清水，羊肉冷水下锅，中大火煮，不要盖盖子，煮开后撇去浮沫；

(3) 加入姜、辣椒、桂皮、料酒至羊肉煮熟；

(4) 加入老抽、生抽再炖煮 3 小时左右；

(5) 调味后撒上青蒜叶即可。

1. 备料

2. 羊肉焯水

3. 放入香料焖煮

4. 羊肉煮熟加入调料

5. 焖煮入味

6. 锅中羊肉再煮 3 小时左右

7. 撒上大蒜叶

8. 红烧羊肉出品

图 8－17　运河街道红烧羊肉制作步骤组图

人间有味是清欢。清朝文人翟灏《艮山杂志》说道："是知宋时，沙河自竹车门绕城东北，讫余杭门，七八里间，灯火相接，无非繁盛之地。故其风景足述，一过再过，流连赞叹，不自嫌其词之复也。"

百物辐辏，商贾云集，千艘万舳，往回不绝。大运河成就了盛唐长安和洛阳的辉煌，成就了宋都东京和杭州的一代繁华，成就了世界经济中心的元大都，还成就了一大批运河沿线的工商业城市。南来北往的物资随着大运河的滚滚流水，进入万千中华百姓家，变成一道道极具本地特色的运河菜肴，滋养着一代代中国人的味蕾和心灵。大运河美食展示馆对浙江乃至全国运河非遗

美食的传承推广作用，意义重大。

第四节　浙菜博物馆创建的可行性与创意思考

浙菜发展历史悠久、内涵丰富。同时，饮食生活质量也是浙江老百姓美好生活品质高低的重要指标之一。笔者认为，可以从推进“十四五”浙江文旅融合发展、浙江“百县千碗”工程的重要体验区、打造“美食长三角”的重要节点、讲好“中国故事”的美食章节四大方面论证浙菜博物馆创建的可行性。

一、创建浙菜博物馆的可行性

即将到来的“十四五”，浙江将进一步推动文旅融合发展，进一步构建与大众旅游新时代相匹配的结构完善、高效普惠、集约共享、便利可及、全域覆盖、标准规范的旅游公共服务体系，进一步推动旅游公共服务信息化、品质化、均等化、全域化、现代化、国际化发展。

“百县千碗”工程于 2019 年写入省政府工作报告，是深入挖掘浙江各地美食资源，传承美食文化，进一步扩大内需、推动放心消费的品牌工程，对于推动我省旅游美食文化传承、创新、发展，助力文化浙江、诗画浙江建设，助力我省打造全国文化高地、中国最佳旅游目的地、全国文化和旅游融合发展样板地，具有先导性、识别性、延展性的意义。

实施长三角一体化发展战略，是引领全国高质量发展、完善我国改革开放空间布局、打造我国发展强劲活跃增长极的重大战略举措。推进长三角一体化发展，有利于提升长三角在世界经济格局中的能级和水平，引领我国参与全球合作和竞争；有利于深入实施区域协调发展战略，探索区域一体化发展的制度体系和路径模式，引领长江经济带发展，为全国区域一体化发展提供示范；有利于充分发挥区域内各地区的比较优势，提升长三角地区整体综合实力，在全面建设社会主义现代化国家新征程中走在全国前列。美食是区域交流的润滑剂，是推动民心相通的亲和剂，美食所具备的穿透力往往能直达民心，相较于交通基础设施等“硬联结”的举措而言，美食文化能够发挥“软实力”“轻联结”“高效益”的独特作用。以浙菜博物馆这样的大型美食项目，可以使“美食长三角”的浙江名片树立起来。

自古以来，饮食与文化密不可分，并且随着人类社会的进步而不断发展。

在人类文明的历史长河中，从茹毛饮血到结网而罟、豢养而饲、烹制熟食，从抟土为皿到兴灶作炊、教民稼穑、调和鼎鼐，从精研美食到饮食养生、为食著述、尊食守礼，饮食在满足人们口腹之欲的同时，与宗教、哲学、道德、礼法、医学、文化等日益交融，已经成为一个国家和民族文化的重要组成部分。正如孙中山先生所说："烹调之术本于文明而生，非深孕乎文明之种族，则辨味不精；辨味不精，则烹调之术不妙。中国烹调之妙，亦是表明进化之深也。"一方水土养一方人，一方水土育一方饮食。由于地域、资源、历史、民族、文化、习俗、技法、味型的不同，各个国家、民族、地区在历史的进程中逐步形成了各种不同的饮食文化，诞生了各种不同风味的美食。世界是多彩的，饮食文化也是多彩的。每一种饮食都是美的结晶，都彰显着文明创造之美。中国有广袤富饶的平原、碧波荡漾的水乡、辽阔壮美的草原、浩瀚无垠的海洋、奔腾不息的江河、巍峨挺拔的山脉，孕育了多姿多彩的中华饮食文化，构成了波澜壮阔的亚洲文明图谱，书写了激荡人心的人类文明华章，以"浙菜博物馆"美食文化项目为载体，培育美食文化研究机构，打造美食文化交流与传播的国际性平台和品味多样美食、展现多元文化、感受多彩文明的永不落幕的嘉年华，成为讲好中国故事的美食章节。

二、浙菜博物馆展示策划创意要点

浙菜博物馆重大项目应以多样化、特色化、主题化形式体现"食（文化）"这一核心旅游吸引物，为游客提供独特的、难忘的美食体验与享受。①强调大美食。突破"传统餐饮"的概念，充分考虑美食文化展示和"大美食"概念，即为浙江的农产品、调味品、酿造、餐具等饮食器具留足空间。②彰显独特性。挖掘浙菜的代表性人物、代表性菜肴，以及相配套的餐厅、餐具、摆设等。以浙菜为突破口，整合浙江的餐饮历史、餐饮文化、餐饮旅游、餐饮产业和餐饮达人，彰显浙江餐饮的独特性。③突出文化性。以浙菜博物馆为主要载体，深度挖掘特色美食相应地区的历史文化资源禀赋，将文化融入饮食、器具、服务、区块景观等各方面，形成展示和体验浙江美食文化的"大观园"。

从展陈布局来说，浙菜博物馆可以考虑设置浙江百县千碗展区、长三角特色美食展区、中国著名菜系展区、世界著名美食展区等固定展区内容，同时设置临时展区，便于未来的更新和不定期的社会文化交流活动。在浙菜博物馆相应的功能分区中，还可以参考 BC MIX 美食书店、上海衡山和集美食图书馆、比利时美食图书馆（Cook & Book）、美国约翰和邦妮 · 博伊德捐建的"好客与烹饪图书馆”等美食博物馆，创建浙菜图书馆，使其成为浙菜博物馆的重要组成部分之一；此外，还可以创建美食体验区，让浙菜博物馆真正成为一座“可以吃的博物馆”，提供浙菜美食体验，大型团餐（婚宴、年会、酒会等）的餐饮服务。

浙菜博物馆的运营思考中，完全可以通过杭州市政府联合浙江大学和全国性美食行业协会、国际有关美食研究著名机构主办世界美食文化大会。以后每二年举办一届，浙菜博物馆可以作为永久性大会会址。力争把世界美食文化大会办成研究、交流、发布和传播世界美食文化及其研究成果的重要国际性平台。并根据可能，以此为基础，发起成立国际性美食文化研究机构或联盟。这样的顶层设计和运营思考，可以让浙菜博物馆成为浙江美食文化传播高地，浙江城市美食文化的长效品牌。

第九章

浙江非遗美食文化的传播与保护实践

在浙江饮食非遗美食传承保护过程中，各地对传承人、传承基地的扶持和保护也做了比较多的工作。如2016年，第二批桐庐县非物质文化遗产传承基地候选名单中，桐庐米粿大王传统小吃非遗体验馆（酒酿馒头）和桐庐县分水镇美味饼屋（倭酥饼）作为“桐庐山村传统小吃技艺”的传承基地候选单位。2016年，第三批桐庐县非物质文化遗产项目代表性传承人候选名单中，钟山乡严学贤作为市级项目“钟山豆腐干技艺”传承人；沈黎华作为县级项目“天尊供芽制作技艺”传承人。2018年，第三批建德市非物质文化遗产代表性项目传承人名单中，浙江致中和实业有限公司方小民成为“严东关五加皮酿酒技艺”代表性传承人。2019年，桐庐县文化和广电旅游体育局发布的第五批桐庐县非物质文化遗产代表性项目代表性传承人推荐名单中，同意莪山畲族乡雷敏炎作为畲乡红曲制作工艺传承人，富春江镇卢心寄作为“芦茨红”茶制作技艺传承人，新合乡钟为淦作为雪水云绿制作技艺传承人，城南街道周建元作为仁智蜜枣加工技艺，瑶琳镇陈志建、陈琳雅作为毕浦小笼包制作技艺传承人，百江镇应亭英作为千层糕制作技艺传承人，旧县街道邵双贤作为母岭桂花酒酿制技艺传承人，县非遗中心推荐的鲍凤娟、王益春作为十六回切家宴传承人。

为促进浙江省非物质文化遗产保护传承工作的科学化和规范化，推进非物质文化遗产保护体系建设，提升其保护传承能力和水平，根据《浙江省文化和旅游厅关于印发〈浙江省省级非物质文化遗产代表性项目评估实施细则〉和〈浙江省省级非物质文化遗产传承人评估实施细则〉的通知》（浙文旅非遗〔2020〕2号）、《浙江省文化和旅游厅关于开展2020年省级非物质文化遗产代表性项目、代表性传承人评估工作的通知》（浙文旅非遗〔2020〕6号）等文件精神，浙江各地也在有序开展省级非物质文化遗产代表性项目、代表性传承人评估。如2020年桐庐县文化和广电旅游体育局对辖区内相关省级非物质文化

遗产代表性项目、代表性传承人开展检查评估工作，作为省级项目“畲乡红曲酒酿制技艺”的责任保护单位桐庐县莪山畲族乡人民政府评估合格。

传承人和传承基地是非遗美食传承的坚守者与核心，这项工作对于非遗美食的传播和保护实践，尤为重要。

第一节　非遗美食市集：浙江非遗博览会中的专项展览

2019年9月20—24日，大运河文旅季——第十一届浙江·中国非物质文化遗产博览会（杭州工艺周）在杭州市拱墅区的运河文化中心举行（见图9-1～图9-3）。本次博览会首次新增了关于食物的非物质文化遗产展区，为我们带来了不一样的非遗体验。

图9-1　味觉遗香：非遗美食市集宣传海报

中国的非物质文化遗产主要有以下十大类别：民间文学，传统音乐，传统舞蹈，传统戏剧，曲艺，传统体育、游艺与杂技，传统美术，传统技艺，传统医药，民俗。食物类的非物质文化遗产更多的是以食物的制作技艺为项目申报的传统技艺类非物质文化遗产。本次非遗美食市集展示的非遗美食项目不仅有菜肴美食，也有食物器具、食物图书等。这是浙江非遗传承保护和利用工作的创新，通过美食市集的展演效果，宣传和推广我们日常生活中的非遗美食知识，体验融入日常生活中的味觉记忆。

图 9-2　楼外楼传统烹饪技艺展示海报

图 9-3　余杭塘栖传统烹饪技艺展示海报

这次非遗美食市集现场，不仅有来自内蒙古白食制作技艺、山东欣和的调味品制作技艺，还有浙江名点名小吃制作技艺、楼外楼传统菜肴制作技艺、余杭塘栖传统烹饪技艺、天竺筷制作技艺等省内知名的非遗美食项目。通过非遗美食传承人在现场的讲解，让观众了解到食物背后的故事（见图 9-4）。

浙江旅游职业学院厨艺学院的金晓阳院长和顾景舟紫砂艺术学院的师生们在现场为许多小朋友讲解美食美器背后的人文故事，增长知识的同时，还可以参与茶器的制作（见图 9-5）。非遗美食项目与其他类别非遗项目最大不同

图 9－4　天竺筷制作技艺传承人王连道

点就是美食不仅可供欣赏，同时还可食用，可以深入地体验到美食与我们的生活息息相关、紧密联系。

图 9－5　金晓阳院长为孩子们讲解“非遗浙菜”

在 2019 第十一届浙江·中国非物质文化遗产博览会（杭州工艺周）期间，浙江大学旅游与休闲研究院饮食文化研究中心成立，原浙江大学党委副书记庞学铨院长和浙江省非物质文化遗产保护中心领导共同为该中心揭牌，聘请周鸿承博士担任该中心主任。浙江饮食类非遗项目的研究和保护工作将成为该中心的重要工作内容之一（见图 9－6～图 9－8）。

图 9-6　浙江非物质文化遗产保护中心与浙江大学旅游与休闲研究院共建浙江大学饮食文化研究中心

图 9-7　楼外楼传统烹饪技艺展台

图 9-8　G20 杭州峰会用餐瓷器

一、首次非遗美食市集活动的成功之处

非遗美食市集是一个传播非遗食物技艺、传统饮食文化以及食物本身的良好平台，增加了大众对非遗美食内涵与外延的认知。非遗美食传承人的参与，更让大众感受到美食是最明显的一种活态遗产，它存在于人们的日常生活之中，留存在大家的餐桌之上。

作为本届非遗博览会重要组成部分，非遗美食市集让大众更好地认识到浙江乃至省外丰富的非遗美食资源，极好地传播了浙江省非遗美食品牌。也许，一些非遗美食项目对于普通老百姓来说还是陌生的，或者是高大上的。但是，本次活动让大家都亲身参与到非遗美食项目中来，既可以看，也可以吃。非遗美食并不神秘。大家在参与到非遗美食的制作与品尝之后，学习到一种美食文化，更加增进了老百姓对于非遗美食价值的认同，从而更好地促进非遗美食项目的传承与发展。

市集期间，一些致力于开发非遗美食产业价值的企业家，也直接与非遗美食传承人、非遗美食企业建立了联系。从生产性保护角度来说，来自市场的认可与关注，将更有利于传统美食非遗焕发新生。来自央视、浙江卫视以及“小鱼说非遗”等电台栏目的报道，也让更多人知道浙江还有一座非遗美食的宝库，等待大家的挖掘。

另外，非遗美食市集还是推动非遗食物商品化的重要途径。例如，开化县的传统木榨油技艺——苏庄山茶油制作技艺是浙江省第三批非物质文化遗产代表性项目。苏庄镇永宗山油茶专业合作社负责人程永忠先生说道："我们的山茶油产品没有进驻商超，也没有淘宝店，我们主要的销售渠道就是老客户，以及老客户之间的口碑传播就足够了，毕竟产量也不算很大。我们来参加非遗博览会的非遗美食市集，更多是想传播我们当地的这种非遗美食文化——木榨榨油技艺也是美食非遗项目。"

二、非遗美食市集筹备过程中的经验教训

非遗美食不仅包含食物产品本身，还包含食物的制作技艺以及食物背后的文化内涵。因此，非遗美食市集的展示绝非仅是食物的展示与品尝，还应该侧重图像食物制作过程和技艺亮点，通过讲解让食物背后的民族文化、区域特色以及文化心理等知识传播出去。本次非遗美食市集上，很多菜肴类的参展单位将更多的注意力放在了展台上的菜品展示。它们虽然很精美，但大众对于这些精美的菜肴是如何制作出来的？应该在什么时候吃？怎么吃？这些知识性的内容都比较缺乏，大众也无法通过短暂的互动参与深入了解，以后在这些方面还需要加强。

非遗美食展示应特别注意加强食物的现场制作及技艺展示。食物本身的一些属性与人们对于食物的追求是相悖的。例如食材的易腐性与人们对于食物新鲜的追求；菜肴不易保存与食客对于菜肴新鲜出炉的追求。这些矛盾给食物展示与体验带来了一定的困难。如何让观众体验到最原真、最地道的非遗食物是我们应该努力去实现的议题。此外，食品的现场制作还需要主办方提前考虑到场馆内的功能性问题，例如冰箱保存乳制品以及一些需要冷藏的食品，一些摊位需要使用明火，用水，而一些封闭式的场馆无法提供这方面的配套服务。如来自内蒙古的乳制品展示产品和王元兴酒楼带来的展示菜肴就需要冷藏，而本届博览会现场无法提供这些冷藏设备（见图 9－9）。嘉兴广福庵饭糍豆浆制作技艺的传承人也提到，因为现场没有合适的烹饪工具，所以只能将做好的豆皮带过来，但是因为展会时间较长的原因，现场用于制作饭糍包圆的豆皮已经被风吹干，进而影响饭糍包圆的制作，也影响口感（见图 9－10）。

考虑到食物现场制作及技艺展示的难度，可以甄选部分具有代表性的非遗美食项目进行现场制作与技艺展示。能够实现"现吃现做"的非遗美食展位

图 9-9　内蒙古白食制作技艺展台

图 9-10　嘉兴豆浆饭糕制作技艺展台

应该提前设计好时间安排，把时间表提前公布，让观众可以选择性地参与。这也也可以减轻展位的制作和时间成本，把最好的展示集中在相对固定的时间段。此外，为非遗美食现场制作体验提供时间表，也有助于参观动线的重组。这也可以避免由于没有时间计划安排而使参观者错过精彩瞬间的问题，也能避免我们在参观的过程中漏掉亮点活动的问题。如果没有时间安排表，展览人员可能会错过“潜在客户”，“潜在客户”也会错过“潜在商品”。最好的非遗美食是需要现做现吃的，所以如何解决这个问题成了非遗美食体验展示最大的困难。

很多参展单位现场制作的食品皆是希望新鲜、原汁原味。这类可以供消费者品尝的食品不同于展台展示的“样品”，后者更多地要体现大而美，便于顾客拍照留念。通过样品菜肴的展示，的确可以很好地传播美食形象，但是这种宴席式的摆台展示，很难传播和演绎食物背后的文化故事以及风土人情。未来的非遗美食展演方式，可以借助多媒体手段或者其他新媒体网络等方式来予以呈现。比如引入非遗美食直播，在网络上向更多的人介绍非遗美食背后的故事。还可以引入视频讲解，提升观众体验。还有一种方式就是图片直播的方式，通过安排专门的摄影师，从各个角度拍摄非遗美食图像，传播到网上，予以共享。甚至可以考虑未来开展网上非遗博览会，将非遗美食市集作为重要组成内容，让味觉遗香永远在网络上传播（见图 9－11）。

图 9－11　非遗美食直播间

食物讲究“色香味”，作为非物质文化遗产的美食同样如此。对美食的体验，不仅仅是吃到的味道，也有嗅觉的味道，还有视觉的美感体验。如果非遗美食只是宴席展台上的“样品”展示，就只有“色”，而没有“香”与“味”了。非遗美食展览不仅是物质性的食品展览，也有食材味道的体验，还有食品加工技艺的展示。从我们专业的角度来说，饮食器具、食物图书、食物教育、食俗等内容，皆是非遗美食的内容（见图 9－12）。

图 9-12　美食图书展区

第二节　浙江传统美食展评展演活动

为弘扬中国优秀传统文化，充分展示浙江省传统非遗美食项目的历史价值与独特魅力，进一步推动浙江省传统非遗美食项目的活态传承，促进文化旅游深度融合和发展，2020年浙江决定举办“非遗薪传”——浙江传统美食展评展演系列活动（见图9-13）。

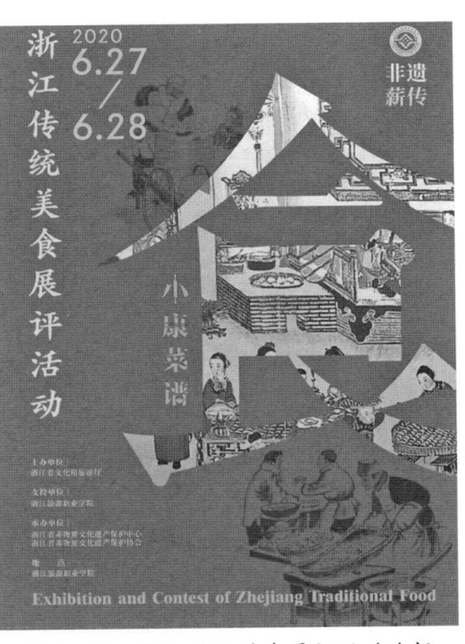

图 9-13　浙江传统美食展评活动海报

该系列活动由浙江省文化和旅游厅主办，浙江省非物质文化遗产保护中心、浙江省非物质文化遗产保护协会承办。自活动启动以来，受到了全省各地的热烈响应，截至2020年5月12日，共收到报名113项，其中传统菜肴类 34 项，面点小吃类 79 项。根据通知要求，经资质核查、文件校对，确认有效报名 84 项，包括永昌臭豆腐制作技艺等 56 项面点小吃类项目，十六回切家宴等 28 项传统菜肴类项目。最终，经专家评审委员会评审，省文化和旅游厅审核同意，共产生“薪传奖”10 个，“优秀展演奖”20 个，“优秀组织奖”10 个（见图 9－14～图 9－27）。

图 9－14　浙江传统美食展评活动决赛现场

图 9－15　浙江传统美食展评活动评委打分

图 9-16　浙江传统美食展评活动评委与参赛选手交流

图 9-17　浙江传统美食展评活动评委品鉴参赛项目

图 9－18　金晓阳院长考评浙江非遗美食项目

图 9－19　浙江传统美食展评活动参赛项目(扯白糖)现场展示

图 9-20　楼外楼传统烹饪技艺展台

图 9-21　安昌腊肠制作技艺展台

图 9-22　开化苏庄炊粉制作技艺展台

图 9-23　浙江传统美食展评活动参赛作品

图 9-24　浙江传统美食展评活动参赛作品(东坡肉、龙井虾仁、宋嫂鱼羹)

图 9-25　浙江传统美食展评活动参赛作品(红烧羊肉)

图 9-26　浙江传统茶食制作技艺展台

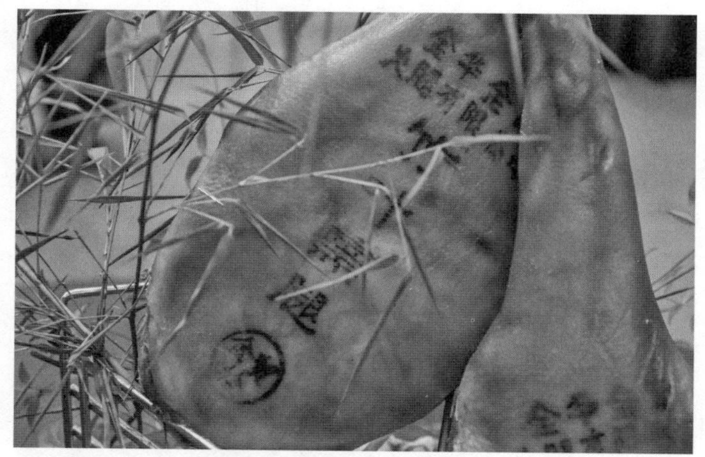

图 9－27　金华竹叶火腿制作技艺

这是浙江省首次针对“非遗美食”项目开展的省级展评展演活动，既是对既往浙江省非遗美食项目传承保护的一次检验，也是非遗美食传承人之间交流学习的机会。为了保证评选活动的专业性与权威性，特邀请了浙江大学非物质文化遗产研究中心常务副主任兼秘书长、浙江大学社会系刘朝晖教授，浙江省社会科学院卢敦基研究员，国家中式烹饪师高级技师、中国烹饪名师王政宏先生，浙江旅游职业学院厨艺学院金晓阳院长，国家级烹饪评委戴桂宝先生，浙江旅游职业学院饮食文化研究所所长何宏教授，世界中餐业联合会饮食文化专委会委员周鸿承博士，浙江省非物质文化遗产保护中心研究馆员许林田担任本次展评活动的初评与终评评委(见图 9－28)。

图 9－28　味觉遗香：浙江传统美食非遗保护、传承和利用研讨会专家合影

活动期间，主办方还召开了“味觉遗香：浙江传统美食非遗保护、传承和利用研讨会”，聚焦浙江非遗传统美食项目的传承困境与出路和浙江非遗传统美食项目的品牌塑造与推广两大议题，专家们与非遗传承人们进行了面对面的交流。

一、评奖宗旨

为贯彻落实《关于实施中华优秀传统文化传承发展工程的意见》，充分展示我省非物质文化遗产传统美食项目的历史价值和独特审美艺术魅力，进一步推进我省传统美食非遗项目的有效保护与发展。通过评选，表彰具有较高传统优秀文化内涵和艺术水平的浙江传统美食项目及在浙江传统美食非遗代表性项目保护方面做出重要贡献的个人和组织单位，使非遗满足新时代人民大众美好生活需求，推动浙江传统美食非遗项目创造性转化和创新发展。

二、评奖原则

(1) 坚持传统美食的健康营养特征；承续和发展中国传统美食思想和艺术的客观规律；传承保护、生产性转化和创新发展相结合原则；

(2) 坚持各项目保护地组织、传承人参与，地市文化部门组织申报原则；

(3) 坚持视频、图文资料评审和现场展演评分相结合原则；

(4) 坚持公平、公正、公开原则。

三、奖项设置

(1) 设“薪传奖”10 名：通过专家初评、复评和评委会现场评分等方法，按综合评分高低排名，确定 1—10 名“薪传奖”。

(2) 设“优秀展演奖”20 名：通过专家初评、复评和评委会现场评分等方法，按综合评分高低排名，确定“优秀展演奖”名次。

(3) 设“优秀组织奖”若干名：通过选送展演展评项目数量、质量和参与人数以及参演效果等综合评审，评选出若干名“优秀组织奖”。

四、评奖依据

(1) 申报项目是否符合展演展评活动通知要求；

(2) 参评项目是否具有“健康、营养、绿色”的美食生活理念和审美艺术表现力；

(3) 参评项目是否具有地域特色并代表了区域性民众的知识结晶;

(4) 参评项目是否具有传统性、传承性和人文性;

(5) 参评项目是否能适应新时代人民大众美好生活的文化需求。

五、现场展演评分标准

(1) 每项目最高得分为100分。

(2) 具体分值:

① 项目能够充分展示非遗美食的活态技艺特征,具体包括展示食物原料、加工技艺、制作工序等技艺特征。分值为20分。

② 项目的出品创意和摆台设计上新颖、合理,具有艺术感染力和传播力。分值为30分。

③ 项目具有非遗传承的文化内涵、健康营养特色、地域优势突出。分值为20分。

④ 展演人数(1—3人)、解说时长(3分钟以内)和展演道具等符合组委会要求。分值为20分。

⑤ 组委会主任与评审组长分值。分值为10分。

最终名次判定:所有评审员总分的平均分+组委会主任、评审组长分=项目得分;最后按一次性展演所有项目得分排序确定最终名次,分数高者列前,分数相同者名次并列,依次排出名次。

六、赛场现场操作违规内容及扣分标准

表9-1 赛场现场操作违规内容及扣分标准

考核标准		扣分标准	
仪容	仪容仪表符合行业要求	涂带色指甲油	扣1分
		手上佩戴戒指等首饰	扣1分
着装	工作服、工作帽整洁,不破损	不戴厨师帽	扣1分
		不着厨师服	扣2分
卫生	操作过程符合卫生要求,炊、用具洁净,操作结束后台面、地面卫生干净	徒手抓成品	扣1分
		直接用马勺试味	扣1分
		原料掉落地上后仍直接使用	扣2分

（续表）

考核标准		扣分标准	
卫生	操作过程符合卫生要求，炊、用具洁净，操作结束后台面、地面卫生干净	操作后各类用具未清洗	扣 1 分
		操作后台面未整理	扣 2 分
		操作后地面脏乱	扣 1 分
用料	用料合理，物尽其用	原料有扔弃现象	扣 2 分
		调料、油有浪费现象	扣 1 分
其他		失饪重做	作品零分
		长时间未烹调不关火	扣 1 分
		长时间未冲泡不关水	扣 1 分
		垃圾不分类	扣 5 分

图 9－29　衢州邵永丰麻饼制作技艺展演

七、获奖名单

表9-2 “非遗薪传”浙江传统美食展评活动获奖名单

（薪传奖）

序号	参评组别	项目名称	选送地区	项目级别
1	传统菜肴	杭州楼外楼传统菜肴烹制技艺	杭州市西湖风景名胜区	省级
2	传统菜肴	十六回切家宴	桐庐县	省级
3	传统菜肴	浦江竹叶熏腿腌制技艺	浦江县	市级
4	传统菜肴（药膳）	畲族医药	景宁畲族自治县	国家级
5	面点小吃	传统茶食制作技艺	杭州市余杭区	市级
6	面点小吃	龙凤金团制作技艺	宁波市鄞州区	市级
7	面点小吃	温州粉干手工制作技艺（沙岙粉干）	乐清市	市级
8	面点小吃	上虞特色豆制品制作技艺	绍兴市上虞区	省级
9	面点小吃	邵永丰麻饼制作技艺	衢州市	省级
10	面点小吃	缙云烧饼制作技艺	缙云县	省级

表9-3 “非遗薪传”浙江传统美食展评活动获奖名单

（优秀展演奖）

序号	参评组别	项目名称	选送地区	项目级别
1	传统菜肴	严州府菜点制作技艺	建德市	省级
2	传统菜肴	宁波菜烹饪技艺（东福园宁波菜烹饪技艺）	宁波市海曙区	市级
3	传统菜肴	澉浦红烧羊肉制作技艺	海盐县	市级
4	传统菜肴	糟鲤板制作技艺	平湖市	市级
5	传统菜肴	安昌腊肠制作技艺	绍兴市柯桥区	市级
6	传统菜肴	开化苏庄炊粉	开化县	市级
7	面点小吃	奎元馆宁式大面传统制作技艺	杭州市上城区	省级
8	面点小吃	梁弄大糕制作技艺	余姚市	市级

（续表）

序号	参评组别	项目名称	选送地区	项目级别
9	面点小吃	元宵饮食习俗 （宁海十四夜饮食习俗）	宁海县	市级
10	面点小吃	肉燕制作技艺	苍南县	市级
11	面点小吃	冬至鸡母馃习俗	温州市洞头区	市级
12	面点小吃	湖州小吃制作技艺 （南浔传统糕点制作技艺）	湖州市南浔区	省级
13	面点小吃	扯白糖技艺	绍兴市柯桥区	市级
14	面点小吃	永康肉麦饼制作技艺	永康市	市级
15	面点小吃	方前小吃制作技艺	磐安县	市级
16	面点小吃	齐詹记冻米糖制作技艺	开化县	省级
17	面点小吃	龙游发糕制作技艺	龙游县	省级
18	面点小吃	台州府城传统小吃制作技艺	临海市	省级
19	面点小吃	玉环鱼面小吃制作技艺	玉环市	市级
20	面点小吃	索面制作工艺（缙云索面）	缙云县	市级

表9－4　“非遗薪传”浙江传统美食展评活动获奖名单

（优秀组织奖）

序号	选　送　单　位
1	杭州市文化馆（杭州市非物质文化遗产保护中心）
2	建德市文化遗产保护中心
3	宁波市非物质文化遗产保护中心
4	温州市非物质文化遗产保护中心
5	湖州市南浔区文化馆
6	海盐县非物质文化遗产保护中心
7	绍兴市柯桥区非物质文化遗产保护中心
8	永康市文化遗产保护中心
9	龙游县文物保护管理所 （龙游县非物质文化遗产保护中心）
10	缙云县非物质文化遗产保护中心

第三节　饮食文化博物馆助力非遗美食传承保护

我国目前许多非遗传承保护单位或潜在的美食非遗项目过多地注重菜系概念和烹饪技艺。但从世界非遗概念出发，烹饪技艺的精英化、传承主体的厨师化，并不是国际大众对于非遗美食传承保护的出发点。如法国传统美食及韩国越冬泡菜成功列为世界非遗是"作为一种社会风俗习惯，常用于庆祝个人和团体活动的最重要时刻"，法餐是法国人生日、婚宴、各种节日离不开的必需内容，韩国越冬泡菜也不仅仅是泡菜本身的价值，而是代表着邻里社区的美食共享与文化交流。基于此，我们至少应该认识到中国美食的"非遗价值"在于深深扎根于数千年来全体中国人的日常生活中(传承主体并非局限于厨师)；非遗技艺未必就是炫技般的刀工与浮夸的出品造型；美食非遗项目也未必就是某个四大菜系或八大菜系。

国内的非遗管理实践中，美食非遗项目绝大多数是归入技艺类和民俗类之中，这与具有丰富而复杂的中国美食项目的实际情况不太符合，因此，我们认为国内"非遗十大类"的划分方法也值得探讨。从学理上探讨打破"非遗十大类"的划分管理办法，也许对我国开展更为全面而科学的非遗普查具有重要意义。浙江的非遗传承保护实践工作表明，可以将非遗美食项目划分为食材类、技艺类、器具类、民俗类、文献类五大类型。不同的城市都有自己的味觉遗香，都有自己的餐桌记忆。这些融入当地居民日常生活中的饮食风俗和饮食行为，完全可以成为一座旅游城市新的景观。也许，体验一个城市魅力最直接的方式不是看到了什么，而是吃到了什么。告诉我你吃的是什么，我就知道你是什么样的人。

非遗的传承保护工作是系统工程。对于一个城市如何传承好、保护好、利用好"餐桌上的遗产"，我国创建各种饮食文化博物馆的办法值得借鉴。饮食文化博物馆是指以食生活、食生产以及食俗等物质或精神内容作为核心信息团构建起来的专门性博物馆。我国的饮食文化博物馆类型以菜系流派、饮食原料、名菜名点、酒茶、调味品及饮食习俗礼仪为主。据研究统计，我国有杭帮菜博物馆、全聚德烤鸭博物馆、豆腐文化博物馆、马铃薯(土豆)博物馆、镇江中国醋博物馆等不少于150座饮食文化博物馆，他们在传承保护当地美食非遗的工作中起到了重要的平台载体作用。

饮食文化博物馆作为“可以吃的博物馆”，是比较新颖的一种美食产业类型。因为饮食文化博物馆具有餐饮品尝和美食文化体验的功能，所以国内一些做得比较好的饮食文化博物馆都开设有服务大众的餐厅，具有自我造血能力。也就是说，这些策划设计比较好的美食博物馆具有商业盈利的运营能力，可以极大地减少地方政府和博物馆管理部门的经费负担，同时成为一座城市新的旅游景观，丰富市民的美食生活选择。

饮食文化博物馆并非我国的独创，海外一些成功的美食博物馆也值得我们学习借鉴。海外美食博物馆类型非常多，涉及的美食产业内容更加丰富。如日本新横滨拉面博物馆、韩国首尔泡菜博物馆、韩国首尔年糕博物馆、美国强生威尔士大学烹饪艺术博物馆、美国费城比萨博物馆、美国午餐肉博物馆、美国俄亥俄州爆米花博物馆、美国新奥尔良南方食物和饮料博物馆、美国勒罗伊村吉露果子冻博物馆、美国首家麦当劳店博物馆、美国加利福尼亚州国际香蕉博物馆、美国纽约雪糕博物馆、德国柏林咖喱热狗博物馆、德国欧洲面包博物馆、波兰姜饼博物馆、意大利面条博物馆、意大利博洛尼亚冰激凌博物馆、爱尔兰科克黄油博物馆、英国约克郡巧克力博物馆等等。午餐肉、爆米花、雪糕、比萨、土豆、巧克力、洋葱、香蕉、薯条、面包、番茄、火腿等美食博物馆背后，都有一个融入当地人日常生活中的美食产业，不可忽视。欧美食品公司也非常注重美食历史文化资源的挖掘，如意大利知名美食品牌商百味来（Barilla）就非常重视美食文化产业价值的挖掘，它们的产品研发非常注重吸收细分市场的饮食习惯和非遗传统。

当然，饮食文化博物馆，首先应该具有一个博物馆必需的功能。世界上做得好的美食博物馆，不仅有很高的人气，同时会不定期推出各种与美食相关的艺术活动，包括行为艺术、装置艺术等。美食博物馆作为互动性极强的专门性博物馆，还可以开设传播非遗美食知识的开放课程、学术研讨、文化体验活动。饮食文化博物馆在后期运营中，不仅要通过餐饮运营以实现可持续性营利，更应完善其社会饮食教育的功能——让饮食文化博物馆成为食育研究、美食知识传播、餐饮培训的重要载体。

后博物馆时代以构建具有多样性与专门性的泛博物馆为主要特征。饮食文化博物馆的总体设计理念体现了“休闲与食育”的功能特质。饮食文化博物馆应是“人＋食材＋技艺”的融合，应强调地方风土人情与美食历史文化。美国等现代工业化国家对现代工业食品的利用，中日韩等亚洲国家对本国民族性饮食内容的传承增进了本国国民的美食自豪感与民族自信。“城市文化—

休闲精神”的最直接感官接触与视觉传达方式是美食体验。

在浙江杭州创建浙菜博物馆具有可行性和必要性。浙菜博物馆作为浙江饮食文化遗产保护、传承和利用的重要载体，是杭州城市休闲观光业新的景观目的地，是杭州城市美食文化与休闲观光业发展的重要文化建设内容。

参考文献

[1] 柴隆.宁波老味道[M].宁波:宁波出版社,2016.

[2] 陈国宝,李伟荣.丽水特色食品[M].北京:中国农业科学技术出版社,2018.

[3] 陈建波.处州饮食[M].杭州:浙江古籍出版社,2014.

[4] 戴桂宝.食在浙江[M].杭州:浙江人民出版社,2003.

[5] 戴宁.杭州菜谱(修订本)[M].杭州:浙江科学出版社,2000.

[6] 公英.浙江菜[M].北京:新华出版社,1994.

[7] 杭帮菜研究院.别说你会做杭帮菜——杭州家常菜谱 5888 例[M].杭州:杭州出版社,2019.

[8] 杭州市饮食服务公司.杭州菜谱[M].杭州:浙江科学技术出版社,1988.

[9] 杭州市余杭区政协文史和教文卫体委员会.余杭美食[M].杭州:杭州出版社,2016.

[10] 何宏.民国杭州饮食[M].杭州:杭州出版社,2012.

[11] 嘉兴市政协文化文史和学习委员会.寻味嘉兴[M].北京:中国文史出版社,2019.

[12] 开化县文化旅游委员会.寻味开化[M].北京:现代出版社,2017.

[13] 乐清日报社.美食乐清[M].北京:红旗出版社,2018.

[14] 李敏龙.湖州美食[M].上海:上海科学普及出版社,1991.

[15] 林正秋.杭州饮食史[M].杭州:浙江人民出版社,2011.

[16] 林正秋.浙江美食文化[M].杭州:杭州出版社,1988.

[17] 龙游县政协教科卫体和文化文史学习委员会.味道里的龙游[M].杭州:浙江文艺出版社,2019.

[18] 楼晓云.乡味浙江.浙江农家菜百味谱[M].杭州:浙江科学技术出版社,2018.

[19] 潘江涛.金华美食[M].杭州:杭州出版社,2015.

[20] 潘晓林.中国瓯菜(第一辑)[M].杭州:浙江科学技术出版社,2008.

[21] 浦江县社会科学界联合会.浦江饮食文化[M].杭州:浙江人民出版社,2020.

[22] 邵万宽.食之道——中国人吃的真谛[M].北京:中国轻工业出版社,2018.

[23] 宋宪章.杭州老字号系列丛书:美食篇[M].杭州:浙江大学出版社,2008.

[24] 宋宪章.江南美食养生谭[M].杭州:浙江大学出版社,2010.

[25] 王文治.富阳县志[M].杭州:浙江人民出版社,1993.

[26] 温州市非物质文化遗产保护中心.非遗小吃.温州味道[M].北京:中国民族摄影艺术出版社,2018.

[27] 吴笛.舟山名菜名点[M].北京:外文出版社,2004.

[28] 吴林主.太湖名菜(中国湖州)[M].杭州:浙江科技出版社,2003.

[29] 小路.楠溪味道[M].北京:作家出版社,2003.

[30] 徐吉军.宋代衣食住行[M].北京:中华书局,2018.

[31] 杨宽.中国古代都城制度史研究[M].上海:上海人民出版社,2003.

[32] 俞为洁.饭稻衣麻——良渚人的衣食文化[M].杭州:浙江摄影出版社,2007.

[33] 俞为洁.良渚人的饮食[M].杭州:杭州出版社,2013.

[34] 袁甲.舟山老味道[M].宁波:宁波出版社,2018.

[35] 张如安.宁波历代饮食诗歌选注[M].杭州:浙江大学出版社,2014.

[36] 赵青云.瓯馐.浙南遗产[M].北京:中华书局,2013.

[37] 赵荣光.中国饮食文化史[M].上海:上海人民出版社,2014.

[38] 浙江省饮食服务公司.浙江饮食服务商业志[M].杭州:浙江人民出版社,1991.

[39] 浙江省饮食服务公司.中国名菜谱.浙江风味[M].北京:中国财政经济出版社,1988.

[40] 中国瓯菜编委会.中国瓯菜[M].杭州:浙江科学技术出版社,2001.

[41] 中国烹饪协会.浙菜[M].北京:华夏出版社,1997.

[42] 舟山市非物质文化遗产保护中心.舟山传统饮食品[M].北京:中国文史出版社,2017.

[43] 周鸿承,徐玲芬.品说楼外楼[M].杭州:浙江人民出版社,2018.

[44] 周鸿承.一个城市的味觉遗香:杭州饮食文化遗产研究[M].杭州:浙江古籍出版社,2018.

[45] 周秒炼,吴士昌,张敏红.舟山群岛——海鲜美食[M].杭州:杭州出版社,2009.

[46] 周珠法.绍兴美食文化[M].杭州:浙江工商大学出版社,2014.

[47] 诸清理,谢云飞.寻味绍兴[M].北京:团结出版社,2017.

[48] 鲍力军,沈署东.发展浙江饮食服务业的探索[J].商业经济与管理,1985(2):66-70.

[49] 陈洁.中国菜菜名英译中的文化信息传递——以杭州菜菜名英译为例[J].长江大学学报(社会科学版),2010(2):140-141.

[50] 刘旭青.从特产、食俗歌看浙江饮食文化[J].浙江工商大学学报,2009(2):63-69.

[51] 刘征宇.现代中国饮食类博物馆的相关考察[J].楚雄师范学院学报,2016(11):18-22.

[52] 毛波.长兴下莘桥出土的唐代银器及相关问题[J].东方博物,2012(3):9-21.

[53] 茅天尧,施琦良.试论绍兴菜的风格特征[J].楚雄师范学院学报,2018(5):26-29+34.

[54] 邱庞同.对中国饮食烹饪非物质文化遗产的几点看法[J].四川烹饪高等专科学校学报,2012(5):11-15.

[55] 沈桑爽,王淑琼.传统杭帮菜名称英译的归化与异化翻译策略研究[J].安徽文学,2017(8):87-88.

[56] 史涛.非物质文化遗产与烹饪教育课程资源体系融合研究——以"杭帮菜"非物质文化遗产传承为例[J].教育与教学研究,2014(9):107-110.

[57] 唐彩生.浙江嘉善县饮食禁忌习俗[J].民俗研究,1992(2):76.

[58] 杨晓燕,蒋乐平.淀粉粒分析揭示浙江跨湖桥遗址人类的食物构成[J].科学通报,2010(7):600-606.

[59] 于干千,陈小敏.中国饮食文化申报世界非物质文化遗产的标准研究[J].思想在线,2015(2):120-126.

[60] 赵荣光.十三世纪以来下江地区饮食文化风格与历史演变特征述论[J].东方美食(学术版),2003(2):19-24.

[61] 赵荣光.中国粽子文化与浙江五芳斋精神[J].饮食文化研究,2005

(2):13.

[62] 郑建明,俞友良. 浙江出土先秦原始瓷鉴赏[J]. 文物鉴定与鉴赏,2011(7):14-21.

[63] 周鸿承. 论中国饮食文化遗产的保护和申遗问题[J]. 扬州大学烹饪学报,2012(3):8-13.

[64] 周鸿承. 中国饮食文化研究历程回顾与历史检视[J]. 美食研究,2018(1):14-18.